图 2-8　接口上面检漏方法（28页）

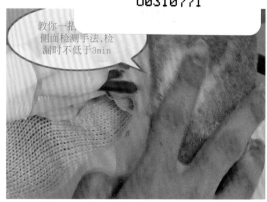

图 2-9　接口侧面检漏方法（28页）

图 2-10　接口确定不漏包扎方法（28页）

图 2-11　内六角对准截止阀方法（28页）

图 2-12　内六角扳手打开低压液体
截止阀方法（28页）

图 2-13　内六角扳手打开低压气体
截止阀方法（28页）

图 2-14　拧紧低压气体截止阀、低压
液体截止阀螺母方法（28页）

图 2-15　低压气体截止阀检漏方法（28页）

图 2-16　检漏仪检测低压液体截止阀
检漏方法（28页）

图 2-17　矿泉水瓶检测室内机排水
系统方法（28页）

图 4-7　数字万用表检测压缩机 a-b间接线端子
线圈阻值方法（74页）

图 4-8　数字万用表检测压缩机 b-c间接线端子
线圈阻值方法（74页）

图 4-9　数字万用表检测压缩机 c-a间接线端子
线圈阻值方法（74页）

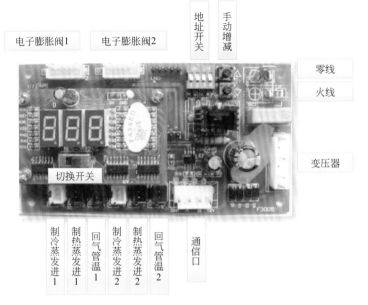

独立电子膨胀阀板

电子膨胀阀1　电子膨胀阀2　地址开关　手动增减　零线　火线　变压器

制冷蒸发进1　制热蒸发进1　回气管温1　制冷蒸发进2　制热蒸发进2　回气管温2　通信口

切换开关

图 4-23　电子膨胀阀板在空调器上的应用（80页）

图 4-28　负温度系数热敏电阻外形及检测方法（83页）

图 4-30　过载保护器测量方法（84页）

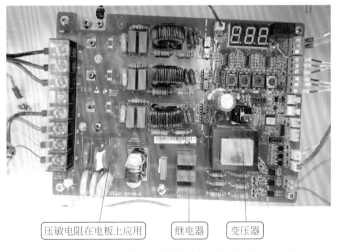

压敏电阻在电板上应用　继电器　变压器

图 5-2　压敏电阻在空调器电路板上的应用（90页）

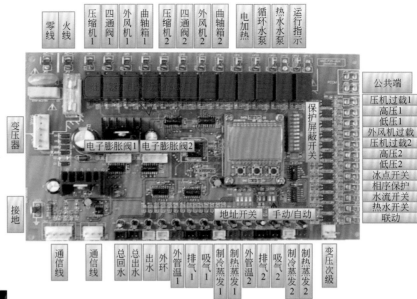

零线
火线
压缩机1
四通阀1
外风机1
曲轴箱1
压缩机2
四通阀2
外风机2
曲轴箱2
电加热
循环水泵
热水水泵
运行指示
公共端
压机过载1
高压1
低压1
外风机过载
压机过载2
高压2
低压2
冰点开关
相序保护
水流开关
热水开关
联动
保护屏蔽开关
变压器
电子膨胀阀1
电子膨胀阀2
接地
地址开关
手动/自动
通信线
通信线
总回水
总出水
出水
外环
外管温1
排气1
吸气1
制冷蒸发1
制热蒸发1
外管温2
排气2
吸气2
制冷蒸发2
制热蒸发2
变压次级

图 5-8　继电器在空调器电路板上的应用（93页）

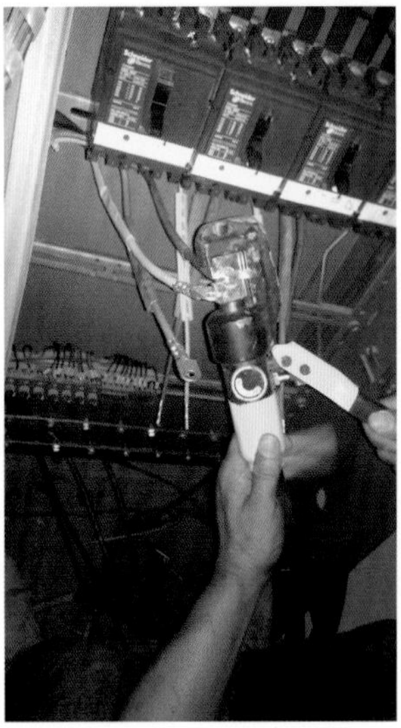

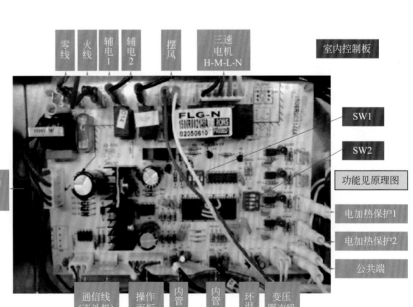

图 5-12　电线压力钳在空调器配电盘上的应用（96页）

零线
火线
辅电1
辅电2
摆风
三速电机 H-M-L-N
室内控制板
SW1
SW2
功能见原理图
变压器初级/次级1
电加热保护1
电加热保护2
公共端
FLG-N
ROHS
PASSED
02050610
通信线(连外机)
操作面板
内管1
内管2
环温
变压器次级

图 7-1　CPU在空调器电路板上的应用（107页）

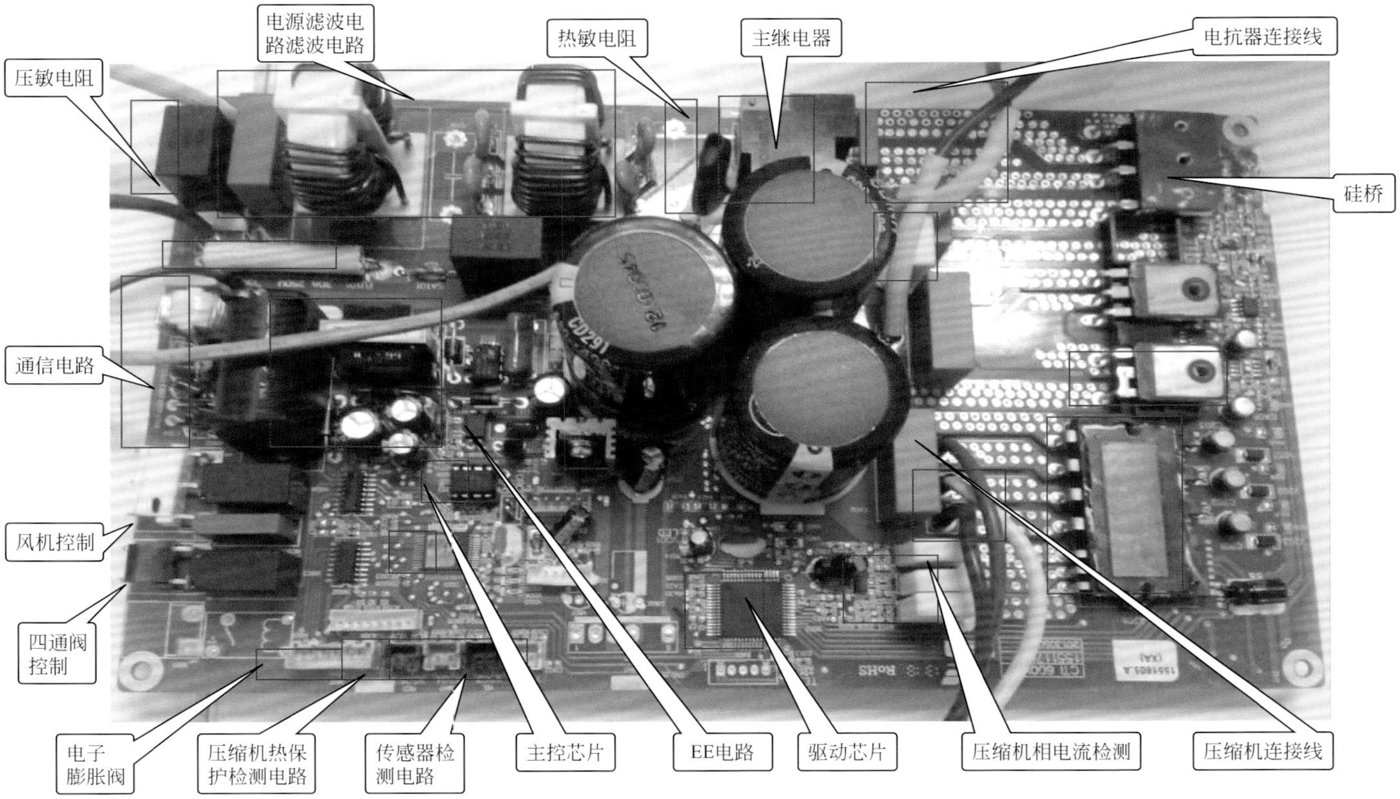

图 8-9　电控板外观实物图分解说明（137页）

图 9-21　用割刀切管路方法（一）（162 页）

图 9-22　用割刀切管路方法（二）（162 页）

图 9-23　用割刀切管路方法（三）（162 页）

图 9-24　制作喇叭口方法（一）（162 页）

图 9-25　制作喇叭口方法（二）（162 页）

图 9-26　制作喇叭口方法（三）（162 页）

图 9-27　喇叭口对正低压截止阀螺栓方法（一）
（162 页）

图 9-28　喇叭口对正低压截止阀螺栓方法（二）
（162 页）

图 9-29　喇叭口对正低压截止阀螺栓方法（三）（162 页）

图 12-11　格力 KFR-35GW健康空调器
室外机风扇螺母拆卸方法（220页）

图 12-12　格力 KFR-35GW健康空调器
室外机轴滑扣拆卸方法（220页）

图 12-13　格力 KFR-35GW健康空调器
室外机风扇叶拆卸方法（220页）

图 12-14　格力 KFR-35GW健康空调器
室外机风扇叶寸力拆卸方法（220页）

图 12-15　格力 KFR-35GW健康空调器
室外机风扇电机插件拆卸方法（220页）

图 12-16　格力 KFR-35GW健康空调器
室外机风扇电机安装方法（220页）

图 12-17　格力 KFR-35GW健康空调器
室外机风扇电机同心检测法（220页）

图 12-18　格力 KFR-35GW健康空调器
室外机风扇电机轴滑扣尖嘴钳修理法（220页）

肖凤明 等编著

空调器维修技能
一学就会

化学工业出版社

·北京·

本书采用电路原理图和实物照片相结合，并在图片上增加标注的方法来介绍变频空调器维修所必须具备的基本知识和技能。主要内容涵盖工具的应用，部件的识别与应用，各品牌主流定速、变频空调器控制电路的分析及空调器故障代码维修现场会。

本书适合初学、自学空调器维修人员阅读，适合空调器维修售后服务人员、技能提高人员阅读，也适合于制冷工、制冷设备维修工、家用电器维修工、空调运行工、空调维修工阅读，还可以作为技校、高专、职业相关专业或者家用电器维修各级技工、技师、高级技师培训班的辅助教材使用。

图书在版编目(CIP)数据

空调器维修技能一学就会/肖凤明等编著. —北京：
化学工业出版社，2018.4
　ISBN 978-7-122-31701-8

　Ⅰ.①空…　Ⅱ.①肖…　Ⅲ.①空气调节器-维修
Ⅳ.①TM925.120.7

中国版本图书馆 CIP 数据核字（2018）第 047437 号

责任编辑：刘丽宏　　　　　　　　　　　　文字编辑：孙凤英
责任校对：边　涛　　　　　　　　　　　　装帧设计：刘丽华

出版发行：化学工业出版社（北京市东城区青年湖南街 13 号　邮政编码 100011）
印　　刷：三河市航远印刷有限公司
装　　订：三河市耙发装订厂
787mm×1092mm　1/16　印张 21　彩插 4　字数 541 千字　2018 年 7 月北京第 1 版第 1 次印刷

购书咨询：010-64518888（传真：010-64519686）　售后服务：010-64518899
网　　址：http://www.cip.com.cn
凡购买本书，如有缺损质量问题，本社销售中心负责调换。

定　　价：69.80 元　　　　　　　　　　　　　　　　　　版权所有　违者必究

前言

　　当前各种新型健康空调器不断出现，品种之多、型号之全是前所未有的，其功能日益改善，技术日益精湛，单片机控制电路复杂，特别是变频空调器单片机的维修技术，是维修人员迫切需要掌握的。笔者从事空调器维修30余年，深知在维修一线的广大制冷维修人员非常需要一本现在流行的《空调器维修技能一学就会》实用技术图书，特编写此书，希望能为读者在空调电路原理分析、元器件检测方法、提高维修技能等方面提供帮助。

　　本书解析了海信、格力、长虹、美的、科龙变频空调器控制电路的原理和维修现场应用，还给出了各类具有代表性的格力、志高、美的、华凌变频空调器机型的故障代码含义现场通，是变频空调器维修人员不可多得的技能书。书中元器件符号和画法均沿用原图，不做改动，可使维修者一目了然。在变频空调器疑难故障分析中，结合空调器的故障代码，帮助维修人员讯速查找并排除故障。可以说，本书是一本新型空调器故障维修技术工具书，是从事制冷维修人员的必备用书。

　　本书编写过程中，得到了美的、海信、格力、长虹、科龙、志高、华凌等空调器生产企业以及国家《心血管病中心》、北京行政学院、北京金运通制冷技术有限责任公司、北京市东城区职工大学等的大力支持和帮助，在此表示诚挚的感谢。

　　本书由肖凤明高级工程师负责策划、统编整理工作，参与编写和提供帮助的还有于丹、李志远、朱长庚、杨杰、李影、韩春雷、吴春国、蒙岩、曹也丁、史传有、苑明、陈会远、海星、吴跃华、熊小楠、孙占合、闫宇、张顺兴、王自力、汤莉、马玉梅、张文辉、肖武、肖剑、马玉华、锁敬芹、肖申、郑崴、田悦、古文华、杨柳、刘秀茹、肖凤民、李武奎、马玉华、付秀英、李福荣、邸助军、赵庆良、孙陈章等。

　　由于编著者水平有限，编写时间较短，编写难度较大，尽管尽了最大努力，书中难免有不足之处，欢迎广大读者指正。

编著者

目录

第3章 变频空调器电控板元件的检测

第4章　空调器强电控制部件的检测

第5章　变频空调器电源电路的检测

第6章　变频空调器制冷部件故障的检修及排除

第13章　海尔变频空调器电控板的维修

第14章 大金系列变频空调器电控板的维修

第15章　变频空调器故障代码含义及现场维修技能

附录

第**1**章

空调器安装工具的使用方法

1.1 螺钉旋具

① 普通螺钉旋具　就是头柄造在一起的螺丝批，价格低廉，由于螺钉有很多种不同长度和粗度，有时需要准备很多支不同的螺丝批。

② 组合型螺钉旋具　一种把螺丝批头和柄分开的螺丝批，要安装不同类型的螺钉时，只需把螺丝批头换掉就可以，不需要带备大量螺丝批。好处是可以节省空间，缺点是：容易遗失螺丝批头。

③ 电动螺钉旋具　电动螺钉旋具，顾名思义就是以电动马达代替人手安装和移除螺钉，可正反用。

④ 一字和十字螺钉旋具共存　为了给螺钉施加不大的扭矩，人们想到了在螺钉头上开一条槽，用对应的一字形螺钉旋具就能方便地拧紧和松开螺钉了。随着科学技术的飞速发展，螺钉的应用越来越广泛，螺钉和一字螺钉旋具的不足也呈现出来了。首先是螺钉头的一字槽一旦受到破坏，螺钉就无法拧出。一字槽的长度越长，越容易在被拧的过程中遭到破坏。为了能缩短槽口的长度，提高槽口抵抗破坏的能力，又能传递同样大小的扭力，人们想到用十字槽，可以承受同样的扭力，但一个槽口的长度却短了一半，抵抗破坏的能力却大大地加强了。螺钉旋具原本是一字形的，不能用于十字的螺钉，只有另外生产一种十字螺钉旋具和十字螺钉相对应。这样就有两种螺钉旋具了。如图1-1所示。

⑤ 一字、十字螺钉旋具的使用方法　在带电操作时。使用一字、十字螺钉旋具。手要握紧螺钉旋具手柄，不得触及其金属部分。在拧锈蚀螺钉时，应先用左手握住螺钉旋具把柄，右手用小锤子轻轻敲螺钉顶部，震动锈蚀螺钉，锈蚀螺钉松动后即可较容易地拧下，否则，将把螺钉顶槽拧成滑扣，且螺钉不易旋出。如图1-2所示。

十字螺钉旋具使用错误见图1-3。

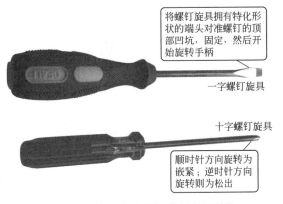

将螺钉旋具拥有特化形状的端头对准螺钉的顶部凹坑，固定，然后开始旋转手柄

一字螺钉旋具

十字螺钉旋具

顺时针方向旋转为嵌紧；逆时针方向旋转则为松出

图1-1　一字、十字螺钉旋具外形结构

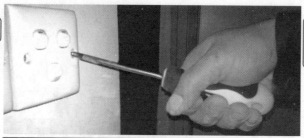

螺钉旋具活学活用方法

螺钉旋具没有圆头的，因为圆头的根本没有扭矩。一字就是要保证有扭矩，而十字能让力量分布得更均匀

好的螺钉旋具应该做到硬而不脆，硬中有韧。当螺钉旋具头开口变秃打滑时可以用锤敲击螺钉旋具，把螺钉的槽剔得深一些，便于将螺钉拧下，螺钉旋具要毫发无损；螺钉旋具常常被用来撬东西，就要求有一定的韧性不弯不折。总的来说希望螺钉旋具头部的硬度大且不易生锈

图 1-2　十字螺钉旋具使用方法

图 1-3　十字螺钉旋具错误使用

1.2　活扳手

① 活扳手外形结构　见图 1-4。

② 两个活扳手使用方法　两个活扳手使用方法见图 1-5。

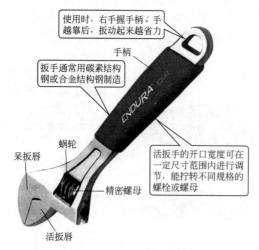

使用时，右手握手柄，手越靠后，扳动起来越省力

手柄

扳手通常用碳素结构钢或合金结构钢制造

蜗轮

呆扳唇

精密螺母

活扳唇

活扳手的开口宽度可在一定尺寸范围内进行调节，能拧转不同规格的螺栓或螺母

图 1-4　活扳手外形结构

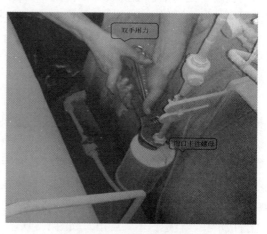

双手用力

卡住螺母

图 1-5　两个活扳手使用方法

1.3　钢丝钳、尖嘴钳、斜嘴钳

钳子的种类繁多，具体有尖嘴钳、斜嘴钳、钢丝钳、弯咀钳、扁嘴钳、针嘴钳、断线钳、大力钳、管子钳、打孔钳等等。使用钳子是用右手操作。将钳口朝内侧，便于控制钳切部位，用小指伸在两钳柄中间来抵住钳柄，张开钳头，这样分开钳柄灵活。电工常用的钢丝钳有150mm、175mm、200mm 及 250mm 等多种规格。可根据内线或外线工种需要选购。钳子的齿口也可用来紧固或拧松螺母。钳子的刀口可用来剖切软电线的橡皮或塑料绝缘层。钳子的刀口也可用来剪切电线、铁丝。剪 8 号镀锌铁丝时，应用刀刃绕表面来回割几下，然后只需轻轻一扳，铁丝即断。铡口也可以用来切断电线、钢丝等较硬的金属线。钳子的绝缘塑料管耐压500V 以上，有了它可以带电剪切电线。使用中切忌乱扔，以免损坏绝缘塑料管。切勿把钳子当锤子使。不可用钳子剪切双股带电电线，会短路的。用钳子缠绕抱箍固定拉线时，钳子齿口夹住铁丝，以顺时针方向缠绕。修口钳，俗称尖嘴钳，也是电工（尤其是内线电工）常用的工具之一。主要用来剪切线径较细的单股与多股线以及给单股导线接头弯圈、剥塑料绝缘层等。

钢丝钳、尖嘴钳、斜嘴钳外形结构及使用方法如图 1-6 所示。

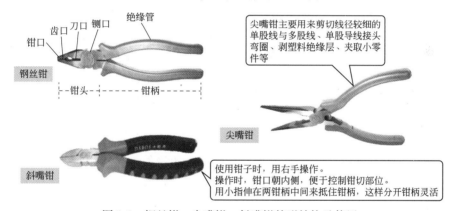

图 1-6　钢丝钳、尖嘴钳、斜嘴钳外形结构及使用

1.4　电钻

① 电钻使用方法　电钻属于手持式电动工具，有一、二、三类之分。一类手持电动工具外壳为金属结构，安全性差。由于这些工具使用时双手必须握紧，一旦工具漏电，很难摆脱，因此使用人员在使用这类工具电钻前，必须检查其外观是否良好，插上电源后，不要用手直接拿电动工具，应用手背感觉一下工具外壳是否漏电。如若有漏电感觉，由于是手背触摸，人体的反应可以使操作者迅速摆脱漏电；如若没有漏电感觉，在使用时，最好把电动工具插在带有漏电保护器插座上，以防止工具漏电造成人身伤害。

② 电钻外形结构及使用方法　电钻外形结构及使用方法如图 1-7 所示。

1.5　水钻

（1）电气安全

① 电动工具插头必须和插座相配。绝不能以任何方式改装插头。需接地的电动工具不能使用任何转换插头。使用未经改装的插头和相配插座会减少触电危险。

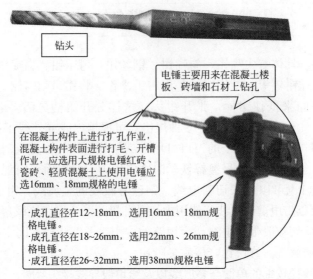

钻头

电锤主要用来在混凝土楼板、砖墙和石材上钻孔

在混凝土构件上进行扩孔作业，混凝土构件表面进行打毛、开槽作业，应选用大规格电锤红砖、瓷砖、轻质混凝土上使用电锤应选16mm、18mm规格的电锤

·成孔直径在12~18mm，选用16mm、18mm规格电锤。
·成孔直径在18~26mm，选用22mm、26mm规格电锤。
·成孔直径在26~32mm，选用38mm规格电锤

图 1-7　电钻外形结构及使用方法

② 避免人体接触接地表面，如管道、散热片和冰箱。如果身体接地会增加触电危险。

③ 不得将电动工具暴露在雨中或潮湿环境中。水进入电动工具将增加触电危险。

④ 不得滥用电线。绝不能用电线搬运、拉动电动工具或拔出其插头。让电动工具远离热、油、锐边或运动部件。受损或缠绕的电线会增加触电危险。

⑤ 当在户外使用电动工具时，应使用适合户外使用的外接电线。适合户外使用的电线会减少触电危险。

（2）人身安全

① 保持警觉，当操作电动工具时，要关注所从事的操作并保持清醒。切勿在疲劳状态，药物、酒精或治疗反应下操作电动工具。在操作电动工具期间精力集中，注意力分散会导致严重人身伤害。

② 使用安全装置。始终佩戴护目镜、安全装置，如适当条件下的防尘面具、防滑安全鞋、安全帽、听力防护等能减少人身伤害。

③ 避免突然启动。确保开关在插入插头时处于关断位置。

④ 检查使用的电源电压是否与铭牌相符，电源处是否装有漏电电流保护装置或隔离变压器，如果没有，务请自行购置安装，以确保操作安全。

（3）安装钻头　在主轴螺纹上涂上油脂旋紧钻头。

（4）开机钻孔

① 在空载状况下启动电动机，将开关与按钮扳向"ON"端。不允许带负载启动，启动后打开水咀开关通水，水流出开始下钻严禁无水作业。

② 开始开孔时钻进速度要慢，钻"进压"要轻，切忌过快过猛以防损坏钻头。

③ 当钻进 3~5mm 深，就可适当加大压力正常钻进，但在钻机过程中钻机不要过载，钻机转速明显降低时表明过载，应减小给进压力，钻机过载会损坏电机。钻孔时钻头碰到钢筋，电机电流会突然增大，钻机出现振动此时应减小给进压力，以防电机过载，当钻到木块、厚的沥青层、油毛毡等夹杂物时，电机电流也会加大，此时应均匀地慢慢下钻。

④ 钻孔过程中出现卡钻自动停机时，应用人工方法排除后再启动电机，严禁采用强行通电方法启动电机排除卡钻，否则会损坏电机。

动水钻外形结构如图 1-8 所示。

图 1-8 动水钻外形结构

内置式水钻外形结构及使用方法见图 1-9。

当钻头接近钻孔时给进压力要减小，钻通后钻头应提到孔外。然后关机，开关盒按钮扳向"OFF"端，用木棒轻轻敲打钻头钢体，小心地取出岩芯。

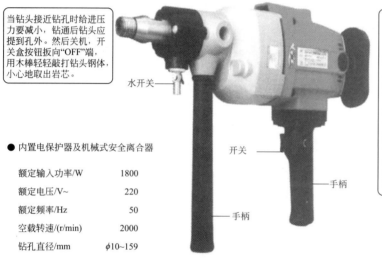

维护和保养
　为了延长钻机寿命，保持钻机良好状态，精心维护保养是至关重要的。
①钻孔时应注意不能让水溅入电机内膛，以防止绝缘性能下降或漏电，造成人身不安全。
②钻孔过程中严禁无水作业，防止电机过载，卡钻后严禁通电排除，电机火花大应停止钻进等，应严格按要求操作。
③钻孔使用完毕，应及时清理表面泥浆，保持清洁，齿条部位应涂润滑脂，防止锈蚀。
④变速箱内应每半年更换一次润滑脂。

水开关

开关

手柄

手柄

● 内置电保护器及机械式安全离合器

额定输入功率/W	1800
额定电压/V~	220
额定频率/Hz	50
空载转速/(r/min)	2000
钻孔直径/mm	$\phi10\sim159$

图 1-9 内置式水钻外形结构及使用方法

可调速水钻外形结构及使用方法见图 1-10。

可调速

钻孔时注意事项：
①没经过培训的人员不得进行钻孔作业。
②钻孔作业前应检查作业区内是否有电源线，煤气管道；以防触电，泄漏事故发生。
③在钻进空心楼板时，会出现脱落或炭心堵塞钻芯，应及时清理再钻进。
④当钻芯充满钻头应及时取出炭心后再钻进。
⑤随时检查钻机各处的螺栓是否松动，并及时拧紧。
⑥随时注意钻机在钻孔过程中，转动是否平稳，钻机表面温度。声音、火花等情况，发现有异常现象，应停止钻进，排除故障后再进行钻进。

● 开关可调速度

● 内置电保护器及机械式安全离合器

额定输入功率/W	1300
额定电压/V~	220
额定频率/Hz	50
空载转速/(r/min)	0~2000
钻孔直径/mm	$\phi10\sim120$

图 1-10 可调速水钻外形结构及使用方法

1.6　锤子

锤子的使用方法如图 1-11 所示。

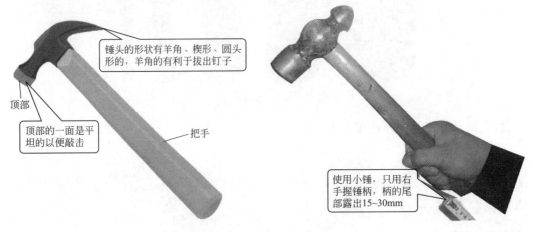

锤头的形状有羊角、楔形、圆头形的，羊角的有利于拔出钉子

顶部

顶部的一面是平坦的以便敲击

把手

使用小锤，只用右手握锤柄，柄的尾部露出15~30mm

图 1-11　锤子的使用方法

1.7　电锤

（1）安全规则

① 保持工作场地清洁和明亮。混乱和黑暗的场地会引发事故。

② 不要在易爆环境工作，如有易爆液体、气体或粉尘。

③ 让儿童和旁观者离开后操纵电动工具。分心会使你放松控制。

（2）电气安全

① 电动工具插头必须与插座相配。绝不能以任何方式改装插头。需接地的电动工具不能使用任何专换插头。未经改装的插头和相配的插座将减少触电危险。

② 避免人体接触接地表面，如管道、散热片和冰箱。如果你身体接地会增加触电危险。

③ 不得将电动工具暴露在雨中或潮湿环境中。水进入工具将会增加触电危险。

④ 不得滥用电线。绝不能用电线搬运、拉动电动工具或拔出其插头。让电动工具远离热、锐边或运动部件。受损或缠绕的电线会增加触电危险。

⑤ 当在户外使用电动工具时，使用适合户外使用的外接电线。适合户外使用的电线将减少触电危险。避免人身伤害。

⑥ 电源线路电压不超过工具铭牌上所规定额定电压的±10％方可使用。碳刷磨损到布恩那个使用时，须及时调整碳刷（两只碳刷同时调换），否则会使碳刷与换向器接触不良，引起环火，损坏换向器，严重时会烧坏转子。注意在调换碳刷时，请关掉工具电源开关并拔下电源插头，确保断电。长期搁置不用的电动工具或在潮湿环境中使用的工具，使用前必须用 500V 兆欧表测定绕组的绝缘电阻，如绕组与机壳间绝缘电阻小于 50MΩ 时，必须对绕组进行干燥处理，直到绝缘电阻大于 50MΩ 为止。

电锤的错误使用方法见图 1-12。

图 1-12 电锤错误的使用方法

（3）电动工具使用和注意事项

① 不要滥用电动工具，根据用途使用适当的电动工具。选用适当的设计额定值的电动工具会使你工作更有效，更安全。

② 如果开关不能接通或关断工具电源，则不能使用该电动工具。不能用开关来控制的电动工具是危险的，必须进行修理。

③ 在进行任何调解、更换附件或储存电动工具之前，必须从电源上拔掉插头或将电池盒脱开电源。这种防护性措施将减少电动工具突然启动的危险。

④ 将闲置电动工具储存在儿童所及范围之外，并且不要让不熟悉电动工具或对这些说明不了解的人操作电动工具。电动工具在未经训练的用户手中是危险的。

⑤ 保养电动工具。检查运动件的安装偏差或卡住、零件破损情况和影响电动工具的其他条件。如有破损，电动工具必须在使用前修理好。许多事故都是由维护不良的电动工具引起的。

⑥ 保持切削刀具锋利和清洁。保养良好的有锋利切削刃的刀具不易卡住而且容易控制。

⑦ 按照使用说明书以及打算使用的电动工具的特殊类型要求的方式，考虑作业条件和进行的作业来使用电动工具附件和工具的刀头等。将电动工具用作那些与要求不符的操作可能会导致危险情况发生。

（4）操作方法

① 电源电压应不越过电锤铭牌上所规定电压的±10％方可使用。

② 使用前空转 1min，检查转动是否灵活，火花是否正常，同时可使气缸润滑，便于冲击。

③ 开关按下电源便启动，放开开关电锤便停转。

④ 在装电锤钻头时，应先将插入部分（即钻柄）擦干净，并加少量润滑油，将滑套向后压，再将钻柄插入前盖内孔，并转动钻柄，使钻头的圆柱（方柄）部分进入前盖橡胶圈内园，并插到底，然后松开滑套，用手拔不出来方才到位。若要拆下钻头，则同样将滑套向后压，即可将钻头拔出。

⑤ 手柄托架和辅助手柄为螺纹连接，需要紧固在电锤上时将辅助手柄右旋，拆下时则为左旋。辅助手柄组件能 360°旋转。当对钻孔深度要有要求时，只需在辅助手柄组件上装上深度尺，调好钻孔深度，然后旋紧辅助手柄即可。

⑥ 向上打孔时，使用防尘罩将减少散落灰尘，方便操作。使用时先将防尘罩套入钻柄，然后再将钻柄插入转套孔内。

⑦ 使用的钻头必须锋利，钻孔时不宜用力过猛，凡遇转速异常降低时，应立即减少用力，电锤因故突然刹停或卡钻时，应立即切断电源。

⑧ 双功能电锤有锤钻和锤的功能。将调解拨钮上的箭头对正固定块上的电锤为锤钻的功能，将调解拨钮上的箭头对正固定块上的电锤为锤的功能。

⑨ 碳刷磨损一定的程度时，会使工作不正常，出现火花大、转动出现时断时续等现象，此时应立即更换碳刷，注意两只碳刷必须同时更换。

⑩ 在使用工程中，若发现绝缘损坏，电源线或电缆护套有破损，插头、插座开裂或接触不良，断续运转或严重火花等故障时，就立即将电动工具送交专业维修人员进行修理，未修复前不得使用。电锤过热也应立即停止使用。

⑪ 电锤的通风道必须保持清洁畅通，为防止杂物进入。

（5）维护保养方法

① 电锤累计工作50h就应加润滑脂一次，每次在气缸中加入50g润滑脂即可。

② 应经常对电锤进行检查，检查外壳、手柄是否有裂缝，电源线、插头、电缆护套、开关是否良好，绝缘电阻是否正常，机械部分零件是否有损坏等。

③ 电锤应存放于干燥、清洁及无腐蚀性气体的环境中。

④ 不得用溶剂擦拭塑料件外壳，以免塑料件损坏或发生龟裂。

1.8 开槽机

① 手不要伸得太长操作。时刻注意脚下和身体平衡。这样在意外情况下能很好地控制电动工具。着装得当。不要穿宽松衣服或佩戴饰品。让你的头发衣服和袖子远离部件。宽松衣服、佩饰或长发可能会卷入运动部件。

② 如果提供了与排屑装置、集尘设备连接的装置，则确保它们连接完好且使用得当。使用这些装置可减少碎屑引起的危险。

图1-13 开槽机的使用方法

③ 保持警觉，当操作电动工具时关注所从事的操作并保持清醒。切勿在有疲倦、药物、酒精或治疗反应下操作电动工具。在操作电动工具期间精力分散会导致人身伤害。

④ 使用安全装置。始终佩戴护目镜。安全装置，诸如适当条件下的防尘面具、防滑安全鞋、听力防护等能减少人身伤害。

⑤ 避免突然启动。确保开关在插入插头时处于关断位置。手指放在已接通电源的开关上或开关处于接通时插入插头可能会导致危险。

⑥ 在电动工具接通之前应戴绝缘手套，拿掉所有调解钥匙或扳手。遗留在电动工具旋转零件上的扳手或钥匙会导致事故。

开槽机的使用方法见图1-13。

1.9 角磨机

① 操作时身体不可接触到其他接地金属物体，以免发生触电危险。受潮或意外摔砸造成

损坏或长期使用自然破损时应及时交专业人员维修，经绝缘测试合格后方可继续使用。工具启动时会有较大的扭力，操作者必须站稳并用力把持好工具。严禁高空操作！

非双重绝缘的金属机壳电动工具在使用前还必须将电缆插头的接地端可靠接地。同时使用剩余电流动作保护器（用户自备）以确保使用者人身安全。

② 人身安全

a. 保持警觉，当操作电动工具时关注所从事的操作并保持清醒。切勿在有疲劳、药物、酒精或治疗反应下操作电动工具。在操作电动工具期间精力集中，分散会导致严重人身伤害。

b. 使用安全装置。始终佩戴护目镜。安全装置，诸如适当条件下的防尘面具、防滑安全鞋、安全帽、听力防护等能减少人身伤害。角磨机外形结构及安装方法见图1-14。

③ 专用安全规则

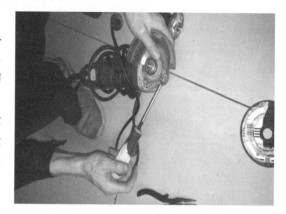

图 1-14　角磨机外形结构及安装方法

a. 在安装轮片时，要把轮片安全插入转套内。如果没有安装好，那是很危险的，因为在作业中轮片会滑脱。

b. 在操作之前要确认电源开关是否关闭，若电源开关接通，则插头插入电源插座电动工具将会出其不意地立即转动，从而导致人身伤害事故。

c. 在往墙上或地板上开孔时，要事先充分了解其中是否埋有电缆或其他管道，在操作时请握住工具绝缘手柄部分。否则，接触带电的电线会使工具的金属部分也带电，从而导致操作者带电。

d. 在操作过程中，自始至终请务必站稳，务必牢牢握住工具，当在高处使用本工具时，请注意安全防护措施和确认下方没有其他人。向上开槽时，使用防尘罩将减少散落灰尘。

e. 将角磨机放在地板或工作台上时，应先确认角磨机完全停止转动。

f. 在无人操作时，切勿让工具旋转。只有当工具握在手中时才能启动工具，双手切勿碰触工具的旋转部分。

g. 在操作结束后，切勿马上触碰角磨机轮片，此时轮片温度非常高，可能灼伤皮肤。

1.10　制冷剂钢瓶

图 1-15　制冷剂钢瓶的安全使用方法

制冷剂钢瓶的安全使用方法见图1-15。

钢瓶在灌装制冷剂时，不得超过钢瓶容积的80%。存放时，钢瓶直立并放阴凉处。这样杂质就留在瓶底。再给制冷系统加制冷剂时，不至于把杂质加入制冷系统。如果天气较凉，制冷剂加不进去时，给钢瓶加温最好用温度不超过50℃的温水，切忌用明火对钢瓶加温。

1.11 便携式焊炬

气焊外形结构见图 1-16。便携式焊炬使用时，氧气瓶和液化石油气瓶应直立。在开氧气瓶阀前，应释放减压阀顶针，使减压阀出口压力为零。打开氧气阀门时，人的身体要闪开减压阀正面，不得用有空调冷冻油的扳手开氧气瓶阀门。点火时要以火等气为原则，焊枪不准对人，焊接时必须戴护目镜，以免损伤眼睛。气焊操作方法见图 1-17。

图 1-16 气焊外形结构

图 1-17 气焊操作方法

1.12 真空泵

空调上抽用的真空泵为旋片式结构。泵体内镶有两块滑动旋片的转子偏心地安装在圆筒形的气缸内，旋片分割了进、排气口。旋片在离心力的作用下，始终与气缸内壁紧紧接触，从而把气缸分割成了两个室。偏心转子在电动机的拖动下带动旋片在气缸内旋转，使进气口方向的腔室逐渐扩大容积，吸入气体；另一方面对已收入的气体压缩，由排气阀排出，从而达到抽取气体获得真空的目的。真空泵的使用方法有 3 种。真空泵使用方法见图 1-18。

图 1-18 真空泵使用方法

① 低压单侧抽真空 此方法工艺简单，容易操作。先将制冷系统中的制冷剂放空，再通过耐压胶管将真空泵的吸气口与系统低压端的阀门连接，然后关闭低压阀门，开启真空泵，随即再缓缓打开低压阀门开始抽真空。30min后关闭阀门，观察真空压力表指针的变化，表针压力若没有明显回升则说明系统没有泄漏，抽真空操作结束。在停止抽真空时，先关闭直通阀的开关，然后再切断真空泵的电源。低压单侧抽真空的方法简单易行，但由于仅在一侧抽真空，高压侧的气体受到节流装置的流动阻力影响，高压侧的真空度比低压侧低得多，因

此需用较长时间才能达到所要求的真空度。

②　高低压双侧抽真空　在干燥过滤器的工艺管上焊接一根铜管，通过软管连接到组合压力表的高压表端的接口，使用公共接口连接真空泵。然后打开高压、低压两阀同时抽真空，具体方法与上述相同。高低压双侧抽真空有效地克服了节流装置流动阻力对高压侧真空度的不利影响，提高了整个制冷系统的真空度，而且适当缩短了抽真空的时间，但增加了焊接点，提高了工艺要求，操作也较复杂。

③　复式抽真空　就是对整个制冷系统进行两次以上的抽真空，以获得理想的真空度。经过一次抽真空后，制冷系统内部保持了一定的真空度。此时，拧下真空泵抽气口上的耐压胶管管帽，接在制冷剂钢瓶阀口上，向系统内充注制冷剂，启动压缩机运转数分钟，使系统内残存的气体与制冷剂混合，再启动真空泵进行第二次抽真空，抽空时间至少为 30min。这样反复抽真空，能使系统内的气体进一步减少，以达到规定的真空度。

1.13　割管器

割管器操作时：割刀应与铜管垂直夹住，左手把住铜管，右手旋转转柄，用力要均匀。转柄慢慢旋转手柄滚轮随之旋转，边旋边转，直至切断。

割管器操作方法见图 1-19。图 1-20 为手动割管器的实际操作技能。

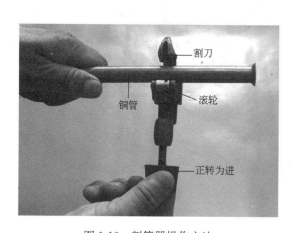

图 1-19　割管器操作方法

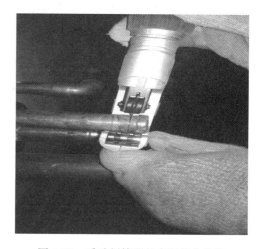

图 1-20　手动割管器的实际操作技能

在安装维修空调器时，如铜管过长需截去多余部分应使用割管器，不允许使用钢锯，以免管口产生铜屑落入管内造成系统脏堵故障。使用手动割管器时，先把铜管放入割管器刀刃中，然后，将割刀的调整滚轮适当旋紧。

1.14　剥线钳

剥线钳使用方法见图 1-21。

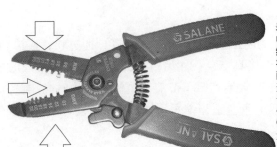

剥线钳为内线电工、电机修理工、仪器仪表电工常用的工具之一。它适宜于塑料、橡胶绝缘电线、电缆芯线的剥皮。使用方法是：将待剥皮的线头置于钳头的刃口中，用手将两钳柄一捏，然后一松，绝缘皮便与芯线脱开。管子钳其他名称：管子扳手。用途：用于紧固或拆卸各种管子、管路附件或圆形零件，为管路安装和修理常用工具，其嵌体可锻铸制造外。另有铝合金制造，其特点是质量轻、使用轻便、不易生锈

图 1-21　剥线钳使用方法

1.15　胀管器

胀管器作用方法见图 1-22。操作时，先将铜管放入相应的胀管夹具内，铜管上口需高出喇叭口斜坡深度的 1/3，紧固两侧螺母。然后用锉把管口锉平，用锉的尖部轻去内部毛刺，并用软布把铜管内的铜屑沾出。目视管口平整后，再将顶压器的胀管锥头压在管口上，左手把住胀管夹具，右手旋紧胀管锥头螺杆的手柄，用力应均匀缓慢。一般旋进 1/10 圈，再旋回 6/10 圈，反复进行直到将管口扩成 90°±0.5°，喇叭口形状。这种操作方法，制作出的喇叭口圆正、平滑、无裂纹，见图 1-23。

胀管器是铜管扩喇叭口的专用工具。

操作时，先将铜管放入相应的胀管夹具内，铜管上口需高出喇叭口斜坡深度的1/3，紧固两侧螺母

图 1-22　胀管器使用方法

图 1-23　制作的喇叭口角度正确
（圆正、平滑、无裂纹）

1.16　验电笔

① 验电笔的用途及使用方法　验电笔（俗称电笔）是用来检查低压导体和电气设备外壳是否带电的辅助用具。其检测电压范围为 60～500V。电笔有钢笔式和旋具式，前端是金属探头，内部依次装接氖泡、安全电阻和弹簧。弹簧与后端外部的金属部分相连，使用时手应触及该金属部分。

当用电笔测试带电体时，带电体经电笔、人体到大地形成回路，只要带电体与大地之间的电位差超过一定的数值，电笔中的氖泡就能发光。

② 使用电笔时应注意的事项

a. 使用电笔前，一定要检查电笔中的氖泡能否正常发光。

b. 在明亮光线下测试时，不易看清氖泡的辉光，应当避光检测。

c. 电笔的金属探头多制成旋具形状，它只能随很小的扭矩，使用时应特别注意，以防损坏。

1.17　指针式万用表

万用表是一种常用的测量与检测仪表。它有两种类型：一种是指针式万用表，另一种是数字式万用表。它们分别有自己的特点。万用表能够测量电压、电流、电阻、二极管、三极管、电容、线路。通过测量得到的数据来判断故障。在空调器检测、维修等工作中是不可缺少的检测仪表。

维修空调器电气故障离不开万用表，它可以测量交直流电压、电阻，以及检测控制板上的二极管、晶体管、电容和电感等。万用表的准确度分为七个等级：0.1、0.2、0.5、1.0、1.5、2.5 和 5.0 级，数值越小准确度越高。

① 万用表使用前的检查与调整。万用表测量前应检查外观完好无破损，以免因破损而触电。各挡位接触良好，指针偏转灵活且自然指在零位，如不在零位要用一字旋具先进行机械调零。红色表笔接在"＋"插孔，黑色表笔接在"－"插孔。

万用表的使用方法见图 1-24。万用表在测量电阻时，必须进行欧姆调零，而且每换一个挡位，都应重新进行欧姆调零。如果调整"零欧姆调节"旋钮不能使指针指 0Ω，不可使劲拧旋钮，应更换新电池。

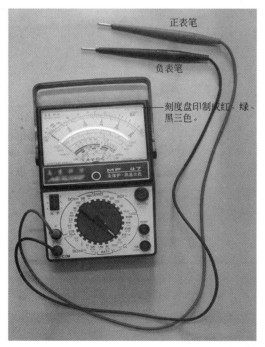

正表笔

负表笔

刻度盘印制成红、绿、黑三色。

使用方法：

测量高电压或大电流时，为避免烧坏表头，应在切断电源情况下，变换量程。

测未知量的电压或电流时，应先选择最高挡位，待第一次读取数值后，方可逐渐旋至适当量程以取得较准读数并避免烧坏万用表。

偶然因过载而烧断熔丝时，可打开表盒换上相同型号的保险熔丝管（0.5A/250V）。

测量电压时，要站在干燥绝缘板上，单手操作，防止触电事故。

图 1-24　万用表外形结构及使用方法

② 用万用表测量电阻的方法。测电阻时，首先将选择开关指向欧姆挡，然后，将两个表笔金属部分短接，同时调整"零欧姆调节"旋钮，使指针指向 0Ω。测量前应将被测电气元件电源及与其他元件的连线断开，当确认该电气元件无电流时，才能进行测量。因测量电阻的欧姆挡是表内电池供电的，如果带电测量，就相当于接入一个外加电源，不仅会使测量结果

不准确，而且可能还会烧坏表头。测量时，表笔应与被测电阻两端接触良好，两手不得触及表笔及被测元件的金属部分，否则测量的电阻值不准确。

③ 用万用表测量交直流电压的方法。测量交直流电压时，万用表的量程的选择应大于被测电压值，指针指在满刻度 2/3 左右最准确。如果估计不出电压时，可先选择最大量程测量。测直流电压时，表笔的"＋""－"应对应直流电压的正、负极，如不清楚被测电压的极性可先点测，以防止指针反打，损坏万用表。测交流电压时，应将两支表笔并联在被测线路或电气设备两端，测量者应与带电体保持 0.3m 以上的安全距离。测量时"切忌把转换开关放在电阻挡上测交流电压，切忌测交流电压时转换挡位"。否则，轻则把表头损坏，造成指针打弯，万用表内部元件或游丝、偏转线圈烧毁，重则危及人身安全。万用表测量元器件后或暂时不用时，应将转换开关置于交流电压最大挡或空挡位。万用表 6 个月以上不用，应将电池从表后盖中取出，以免电解液外溢腐蚀表内元器件，并把万用表放在一个干燥、清洁、温度适宜环境（0～40℃）中。

④ 万用表使用中的安全注意事项。俗话说："没有规矩不成方圆"，因此，使用万用表也要遵循必要的安全规定。万用表属于精密仪表，一定不能放在振动较大的桌子上，更要严防剧烈振动，比如，在自行车后架上颠等等，都会损坏万用表。在测量 380V 或 220V 电压时，切忌两手同时触及表笔的金属部分，违背规则，轻则全身触电抖动，重则危及人身安全。尤其在测量强电时，更要加强自我安全意识。

注意： 表笔不与插孔脱离，人身体大于被测物 0.3m，确保万无一失。万用表使用完毕应将选择开关放到交流电压的最大挡，目的是防止他人误用时毁坏万用表。有的万用表在转换开关上，专门设置了一个空挡，该挡不进行任何测量，目的是把表头偏转线圈的两端短路，利用表头中磁场产生阻尼作用，遇有振动时，指针等不会剧烈摆动，保护万用表的偏转机构。

1.18 数字式万用表

① 认识数字式万用表　数字式万用表是以数字形式来显示测量结果的万用表，一般由显示器（LCD 或 LED）、显示器驱动电路、A/D 转换器、交直流变换电路、功能转换开关、表笔、插座、电源开关等组成。见图 1-25。

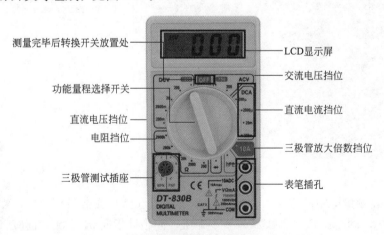

图 1-25　DT-830B 型数字式万用表面板功能

② **数字万用表的使用方法**　数字万用表的使用方法见图 1-26。

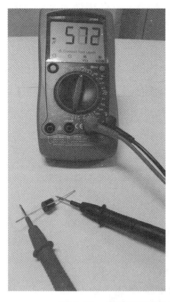

使用方法：
数字万用表是一种精密电子仪表，不要随意更改线路，并注意以下几点：
① 只有在测试表笔从万用表移开并切断电源后，才能更换"挡位"或量程。
② 用毕随手关机(把电源开关拨至"OFF"的位置，可以延长电池的使用寿命)。如长期不用，应取出电池，以免产生漏电损坏仪表。
③ 数字万用表不宜在阳光直射及高温、高湿的地方使用与存放。它的工作温度为0~40℃，湿度小于80%

图 1-26　数字万用表外形结构及使用方法

操作注意事项如下：

a. 在使用数字万用表之前，应仔细阅读产品使用说明书（因为随着产品结构的不同，其使用方法也不一样），熟悉开关、功能键、插孔、旋钮及仪表附件（如测温探头、高频探头）的作用。还应了解仪表的极限参数，出现过载显示、极性显示、低电压指示和其他标志符号显示以及声光报警的特征，掌握小数点位置的变化规律。

b. 某些型号的数字式万用表，具有自动关机功能。使用中如发现液晶显示器 LCD 数字显示突然消失，并非仪表出现故障，而是电源被切断，使仪表进入了"睡眠"状态。这时只需重新按下电源开关，即可恢复正常。在测量时，倘若仅是最高位显示"1"，其他位均消隐，证明仪表已发生过载，要选择更高的量程。

③ 将 ON-OFF 开关置于 ON 位置，检查 9V 电池，如果电池电压不足，或"BAT"将显示在显示器上，这时，则应更换电池，更换电池时，电源开关必须拨至"OFF"位置。如果没有出现则按正常步骤进行。

④ 测试表笔插孔旁边的 符号，表示输入电压或电流不应超过标示值，这是为保护内部线路免受损伤。

⑤ 测试前，功能开关应放置于所需量程上。

数字万用表损坏在大多数情况下是因测量挡位错误造成的。如在测量交流市电时，若将功能量程选择开关置于电阻挡，这种情况下，表笔一旦接触市电，瞬间即可造成万用表内部元件损坏。因此，要注意养成在万用表使用完毕后，及时将功能量程选择开关置于"OFF"处的良好习惯，避免发生误测，引起数字万用表损坏。

⑥ 当用其电阻挡：检测晶体二极管、三极管和电解电容等需要区别的极性元器件时，必须注意极性，同时还要注意用电阻挡测量时，各挡测试的电压和最大测试电流不完全一样（按其使用说明书规定的指标），由于电阻挡所能提供的测试电流很小，因此不适宜直接测试晶体管的正向电阻。

⑦ 不允许用电阻挡和电流挡"测电压"。

⑧ 测量电阻时，应防止带电测量，注意人体电阻的影响。用 2MΩ 电阻挡时，显示值，

需经过数秒钟才能趋于稳定，用 200Ω 挡测量时，应先将表笔短路，测出两表笔引线的阻值（0.1～0.3Ω），每次的测量值应减去此值，才是实际值，否则将影响测量结果的准确性。

⑨ 利用 hFE 插口检查发光二极管质量好坏时，测量时间应尽量短，测量时间过长会降低叠层电池的使用寿命。

⑩ 不能使用数字式万用表的电阻挡，去检测液晶显示器 LCD 的好坏，LCD 显示只能用交流方波来驱动，不允许加直流电压。

1.19 钳形电流表

① 认识钳形电流表　钳形电流表按显示方式分为指针式和数字式，数字式钳形表如图 1-27 所示。

② 活学活用钳形电流表　钳形电流表简称钳形表，俗称钳表、卡表、勾表，是一种无需断开电源和线路，就可直接测量运行中的电气设备和线路工作电流的携带式仪表，特别适合不便拆线或不能切断电源的场合测量。利用此特点可对各种供电和用电设备及线路进行随机电流检测，以便及时了解设备和线路的运行状况。因此，钳形电流表在变电站、发电厂、电工维修、空调器检修等，得到了广泛的应用，是空调器检修常用的电测仪表之一。

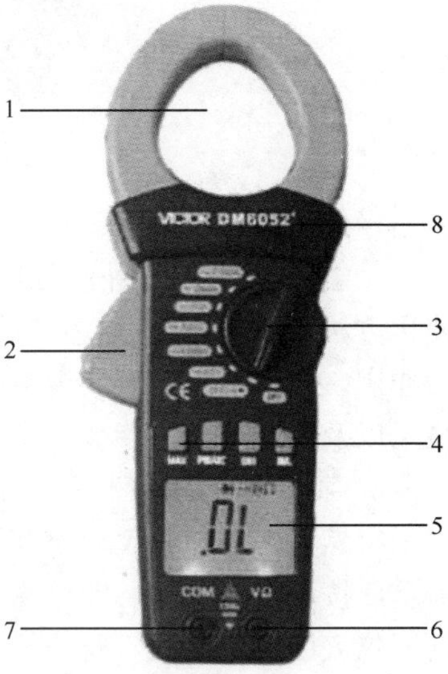

钳形电流表在测量空调器压缩机运转电流时不用断开被测导线，非常方便、直观、实用。在使用前钳形电流表应外观完好、钳口接触紧密、无锈蚀和异物、护套绝缘无破损、手柄压把干燥清洁无裂痕。测量时，身体应与空调器导线的导电体保持 0.3m 以上安全距离。防止触电。测出的电流应尽可能使指针指在满度线的 2/3 及以上，指针过偏，退表换挡。测量中不允许带电换挡，不允许测裸线。

测量前的注意事项：

首先要根据被测电流的种类、电压等级正确选择钳形电流表，被测线路的电流要低于钳型电流表的额定电流。

其次是在使用前要正确检查钳形电流表的外观情况，一定要检查表的绝缘性能是否良好，外壳应无破损，钳形铁芯的橡胶绝缘应完好无损，钳口扳手应清洁、干燥、无锈，闭合后无明显缝隙。

最后要将转换开关置 OFF 挡位置，即在开机状态检查电池电压。

图 1-27　钳形电流表的外形结构
1—钳口；2—扳机；3—旋转开关：用于选择功能量程；4—MAX、PEAK、DH、B/L 按键开关；5—液晶显示屏；6—"V/Ω" 输入插孔；7—"COM" 公共输入端（输入地）；8—护手

1.20 兆欧表

① 兆欧表短路实验　兆欧表短路实验教你会见图 1-28。
② 兆欧表开路实验　兆欧表开路实验教你会见图 1-29。
③ 兆欧表的使用方法　在使用兆欧表摇测空调器压缩机前，首先应检查表的外观是否完

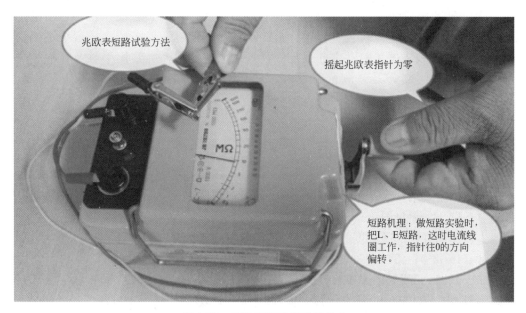

图 1-28　兆欧表短路实验教你会

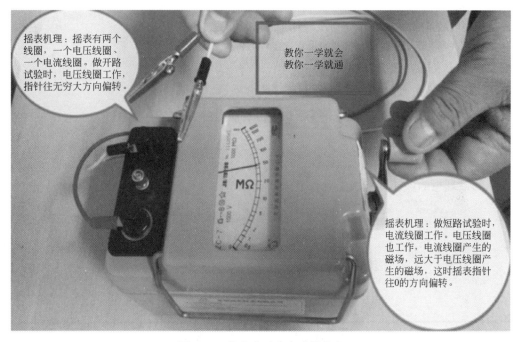

图 1-29　兆欧表开路实验教你会

好，并做开短路实验。测量时，E 线接压缩机外壳，L 线待表 120r/min 后，再搭接于压缩机的三个接线端子，连续摇测 1min，指针稳定后再读数值。撤 L 线后，再停止摇测。摇测出的压缩机绝缘电阻值应大于 2MΩ。

兆欧表，是用来测量设备的绝缘电阻和高值电阻的仪表，它由一个手摇发电机、表头和三个接线柱（即 L：线路端；E：接地端；G：屏蔽端）组成。

④ 摇表的选用原则　额定电压等级的选择。一般情况下，额定电压在 500V 以下的设备，应选用 500V 或 1000V 的摇表；额定电压在 500V 以上的设备，选用 1000～2500V 的摇表。

⑤ 注意事项　a. 禁止在雷电时或高压设备附近测绝缘电阻，只能在设备不带电，也没有感应电的情况下测量。b. 摇测过程中，被测设备上不能有人工作。c. 摇表线不能绞在一起，要分开。d. 摇表未停止转动之前或被测设备未放电之前，严禁用手触及。拆线时，也不要触及引线的金属部分。e. 测量结束时，对于大电容设备要放电。f. 要定期校验其准确度。

1.21　单联压力真空表

单联压力真空表结构简单，价格低廉，适合修理整体式空调器。单联压力表见图1-30。

表盘上从里向外第一圈刻度为压力数值，其单位是磅每平方英寸（lb/in²）；第二圈刻度也是压力数值，其单位是兆帕（MPa）。第三圈刻度是R411B的蒸发温度，其单位是℃，最外圈是R405A的蒸发温度，其单位是℃。现在表的位置是在没有加压的状态下，也就是说表指针在0位上。

在空调正常制冷运行的正常压力下表应该指在0.5MPa上。在维修分体式空调器试压、加制冷剂时，使用单联真空压力表既方便又直观。

图1-30　单联压力表

1.22　双联压力多路真空表

① 双联压力多路真空表的外形结构使用方法　双联压力多路真空表，是修理分体式空调器最常用的最理想的多功能专用工具，有进口、国产两种，进口双联压力表见图1-31。

图1-31　进口双联压力表

② 双联压力多路真空表使用方法　在现代维修空调器中，我们都不可避免的要用到一个工具，那就是压力表；压力表作为空调制冷剂制冷系统中常用来检测的工具，它有很多种规格。

　　压力表一般和三通修理阀是配套使用的，首先大家要根据压力的实际情况和被检测物体的种类选择适当的压力表。使用的方式是将压力表的开关打开，将软管分别接上空调和压力表。空调系统中的制冷正常压力为 0.35~0.5MPa。

　　注意： 双联压力表在连接的时候，蓝色的软管是连接空调低压管的；红色软管是连接空调高压管的；黄色的软管是连接制冷剂钢瓶或真空泵的，带顶针一端连接空调器加气工艺口。

1.23　PS-ID 相序测试仪

　　PS-ID 相序测试仪用途：PS-ID 相序测试仪用来检测三相低压配电线路电压的相序及缺相情况。该表由被测电压直接供电，采用单片机进行逻辑分析判断，用 LED 发光二极管和蜂鸣器以声光形式指示正相序、反相序和缺相三种状态，具有反应迅速、操作简单、轻巧便携的特点。仪表外壳采用工程绝缘材料，现场使用安全可靠，将三根测量线夹分别接三相电源，按一下测量键（切勿按住不放），开始测量，仪表有如下三种状态（PS-ID 相序测试仪见图 1-32）。

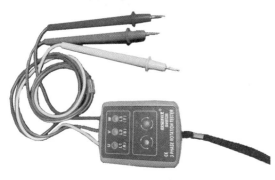

图 1-32　PS-ID 相序测试仪

　　① 正相序状态　正相序指示灯（绿灯）每秒闪亮一次（慢闪），逆相序指示灯（红灯）熄灭，蜂鸣器不响。

　　② 逆相序状态　逆相序指示灯（红灯）每秒闪亮两次（快闪），正相序指示灯（绿灯）熄灭，蜂鸣器报警。

　　③ 缺相状态　本相序表三盏缺相指示灯的颜色与相序表测量线夹的颜色一一对应。当某盏缺相指示灯熄灭并且蜂鸣器"嘟""嘟"作响时，为对应相电压缺相。测量结束后，取下测量线夹即可。PS-ID 相序测试仪测试方法见图 1-33。

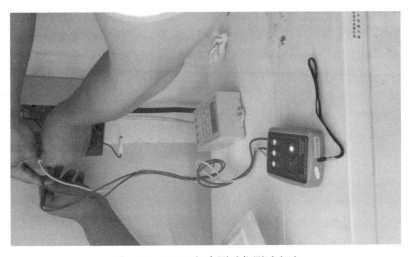

图 1-33　PS-ID 相序测试仪测试方法

1.24　电烙铁

电烙铁的使用方法如图 1-34 所示。

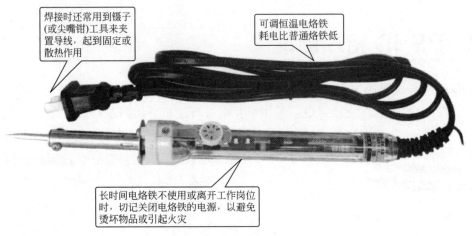

焊接时还常用到镊子(或尖嘴钳)工具来夹置导线，起到固定或散热作用

可调恒温电烙铁耗电比普通烙铁低

长时间电烙铁不使用或离开工作岗位时，切记关闭电烙铁的电源，以避免烫坏物品或引起火灾

图 1-34　电烙铁外形结构及使用方法

1.25　安全带

目前，空调器的用户大多把分体式空调器室外机安装在高层楼的阳台外，使得维修工作往往是高空作业，而且有的空调器安装人员只考虑眼前安装方便，忽略了日后的维修，更有甚者，一些空调器的室外机是在维修加固楼房时，利用外围搭架子的便利安装的，使空调器室外机损坏后，上下左右都无法去维修，等等，这一系列的故障给维修带来了一定难度。所以维修人员在三层楼以上维修空调器室外机时，必须系安全带。安全带在用前，应首先检查质量是否良好，有无糟朽、断裂、老化、腐蚀、断股等现象，卡钩应灵活，卡环安装应牢固，保险装置应作用可靠。安全带使用时，另一端应牢固系好。如若没有安全带，可用一条较粗的麻绳系住自己的腰部替代安全带。安全带实际上是自己的一条生命带，维修时切记。安全带及其他工具见图 1-35。

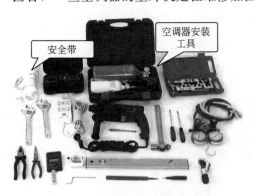

空调器安装工具

安全带

图 1-35　安全带及其他工具

第❷章

通用空调器的安装

2.1 安装空调器前的准备

空调器的安装是空调器生产制造的最后一道工序。"三分质量，七分安装"。由此可见空调器安装在保证空调器产品质量的重要性，美观、牢固、规范、使用方便的高质量变频空调器安装不仅可以充分保证产品质量，还能提高无故障运行时间，维护消费者的利益，维护厂商的信誉。

从以往的经验和统计情况表明，空调器的故障有约70%是由安装不良、安装不规范所引发的，也就是说与安装不良有直接或间接的关系，因此，花大力气提高安装人员素质，规范安装程序，提高安装质量，提升安装人员的职业形象，是所有从事空调服务工作人员应引起高度重视的一个重要工作。

2.1.1 安装人员资格

空调器安装人员应具备一定的空调基础知识、技术经验和空调器安装资格证书，并被授权以安全合理的方式完成空调器的安装任务。

2.1.2 安装位置的选择

安装位置的选择应按以下几个原则进行。

① 安装美观、使用方便、牢固可靠、减振良好。

② 通风好，远离热源、油烟灰尘、易燃气体和腐蚀性物质，避免阳光直晒。

③ 便于维护保养且儿童行人不易触及的地方。

④ 利于房间内冷热空气的原则下，达到良好的使用效率。

⑤ 避开强电、磁场的干扰。

⑥ 室内侧或室内机冷气风口不能直接对着床，以免让使用者着凉生病。

⑦ 变频空调器的安装位置应选择在受力墙上固定，避免在非承墙面安装不牢固产生振动、噪声甚至跌落事故发生。

2.1.3 安装前的准备工作

① 用户电源，要求采用截面 2.5mm² 以上的铜芯线、专线连接；采用与插头规格相符，

质量和电气参数符合要求的三孔插座，若空调运行电流超过 12A，建议采用铜质量好的漏电开关，同时用户的电表容量应满足空调及其他用电器的需要，电源电压应符合空调对电源的要求 AC220（380）V±10%，接地可靠。三相交流电还需三相平衡。

② 安装前应对变频空调器进行全面的外观和内在质量的检查，以免为用户装上有故障的产品。

a. 窗式空调器。检查外观是否有碰划伤或锈蚀，附件资料是否齐全，通电检查空调运转是否平稳，制冷（热）是否良好，噪声是否正常，功能是否符合使用说明书的描述。

b. 分体式变频空调器。检查外观是否有碰划伤，资料、附件是否齐全，型号是否正确无误。室内机通电检查：将室内机水平放置，通电检查（送风挡）运转是否平稳低噪，遥控器是否操作灵活可靠，高、中、低风挡是否正常。上述检查无误后，打开室内机封口螺母，检查内机是否充有氮气，若无，则应拉回重新充气打压、检漏，并作相应维修，若有氮气，则可以正式安装。

c. 分体柜式变频空调器。参照分体壁挂式变频空调器的检查方法。安装支架应能承受空调器机的 4 倍重量，保证连接牢固、可靠并有可靠的防锈措施。

2.2　窗式变频空调器的安装

2.2.1　安装位置的选择

窗式变频空调器可选择在窗户上、窗台上或者开墙孔安装，由于冷热空气密度不同，不同房间结构其温度梯度也不同，窗式空调器安装的高度不宜过高，因为这样会造成温度控制不准，影响空调器的正常使用，造成故障假象，安装位置的选择原则如下。

① 避开西面和南面有阳光直晒的位置。

② 安装高度以 1～1.8m 为宜，特别顶晒房应尽可能选择低位。

③ 室外侧一定要通风良好。切忌将空调器安装在封闭阳台内。

④ 窗机外箱的百叶窗是为空调器散热用的，不能阻塞、遮盖，也不能放在室内（影响制冷效果）。

⑤ 窗户、窗台或门框上方处安装，必须着重解决减振、降噪，安装支架可根据实际情况采用下支撑，上拉伸或其他特殊结构。

⑥ 穿墙安装则应重点考虑通风散热良好。

⑦ 为了使空调出水流畅应采用内高、外低的方法安装，其高度差以 5～10mm 为宜。

安装窗式空调器后，还要进行试机运转检查。操作方法要按照随机的使用说明书要求进行。通常来说，试机的项目主要是检查制冷或制热功能、风扇运行工作是否正常，噪声、排水以及安装是否符合要求等情况。

2.2.2　安装注意事项

（1）要稳定电压　窗式空调器使用的电源电压，额定值为单相交流 220V，电压值偏差不允许超过额定电压的±10%，并且要使用规定容量的保修熔丝管，绝对不能用金属代替保修熔丝管。

窗式空调器如在长期偏低或偏高额定电压规定值的情况下运转，很容易导致压缩机烧毁。

因此，在电压偏低或偏高的情况下使用空调器，用户需自配稳压器，且稳压器的额定输出功率应为空调额定输入功率的 3～8 倍。

（2）停机后再启动需候 3min　通常在空调器的标牌上或说明书中，都标有"停机后再启动需候 3min"的警示。因为停机后，压缩机进气与排气两侧的压力差较大，此时若立即启动空调器，则可能因压缩启动负荷增加而不能运转，长期下去就会烧毁压缩机，所以，需 3min 后，让压缩机高压与低压两侧的压力达到平衡（压力差为零）再启动，这点提醒用户必须特别注意。

下面几种误操作，容易造成停机不足 3min 又启动压缩机，使用时要特别注意。

① 功能选择旋钮（主令开关）从"HIGH COOL"（高风制冷）旋至"LOW FAN"（低速）或"HIGH FAN"（高速）挡后，又立即旋回至"LOW COOL"（低风制冷）或"HIGH COOL"（高风制冷）挡；

② 将温度自动调节旋钮从"9"向"1"方向旋转后，又立即从"1"向"9"方向旋转；

③ 热泵型空调器的功能选择旋钮（冷热双向开关）从"制冷"挡立即转换到"制热"挡或相反操作。

此外，使用窗式空调器时还要注意：门窗要关闭，保证有一定的密封度，并尽量减少开门次数。空调的室内环境尽量不要使用发热器具，必要时还要拉上门帘或窗帘，以增强空调效果。空调器的进出风口处，一定要保持畅通，空气滤尘网应定期用清水清洗，以保证室内空气的清净度和足够的循环风量，新风门要定期检查，看看是否漏气，以免造成空调房间的冷量（热量）损失。

窗式空调器的电器部件，包括开关部件要防潮湿，以免发生漏电触电事故。换季期间空调长期不用，应用只送风模式（ONLY FAN）运行 8h 以上将空调中的冷凝水吹干，拔掉电源将开关置于"OFF"位置。

2.3　分体壁挂式变频空调器的安装

2.3.1　空调器的结构

分体挂壁式空调器由三大部件组成：一是室内机组；二是室处机组；三是连接管道及电线。

室内机组由面框、底盘、蒸发器、贯流风扇、空气滤尘网、集水盘、排水管和电控盒组件等组成，在面框前方有进风格栅，在面框下部有出风口，出风口包括左右调节格栅（手动）和上下风向自动调节变向叶片。室外机组由压缩机、冷凝器、轴流风机、电控系统组成。分体挂壁式空调器室内、外机安装方法及外形结构见图 2-1。

连接管道由高压管、低压管组成，其管径根据空调器的功率而定，高压管（液管、细管）和低压管（气管、粗管）是用紫铜管制成，两端有带接头铜螺母的喇叭口，其外面均套有保温管。

分体式空调器安装工艺要求高，技术要点多、劳动强度大。而且，安装质量是保证空调器使用的重要环节，有一句安装行业流行的话："四分机子六分装"，就形象地说明了空调器制冷效果和寿命与安装的质量的关系。

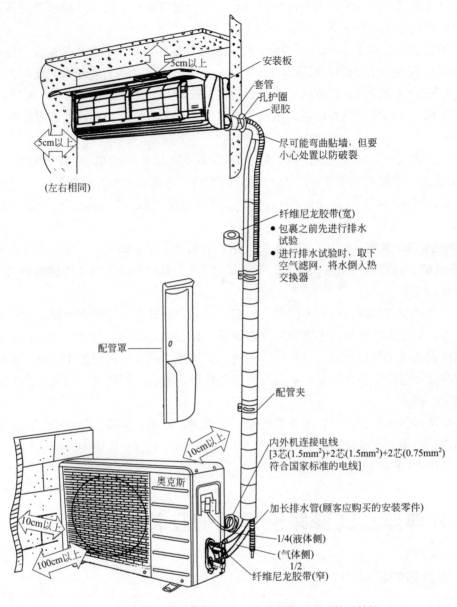

安装板

套管
孔护圈
泥胶

尽可能弯曲贴墙，但要
小心处置以防破裂

5cm以上

5cm以上

(左右相同)

纤维尼龙胶带(宽)
● 包裹之前先进行排水
试验
● 进行排水试验时，取下
空气滤网，将水倒入热
交换器

配管罩

配管夹

内外机连接电线
[3芯(1.5mm²)+2芯(1.5mm²)+2芯(0.75mm²)
符合国家标准的电线]

10cm以上

奥克斯

加长排水管(顾客应购买的安装零件)

10cm以上

1/4(液体侧)

(气体侧)
1/2

100cm以上

纤维尼龙胶带(窄)

图 2-1　分体挂壁式空调器室内、外机安装方法及外形结构

2.3.2　安装前的准备

安装前必须对室内、室外机进行检查。这样可以将机器的故障在安装前予以解决，以提高安装的合格率，避免重复安装和换机损失。具体检查要求如下：

① 检查室内机组塑料外壳和装饰面板是否受损，室外机组的金属壳体是否碰凸起，内外机表面是否划伤、生锈。拧松密封螺母，看是否有气体排出，如无气体排出，则说明室内机内漏，不能安装。

② 在检查室外机时，首先打开二、三通阀帽及接头螺母，用内六角扳手试打开二、三通阀的阀芯，看是否有制冷剂排出，再用连接管上的螺母试拧二、三通阀上的螺母，看是否有滑扣现象，最后应记住检查后一定要将二、三通阀复原。

2.3.3　安装位置的选择及安装方法

分体壁挂式空调器的室内、室外机安装位置的选择应符合下列具体要求。

（1）室内机安装位置要求

① 室内机与室外机的安装位置应尽量靠近，相距以不超过 5m 为宜，最大不超过 12m。距离超过 5m 时，每增加 1m，需补充 R411B 制冷剂 20g。室内机与室外机之间的高度差一般不超过 6m，要尽量使室外机的安装位置低于室内机的安装位置，这样有利于制冷剂和冷冻油的良好循环。

② 室内机的位置要选择在不影响出风口送风的地方，同时，应把富于装饰性考虑进去，还应把方便维修纳入在内。

③ 室内机的位置应选择在距离电视机 1m 以外的地方，以避免空调器工作时。电视机图像受干扰。另外，室内机的安装也不要靠近日光灯和有高功率无线电装置、高频设备的地方，以免这些设备干扰室内机上微电脑的正常工作。

（2）室内机挂板的固定方法　选择坚固、不易产生振动的墙为安装面，用水平尺划线，以保证挂板安放水平，固定时选择挂板中心位置固定，再沿周边固定的程序以保证水平安装，安装用塑料膨胀螺栓不得少于 6 个。采用膨胀螺栓不得少于两个，且应增加 2～4 个螺钉，以保证挂板牢固避免产生振动。有意或无意将室内机左高右低，或右高左低安装，均是不允许的，这样既不美观，也不利于出水通畅。常用塑料膨胀螺栓规格及参数，见表 2-1。

表 2-1　常用塑料膨胀螺栓规格及参数

型号	外径×长度 /mm	孔深 /mm	配木螺钉 /mm	在混凝土中允许静荷载/kg	
				允许拉力	允许剪力
SPL-6	$\phi 6 \times 25$	26～27	$\phi 6 \times 25$	15	98
SPL-8	$\phi 8 \times 35$	36～37	$\phi 8 \times 35$	18	140
SPL-10	$\phi 10 \times 40$	41～42	$\phi 10 \times 40$	25	214

（3）空调器室内机出管方式　室内机出管方式有以下四种常见形式见图 2-2。

（4）开过墙孔

① 开过墙孔的位置应根据实地情况确保安装完毕后配管的走向应紧贴墙面，水平方向应无明显的倾斜，整体效果美观。

② 过墙孔的位置应适当低于室内机挂板固定后室内机出管口位置，一般选择以 5～10mm 为佳。

③ 过墙孔位置确定后，应画出一个 $\phi 65～70mm$ 的圆圈，用钢纤小心地在内墙面上打出 $\phi 65～70mm$ 的圆孔，以打透内墙皮为止。

④ 在墙外略低于墙内 5～10mm 处，用钢纤或榔头小心地打出 $\phi 65～70mm$ 的圆孔，以打透外墙皮为止，避免冲击锤钻穿过外墙时带掉外墙皮，影响美观和造成用户的不满，甚至投诉。

⑤ 用冲击锤钻孔，按内高外低的方法，从内孔中心向外打孔。

⑥ 打好孔并修正平滑后，把塑料绝缘套管与墙帽粘牢，穿过墙孔。绝缘套管穿墙孔如图 2-3 所示。

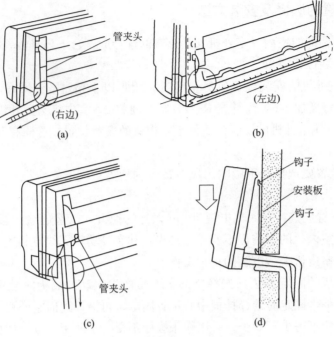

图 2-2　空调器室内机出管方式

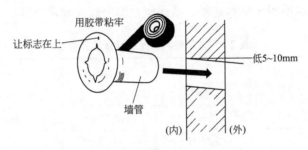

图 2-3　绝缘套管穿墙孔示意图

（5）管道的包扎　管道包扎包括高、低压管、电源线、信号线、出水管等的包扎，包扎时应注意高、低压管在中间，上面是电源线和信号线，下面为水管。若原装的附件长度不够，需加长水管和电源线、信号线时，水管一定要保证不漏水，电源和信号线一定要连接牢固，不易扯脱，并且在接头处包扎绝缘、保温管套，为防止干扰，电源线和信号线切忌不要纽绞在一起，保温管包扎带应用螺纹包扎法缠紧，保证管路粗细均匀、美观，且便于安装操作。管道包扎时还要注意室内机进、出管的长度差，将室内机根据出口方向，小心地将进、出管搬到固定位置，测量其长度，将该长度对应在管道包扎时预留出来。如图2-4、图 2-5 所示。

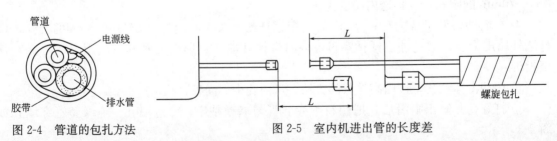

图 2-4　管道的包扎方法　　　　　　图 2-5　室内机进出管的长度差

（6）室外机支架安装　室外机安装要选择在足以承受机器重量，不会产生振动和噪声的地面、墙壁、天台、阳台等，但不可选择封闭阳台内。

用水平仪划一水平直线，保证安装支架的固定面在水平线上，用冲击钻打出 ϕ12mm 的孔，用 ϕ10mm 的膨胀螺栓固定支架，膨胀螺栓的个数不得少于 4 个。

装室外机：室外机安装操作不得少于 2 人，为防止发生意外，安装人员必须使用安全带，并用蝇子将室外机绑牢，小心放到室外机安装支架上，紧固螺栓应加上弹簧垫圈，由上向下拴，螺母在下方紧固，为保证安全使用，必需配齐安装设计所必需的四个螺栓。

（7）连接管道　将管道穿过墙孔，连接室内机，然后再连接室外机，管道连接时一定要对直配管中心，用手指充分旋紧锥形螺母，然后用力矩扳手或两把扳手旋紧。注意在旋转时，输入输出管端扳手不作旋转，只旋配管端扳手。拧紧管道接头力矩方法示意图如图 2-6 所示。

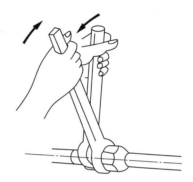

图 2-6　拧紧管道接头力矩方法示意图

拧紧的力度一定要掌握好，过紧则易损坏喇叭口，过松则螺母拧不紧而造成泄漏。管道连接完成后，应按横平竖直的要求整理管道，但一定要小心弯曲管道不能弯成死角或弯扁，以造成制冷剂不流通或二次节流。弯曲部分曲线半径不得小于 100mm。

2.3.4　排空气、检漏、线路连接方法

（1）排空气　制冷循环中残留的含有水分的空气，将导致压缩机故障，因此必须排除管内空气，排空气有下列三种方法。推荐采用第二或第三种方法。

① 使用机本身的制冷剂排空气　拧下高低压阀阀芯螺帽、充制冷剂帽，将高压阀（二通阀）阀芯打开（旋 1/4 圈）0～10s，后关闭，同时，从低压三通阀的充制冷剂口处用内六角扳手将充制冷剂顶针向上排空气，待手有凉意停止排空。排制冷剂量应小于 20g。

② 使用真空泵排空气。将多用表的歧管阀充注软管连接于低压阀充制冷剂口，将充注软管与真空泵连接，完全打开歧管阀 Lo 低压开关，开动真空泵抽真空，开始抽真空时略松开低压阀的配管螺母，检查空气是否进入（真空泵噪声改变，多用表指示由负变为 0），然后拧紧此配管螺母，抽真空完成后，完全关紧复合表低压手柄，停下真空泵，抽真空 15min 以上，确认多用表指在－0.1MPa，打开高压阀，将充注软管从低压阀充制冷剂口卸下，上紧充制冷剂阀螺母。如图 2-7 所示。

③ 使用独立的制冷剂罐将制冷剂罐充注软管与低压阀充制冷剂口连接，略微松开室外机二通阀上的配管螺母，松开制冷剂罐的阀，充入制冷剂 2～3s，然后关死。高压侧配管螺母处制冷剂气体流出 10～15s 后，拧紧配管螺母。从充制冷剂口卸下充注软管，用内六角扳手顶推阀芯，制冷剂放出管子，直至再也听不到噪声，然后上紧阀帽。打开室外机二通阀芯。

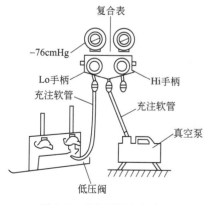

图 2-7　真空泵排空气方法

（2）检查配管各连接部分是否漏气　对配管各连接部分使用检漏仪或肥皂水进行检漏。

若有漏气，用力矩扳手，再次拧紧连接部分，再次检漏，若仍有漏气处，寻找并修复渗漏处，直到漏气停止。室内机接口上面检漏方法见文前彩图 2-8。

接口侧面检漏方法见文前彩图 2-9，接口侧面检漏不低于 3min，观察是否有不断增大的气泡出现。

接口确定不漏包扎方法见文前彩图 2-10；内六角对准截止阀方法见文前彩图 2-11；内六角扳手打开低压液体截止阀方法见文前彩图 2-12；内六角扳手打开低压气体截止阀方法见文前彩图 2-13；拧紧低压气体截止阀、低压液体截止阀螺母方法见文前彩图 2-14；低压气体截止阀检漏方法见文前彩图 2-15；检漏仪检测低压液体截止阀检漏方法见文前彩图 2-16；矿泉水瓶检测室内机排水系统方法见文前彩图 2-17。

（3）线路连接　按电线颜色和接线端子上的注明，一一对应接到室内机、室外机上，检查无误后，用压线卡、压线板将电线和信号线压紧。空调器和电源插座必须有连接地线。

2.3.5　调试运行方法

使空调在制冷方式下运转 30min 以上，同时，检查制冷系统压力、运行电压、运行电流，将尚未包扎的管道包扎完毕用固定卡将管道固定。然后向用户讲解空调器使用方法，保养知识。

2.3.6　试运行检查内容

① 制冷效果（制热效果：冬天、冷暖空调）；
② 遥控器功能；
③ 风速转换功能；
④ 自动摆风功能；
⑤ 定时功能；
⑥ 噪声是否正常。

2.4　分体柜式空调器的安装

2.4.1　空调器的结构

分体柜式空调器（俗称：柜式空调器）把产生噪声比较大的压缩机，由通阀及轴流风扇连同冷凝器、控制板、毛细管（电子膨胀阀）等合为一体，独立构成室外机，具有类似分体壁挂式空调器的各种优点。柜式空调器的液晶显示屏控制面板和内部制冷制热微电脑控制板等部件装在室内机上，柜机的室内机有造型美观的进风格栅，立体感强。柜式空调器与分体壁挂空调器相比具有制冷快、制冷量大的特点，适合家庭、客厅、医院、检查科室、办公室和各种面积较大的饭馆等场合使用。柜式空调器的结构同分体机一样，也是四个接口、两个阀芯，安装不好时，泄漏故障的发生率较高，这一点应引起安装人员的注意。

柜式空调器室内机组结构如图 2-18 所示。

2.4.2　安装前的准备

柜式空调器安装前要充分考虑适用面积以及保温隔热情况，以保证应有的制冷、制热效果。

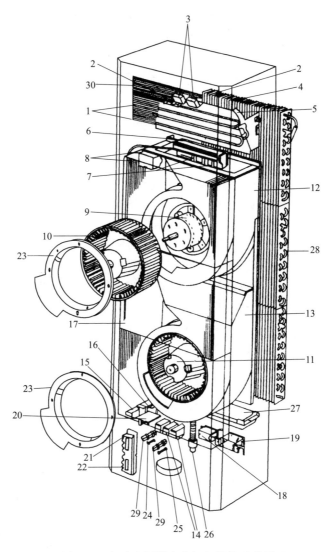

图 2-18　柜式空调器室内机组结构示意图

1—加热器；2—熔丝；3—绝缘；4—热控开关；5—散流器；6—控制器；7—调节钮；8—电容器；
9—风扇电动机；10,11—风机；12,13—罩；14,15—继电器；16—变压器；17—热敏电阻；
18,19—热控开关；20—室内板；21,22—接线柱；23—风口；24,25—熔断器；
26,27—排水管；28—热交换器；29—熔断器支架；30—加热器护板

由于柜式空调器制冷量大，输入功率和启动电流都比较大，对供电线路要求高，主干线与柜式空调器之间必须采用独立供电线路。另外，为了使用安全，在供电端必须安装漏电保护器。

①　柜式空调器室内机安装必须有防倾倒措施，请按随机安装说明规定安装。

②　室外机安放时须至少四个人操作，并用绳子绑住，防止跌落。

③　3 匹柜式空调器以上连接管道最长不能超过 20m，落差不能超过 12m，弯曲处不能多于 8 处，并尽可能使室外机低于室内机，以利于制冷剂和冷冻油的良好循环。

④　延长管道须增加 R22。一般 3 匹机超过 7m 连接管时，每增加 1m 需补 R22（40g），5 匹机则相应增加 R22（50g）。

⑤　柜式空调器连接管均有一端焊有螺纹管，是安装室内机时便于弯曲的，不可用错。

⑥　由于柜式空调器连接管较粗，不能先包扎再弯曲，应先弯曲定形后再包扎，同时，在

弯曲时，一定要注意用力适度，切不可将管道弯成死角或弯扁塌陷。建议采用弯管器操作。

　　⑦ 由于柜机电流较大，不要采用插头、插座连接电源，应采用质量好的漏电开关，并保证其容量为空调额定功率的2倍。

　　⑧ 如果使用涡旋压缩机，需注意相序，如果试机中发现压缩声音特别大，应立即断电，调换三相电中任意两相即可。

　　⑨ 对于功率较大的压缩机通电运行前，一定要按要求先通电对曲轴箱进行预热。

2.4.3　安装位置的要求

　　(1) 室内机安装位置的要求　室内机安装位置应能使其进出的气流不会受阻且能循环到室内各处。同时还应能防止水汽、油污、易燃气及泄漏气体滞留。选择地面应结实平坦，不平坦时必须垫平。选择位置时还应考虑留出以后维修的空间以及安装时制冷系统管路进出方便等，室内机安装及维修周围空间尺寸如图2-19所示。

　　(2) 室外机安装位置的要求　柜式空调器一般制冷量都在5000kcal（5.8kW）以上，室外机前面要求有较大的出风距离，还应便于接通室内装置的管路和电源线，避免易燃气体滞留，避免机组噪声对邻居造成干扰。选择安装位置时，应尽可能使室内机高于室外机，以利于制冷剂和冷冻油的循环，否则，不但影响制冷效果，还有可能使压缩机抱轴。室外机安装及维修周围空间尺寸如图2-20所示。

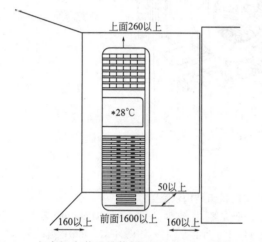

图 2-19　室内机安装及维修周围空间尺寸（单位：mm）

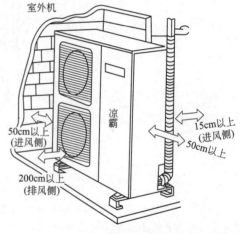

图 2-20　室外机安装及维修周围空间尺寸

　　当几个室外机装于同一处时，应避免机组之间热气流互相之间产生短路，降低热交换的效率。室外机安装在楼顶时，应避免强风直吹室外机排风口。

　　分体柜式空调器室外机外形结构如图2-21所示。

2.4.4　钻过墙孔的方法

　　室内、室外机安装位置确定以后，就可以钻过墙孔。钻孔前要把周围的物品搬开以免碰坏无法向用户交待，然后接通水钻的水路和电路，与室内机底眼平行量出过墙孔的高度尺寸。在这里笔者提醒安装人员的是，确定过墙孔位置时，一定要避开墙内暗埋的电线。钻孔时，从室内向室外钻孔水钻要抬高3°～5°角。从室外向室内钻孔水钻要降低3°～5°角。这样打出的过墙孔，一方面便于冷凝水流出，另一方面下雨时，雨水不容易流入室内。如果用户住在楼的高层室内装饰又豪华，可用电锤在钻孔底圆中心先钻一个φ10mm的孔（打通），然后再用水钻钻孔，采取此方法可把钻过墙孔的冷却水流出室外。有的安装人员不用水钻，这种方法不可取，时间长会损坏水钻。

2.4.5　室内机的安装方法

① 室内机安装前，打开室内机外包装，首先检查是否有防倒配件、配管配件、布线配件等。

② 室内机附带配件齐全后，把室内机移到固定位置。柜式空调器的室内机是细高形，为防止工作时倾倒和把管子震裂，必须在柜机的顶部安装防护固定板（防倾板）。其安装固定方法如图 2-22 所示。

2.4.6　室外机的安装方法

室外机应用原包装运到安装地点，搬运过程中不要倾斜45°以上，更不得倒置。室外机的安装有下列三种情况：

图 2-21　分体柜式空调器室外机外形结构

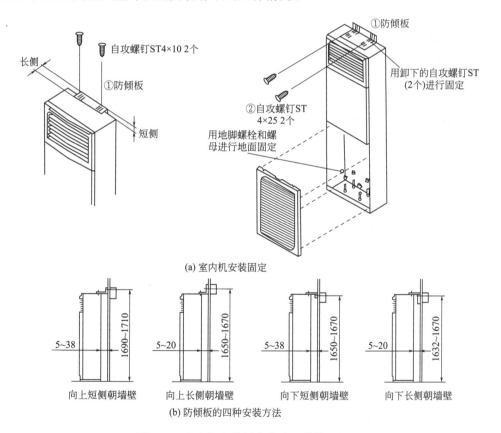

(a) 室内机安装固定

向上短侧朝墙壁　　向上长侧朝墙壁　　向下短侧朝墙壁　　向下长侧朝墙壁

(b) 防倾板的四种安装方法

图 2-22　室内机安装固定方法（单位：mm）

① 把室外机直接放在地上。安装的地面要求平整坚固，室外机与地面要垂直。用膨胀螺栓把室外机固定在地面上时，固定应牢固，以免室外机振动把喇叭口震裂，使制冷剂漏光。

② 把室外机安装在高层的室外，安装难度较大。先根据柜式空调器匹数选择相应的承重支架和膨胀螺栓，再用钢卷尺量好室外机螺栓孔的横向距离，经打入膨胀螺栓等工作把支架

固定好。然后，把绳子一头系好室外机，另一头系在室内固定处，四个人配合把室外机放到支架上，并用螺栓固定好。

③ 把室外机安装在楼的顶层。在这里笔者想提醒安装人员的是：室外机排风口不要面向季风方向；固定室外机时，切忌在楼顶打眼，以防止房屋漏雨，最好的办法是用槽钢制作一个底架并固定。

2.4.7 制冷剂管路的安装和绑扎

柜式空调器随机附带的制冷剂管路是盘成圆圈的，展开时，应把管路放在平整的地面，用脚尖轻踩的同时双手慢慢解开盘管，见图2-23。

从管端开始慢慢展开

图2-23 解开盘管的方法

若管路长度不够，可购买材质和直径相同的铜管焊接加长。3匹柜机连接管最长不能超过19m，落差不能超过10m，弯曲处不能多于7处。5匹柜机连接管最长不能超过26m，落差不能超过16m，弯曲处不能多于10处。带有保温套铜管和控制线电源线以及出水管应一同包扎起来，包扎应从室外端向室内端绑扎，这样雨水不容易进入保温套内。管路包扎完成后，末端用胶布绑扎2圈。绑扎好的管路穿过墙孔时，保护帽不得去掉，以避免杂质进入铜管内，使制冷系统堵塞。管路与机组连接时，应先连接好室内低压液体管路。先将管路调整对位，用手将接头锁母旋紧，再用专用扳手拧紧接头锁母，连接方法见图2-24、图2-25。

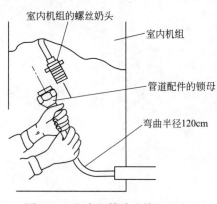

室内机组的螺丝奶头

室内机组

管道配件的锁母

弯曲半径120cm

图2-24 室内机管路连接调整方法

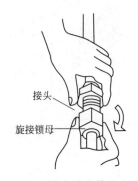

接头

旋接锁母

图2-25 接头锁母旋拧方法

连接室外机时，要把多余铜管盘绕起来，然后先接低压气体管，后接低压液体管。

2.4.8 排除柜机内部及管路空气的方法

（1）用空调器自身排除空气的方法 柜式空调器室内外机管路连接好后，应排除系统管路中的空气，这是安装人员必须掌握的关键操作。操作方法是：打开低压液体管截止阀1/2圈，听到低压气体锁母处发出的"嘶，嘶"声后立即关上，待"嘶、嘶"声快消失时，再打开低压液体截止阀约1/2圈，立即关上……反复3～4次，即可将空气排净，此时拧紧低压气体管锁母。具体排空操作次数和时间的长短应视空调器的匹数大小及接管的长短灵活掌握，切忌千篇一律。最后将两个截止阀完全打开，拧上二次密封外帽，排除室内机及管路内空气，操作完成。

（2）使用机外R411B环保型制冷剂排除空气的方法 若在排空时，室外制冷剂漏光，可采用机外排空法。先找到漏点并焊好，用加气管带顶针的一端连接好低压气体口的工艺口，再松开低压液体锁母1～2圈，打开R411B制冷剂瓶阀门，这时从低压液体锁母处有"嘶、嘶"的空气排出声。1～2min后关上制冷剂瓶阀门，拧紧低压液体阀门锁母，卸下加液装置，再将两个截止阀门全部打开，拧上二次密封保护帽和加液阀口上的二次密封保护帽，至此外排空气完成。若打开制冷剂瓶阀门后，低压液体锁母处没有空气排出，可能是加液单向顶针阀的顶针没有顶开，应调整加液管顶针，如图2-26所示。

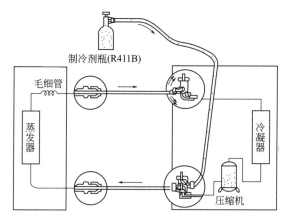

图2-26　外加制冷剂排空气的方法

2.4.9　连接控制线及电源线的方法

柜式空调器控制线的连接方式有四种：

① 单冷单相220V/50Hz；

② 冷暖单相220V/50Hz；

③ 单冷三相380V/50Hz；

④ 冷暖两用型三相380V/50Hz。

接线方法是：先卸下前侧板，打穿室外过线孔，套好过线方圈。从室外机5位接线板上，引出连接线，穿过室外机、室内机过线孔，接到室内机5位接线板上并用固定夹固定如图2-27所示。

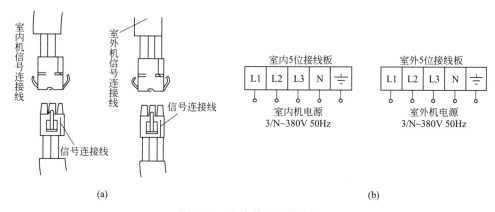

(a)　　　　　　　　　　　　(b)

图2-27　室内外机接线方法

要严格按电器盒外壳上的电气原理图接线，分清相线、中性线和保护地线裸露部分不能超过0.75mm，且不能有毛刺露出。铜线与接线端子的接触面积应尽量大一些，连接要牢固可靠，用手轻拽不得掉下。线路接好后检查无误可以试机，试机时如有电源指示但室内外机均不启动,说明安装人员把 380V 相序接错。把三根相线任意调换两根,空调器不启动故障即可排除。试机完好,最后用固定夹将调换的控制线固定。

2.4.10 检漏

柜式空调器安装接线排除空气等工作完成后,要用洗涤灵对室内两个连接处、室外两个连接处的锁母及阀门、工艺口进行检漏,检漏方法如图 2-28 所示。

先将家用洗涤灵浓液倒在一块含水海绵上,搓出泡沫,再将带泡的洗涤灵逐个涂在四个锁母和两个阀门处。若有气泡产生,接好的导线头说明有漏点,应用扳手再次拧紧。检漏时,一定要仔细、耐心,每保证每个锁母和阀门处都看不到气泡冒出,没有泄漏点后,再将检漏处擦干,用保温材料包扎好,不使有喇叭口的接头部位露出,最后将管路用夹条固定在柜式空调器箱体内,如图 2-29 所示。

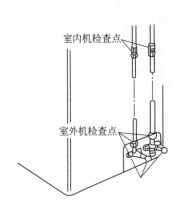

图 2-28 用洗涤灵检查接头处是否漏气

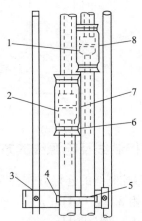

图 2-29 室内机连接管接头处包隔热和固定的方法
1—液体管;2—气体管;3—框架;4—角孔;5,6—夹条;
7—气体管隔热材料;8—液体管隔热材料

2.4.11 调试运行方法

柜式空调器试机前,要再次检查低压气体阀门和低压液体阀门是否全部打开;电源线和控制线是否按要求正确连接;室内机和室外机安装是否牢固;管路是否调整好;过墙孔是否用橡皮泥密封等。上述检查确认良好后,接通电源,用手打开液晶屏幕显示开关。环境温度在 24℃ 以上时,设定制冷状态;环境温度在 18℃ 以下,设定制热状态。若有电源指示但室内外机均不运转,说明 380V/50Hz 电源相序接反,调换任意两根相线即可。运行时,室内外机都不应有异常擦碰震动声。空调器运转 15min 后,制冷状态下,室内机应有冷气吹出,约20min 后,室外水管应有冷凝水流出。另外,如果低压气管阀门处有结露现象,说明空调器制冷系统制冷剂压力在 0.35~0.5MPa,处于正常工作状态。

若是冷暖两用型空调器,还应把室外机排水接头安装好,如图2-30 所示。

空调器制热时,室外机形成的冷凝水及除霜时产生的除霜水应通过排水管排放到不影响邻居的地方。安装排水管,先把室外排水接头卡进装好在底盘的孔中,然后把排水管接到排水接头上,即可把冷凝水、除霜水引出。

图 2-30 安装室外机排水接头方法

至此 1 台柜式空调器安装完毕。

2.4.12　空调安装安全注意事项

由于空调器的电源是 220V 或 380V，因此安装人员必须进行正确的电气安装，注意以下几点。

① 严禁电源线或信号线不用压线卡（电线头）固定后连接，否则会造成松动并产生打火现象。

② 严禁"不接地线"或不在指定位置上接地线，否则会引起机器外壳带静电、漏电，使人容易触电，危及人身安全。

③ 严禁用普通螺钉代替专用螺钉，所有固定电线的螺钉必须拧紧；接插件必须牢固连接。

④ 严禁不严格按照（安装说明书）要求进行操作，不按照空调器上的线路图要求随意更改线路。否则空调器可能不能正常运转或制冷/制热效果差。例如：用线径小的电线替代，则空调器不启动或开机一会儿就停机；不按线路图接线，可能导致空调器不启动、烧坏电路板或室外机不受控制。

⑤ 严禁在安装空调器时不排空或让水等异物进入系统。否则，会影响空调器制冷/制热效果，使空调器的制冷/制热效果变差。

⑥ 严禁在安装室内外机时，不上或少上固定螺栓。室内外机安装必须牢固。否则，会因机器振动而产生较大噪声，甚至会从高空坠落，给人身安全带来隐患。

⑦ 严禁使用不符合标准的插头、插座及电源线；所有空调器的专用线路上都应装有空调开关、漏电保护等线路保护装置；特别是制冷量为 5000W 及以上的空调器必须安装空气开关、漏电保护等装置；否则，可能会因为插头、插座、电线等发热而引发火灾；若没有相应的空气开关或漏电保护开关，会造成由机器故障或意外情况引起短路、漏电事故时，无法断开电源，造成火灾及人身伤亡事故。

⑧ 严禁在电源线或室内外机连接线不够长时，自行加接，必须更换整个电线；过长时，严禁缠绕成小圈，以免产生涡流发热；否则，可能会接触不良或因加长部分不符合要求而产生发热、打火，引发火灾，或漏电，危及人身安全。

⑨ 严禁用铜丝或导线代替熔丝管，熔丝管烧断应换同规格熔丝管；否则，熔丝管不起作用，使电路板失去了保护，容易烧坏电路。

⑩ 严禁在用户家中使用焊具作业。

2.5　嵌入式空调器的安装

2.5.1　安装要求

嵌入式空调器作为全新概念的高档产品，主要用于装修比较豪华的场所，其室内机主体嵌入天花板内，相对于其他类型的空调器而言安装和维修的难度较大，因此市场或顾客对该产品的要求非常高。为确保产品安全可靠性，保证产品质量，初期制定发放并逐渐补充和完善了《新产品质量计划》，主要内容涉及开发、检验、制造、测试和售后服务。目前产品已投放市场，为配合市场推广工作的顺利进行，拓展新领域，按照计划顺序的要求，确保一次安装合格，尽量减少维修次数，已成为售后服务的重点，因为不良的安装可能导致较高的经济赔偿。

2.5.2 安装位置的选择

嵌入式空调器的安装应由较高素质的专业技术人员进行，安装前须仔细阅读和研究安装说明书、使用说明书和安装工艺过程卡，熟悉嵌入式空调器的结构、性能、电控和整机安装过程，了解建筑物的基本构造。整个过程应非常的仔细，反复地检查，特别注意安全可靠性、振动和水的故障（包括渗透、漏水、凝露和溢水）。下面仅对其中的要点进行强调和说明。

① 确认楼顶或房顶安装处的强度足以承受室内机的重量（两匹、三匹重量约为 36kg，五匹重量约为 48kg），保证长期吊装的安全性，否则请与用户协商新的安装位置或经同意后采取加强措施。

② 避免强烈的高频电磁和静电干扰，以免电控，特别是水位开关误动作。

③ 安装使用环境的相对湿度应不大于 80%，否则出风口处可能凝露，甚至滴水。

④ 天花板面水平且强度足够，以免引起振动。

⑤ 室内外机高度差最大 20m，连接管长度最大 30m，弯曲处数最多 15 处。

⑥ 根据具体安装和使用环境的特殊情况考虑采取特殊措施。例如北方寒冷气候条件下制冷时，排水管须采取防冻措施。

2.5.3 室内机的安装

（1）主体的安装

① 天花板开口（一般为 880mm×880mm）中心与空调器主体中心相同，即须找正，否则面板与天花板之间的重叠面不均匀，导致密封不严。

② 埋设四个膨胀吊钩必须符合安全性能要求，孔必须钻在楼顶或房顶能可靠承受重量的地方，直径 $\phi12$mm，深 50~55mm。

③ 安装吊钩凹面应对准膨胀吊钩挂入。

④ 天花板高度较高时，请将四根安装吊钩从中锯开，根据天花板的高度用适当长度的 12mm 冷拉圆钢焊接成为一体，长度相同，保证适当刚性。若未采用所配附件而用其他安装方式，同样须注意承重和刚性故障。

⑤ 调节主体下底面凹进天花板底面 10~12mm，面板才可以紧贴天花板面。

⑥ 可在主体的正面（接水盘四周出风口处）及反面（底盘底面四边）用水平仪调节并保证主体水平（建议做一较长的专用六角套筒扳手），否则会引起：a. 风道密封不严；b. 振动；c. 水位开关误动作，导致停机或漏水；d. 凝露；e. 主体位置和水平调整好后，紧固安装吊钩上的螺母固定住空调器，以免产生振动。

（2）面板的安装

① 摇摆电动机处的出风口垫板上的凸台须嵌进出管密封板的凹处，以免面板被顶住而密封不严。

② 摇摆电动机的导线须卡入面板的卡位内。

③ 调节面板调钩组件的螺钉并保证面板与主体之间密封海绵的厚度为 4~6mm，同时面板紧贴天花板。否则可能导致漏风、凝露滴水、污染等，此时必须重新调整主体的高度。

嵌入式空调器室内机的安装方法见图 2-31。

2.5.4 室外机的安装

嵌入式空调器室外机的及电路板结构见图 2-32。

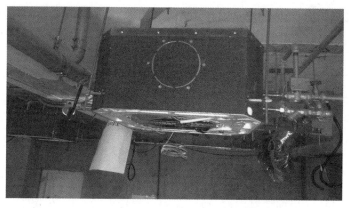

图 2-31　嵌入式空调器室内机的安装方法

图 2-32　嵌入式空调器室外机的电路板结构

安装时保持室外机的左右两侧和出风口侧至少有两侧畅通无阻，以免影响空调器的正常运行。

2.5.5　安装连接管

① 必须将整根连接管及接头处分别用隔音/绝热套和包扎带完全严密包扎，以免因凝露而滴水，造成天花板沁水。

② 需加长连接管时，须将原管从中间切开，用同样规格和材质的铜管两端扩口后与原管焊接为整体，保持两端可挠部分完好。加长后同样需完全严密包扎。

2.5.6　排水管连接

① 因具体安装环境不同排水管的长度较难统一，所以没配排水管，原则上必须采用整根管，以免密封不严导致漏水。因此购买合适长度的胶管，保证排水管的口径（内径 ϕ32mm，外径 ϕ37～39mm）、强度和韧性，以免堵塞、冻结、弯堵等，确保排水顺畅。为确保长期可靠性，安装时请根据具体情况采取防鼠措施。

② 排水管须套入主体抽水接管的根部，再用包扎带将保温套管连同排水管（无论何种材质）一起完全均匀包扎（特别是室内部分），并用束紧带束紧，以防凝露。根部用出水管卡环卡牢，以免漏水。为确保起见，接头处可适量加胶。

③ 为避免停机时冷凝水倒流入空调器内部，排水管应向下（向室外侧）以 1/10 以上的角度倾斜。为避免排水管出现突起、挠曲及存水等故障，须每隔 1～1.5m 设置一个支承点。根据具体情况需要进行弯曲布管时或实在需要接管时，请用配件箱内的出水连接管组件。

④ 排水管的出口高于主体的抽水接管时，为实现垂直上升，弯曲部分的管道应为刚性管道（末配），并有可靠支承，垂直上升高度最大为 550mm，否则可能因冷凝水倒流造成溢水。

⑤ 排水试验非常重要，目的有三个：

a. 检查排水泵是否能够正常排水，运行时有无异声，各接口处是否因包不严而漏水。

b. 正常排水后再停机，3min 后检查有无异常情况。如果排水管布置不合理，冷凝水倒流过多会水位报警（安全措施），甚至溢水。

c. 加水至水位报警，检查排水泵是否立即排水，3min 后水位不能下降到警戒水位以下，是否整机停。即紧急措施是否有效。此时须关闭电源并排除积水才能正常开机。

2.5.7　电器连接

① 绝缘、接地（室内外分开）和漏电保护等安全措施须有可靠保证，同时根据具体情况采取防鼠措施，以免引起火灾。

② 接线完成后，经检查无误后才可接通电源，以免因接线错误烧坏元件。

③ 如连接线需要加长时，必须采用同规格的符合要求的连接线。

2.5.8　试运行方法

嵌入式空调器试运行时注意以下几点。

① 检查室内外机运行时有无振动，天花板的情况。

② 检查室内外机运行时有无异声。

③ 检查是否有因包扎不严而产生的凝露滴水。

④ 打开进风格栅，检查是否有渗透或漏水，特别是排水塞处。嵌入式空调器整体见图 2-33。

注意：在安装过程中最好不使用用户的茶杯喝水，避免用户反感。在和用户交谈时，应目视主人的鼻下，与空调安装技术无关的话不讲。使用和移动用户的物品，事先征求用户同意，对用户其他的房间切忌东张西望，安装完毕，把卫生打扫干净。洗手时，最好不使用用户毛巾擦手。总之应让用户感觉空调器安装得牢固美观、质量优良，安装人员技术过硬、形象好、文化素质高，使用户能得到满意的服务。

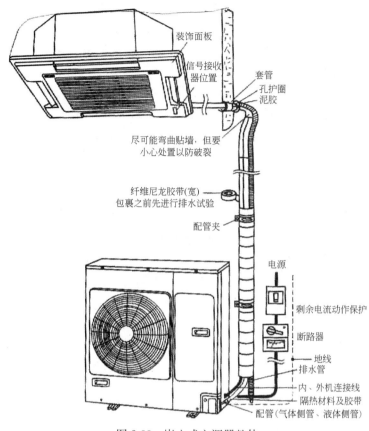

图 2-33　嵌入式空调器整体

装饰面板
信号接收器位置
套管
孔护圈
泥胶
尽可能弯曲贴墙，但要小心处置以防破裂
纤维尼龙胶带(宽)包裹之前先进行排水试验
配管夹
电源
剩余电流动作保护
断路器
地线
排水管
内、外机连接线
隔热材料及胶带
配管(气体侧管、液体侧管)

2.6　MRV 空调器的安装

2.6.1　安装前的准备

（1）安装图纸的审核

安装工程开始前应仔细阅读相关图纸，领会设计意图，然后对图纸进行审核，编写详细的安装组织设计做到心中有数，主要审核以下几个方面。

① 制冷系统管径、分歧管型号符合技术规定。

② 冷凝水坡度、排放方式、保温做法。

③ 风管、风口做法、气流组织方式。

④ 电源线配置规格、型号及控制方式。

⑤ 控制线的做法、总长度及控制方式。

工程安装人员应严格按照安装图安装，如需修改应征得设计人员认可，并形成书面文件即设计变更记录。

（2）安装组织设计心中有数　安装组织设计是安装单位用经指导安装准备和科学组织安装的全面性技术经济文件。合理地编制和认真贯彻安装组织设计，是保证安装顺利进行，缩短工期，确保工程质量和提高经济效益的重要措施。

安装方案的内容要简明扼要，主要围绕工程的特点，对安装中的主要工序、安装方法、时间配合和空间布置等进行合理安排，以保证安装作业正常进行。

（3）安装队伍培训　建立健全各项培训制度，服务工程师对安装队伍管理人员进行培训，工长对工人进行培训，管理人员对特殊工种进行培训。做到岗前有培训，班前有交底，班中有检查，班后有落实的管理制度。

（4）与其他专业配合　空调、土建、电气、给排水、消防、装饰、智能化等各专业应相互协调，精心组织，空调各管道尽量沿梁底敷设，如管道在同一标高相碰时，按下列原则设计：

① 首先保证重力管，如有排水管、风管和压力管让重力管。

② 保证风管，小管让大管。

2.6.2　安装工序

MRV 空调器工程安装工序内容划分，如框图 2-34 所示。

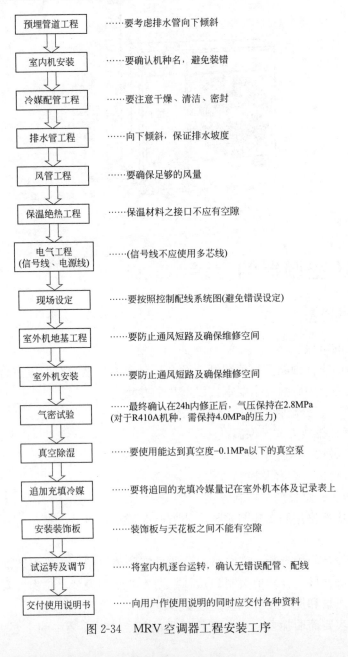

预埋管道工程	……要考虑排水管向下倾斜
室内机安装	……要确认机种名，避免装错
冷媒配管工程	……要注意干燥、清洁、密封
排水管工程	……向下倾斜，保证排水坡度
风管工程	……要确保足够的风量
保温绝热工程	……保温材料之接口不应有空隙
电气工程（信号线、电源线）	……(信号线不应使用多芯线)
现场设定	……要按照控制配线系统图(避免错误设定)
室外机地基工程	……要防止通风短路及确保维修空间
室外机安装	……要防止通风短路及确保维修空间
气密试验	……最终确认在24h内修正后，气压保持在2.8MPa(对于R410A机种，需保持4.0MPa的压力)
真空除湿	……要使用能达到真空度-0.1MPa以下的真空泵
追加充填冷媒	……要将追回的充填冷媒量记在室外机本体及记录表上
安装装饰板	……装饰板与天花板之间不能有空隙
试运转及调节	……将室内机逐台运转，确认无错误配管、配线
交付使用说明书	……向用户作使用说明的同时应交付各种资料

图 2-34　MRV 空调器工程安装工序

2.6.3　冷煤配管设计

冷煤配管长度与高度布管落差见表 2-2。

表 2-2　冷煤配管长度与高度布管落差

空调器系列		配管技术一点通		允许值/m
H 系列	美的、大金、格力、海尔、长虹、海信、澳柯玛、TCL、大连三洋、惠康、小鸭、志高、YCAE、三星、格兰仕、特灵中央空调器系列 MDV-J180W（/S）-720	配管长	配管总长（实际长）	≤70
			最远配管长　实际长度	≤50
			最远配管长　相当长度	≤70
			第一分歧到最远端室内机的配和相当长度	≤20
		布管落差	室内机-室外机布管落差　室外机高于室内机时	≤20
			室内机-室外机布管落差　室外机低于室内机时	≤10
			室内机-室内机布管落差	≤8
	美的、大金、格力、海尔、长虹、海信、澳柯玛、TCL、大连三洋、惠康、小鸭、志高、YCAE、三星、格兰仕、特灵中央空调器系列	配管长	配管总长（实际长）	≤100
			最远配管长　实际长度	≤45
			最远配管长　相当长度	≤50
			第一分歧到最远端室内机的配和相当长度	≤20
		布管落差	室内机-室外机布管落差　室外机高于室内机时	≤20
			室内机-室外机布管落差　室外机低于室内机时	
			室内机-室内机布管落差	≤8
M 系列	美的、大金、格力、海尔、长虹、海信、澳柯玛、TCL、大连三洋、惠康、小鸭、志高、YCAE、三星、格兰仕、特灵中央空调器系列	布管落差	最远配管实际长	≤70
			室内机-室外机布管落差　室外机高于室内机时	≤20
			室内机-室外机布管落差　室外机低于室内机时	
			室内机-室内机布管落差　同一系统	≤5
			室内机-室内机布管落差　不同系统	≤20
	美的、大金、格力、海尔、长虹、海信、澳柯玛、TCL、大连三洋、惠康、小鸭、志高、YCAE、三星、格兰仕、特灵中央空调器系列	布管落差	最远配管实际长	≤20
			室内机-室外机布管落差　室外机高于室内机时	≤15
			室内机-室外机布管落差　室外机低于室内机时	≤10
			室内机-室内机布管落差	≤10

注：冷媒配管长度与高度布管落差允许值仅供参考。

2.6.4　预埋管道工程

（1）管道走向

① 冷凝水管道孔应使管道具有向下坡度（坡度至少保持 1/100）。

② 冷媒管的通孔直径应考虑绝热材料的厚度（最好气管和液管双列排列）。

③ 注意横梁的结构，因为有时部分梁不允许通孔。

（2）混凝土梁中的贯穿孔要点

① 选择预埋件时，装配物的重量也应计算在内。

② 如不能利用金属预埋件的场合，可使用膨胀螺栓，但必须确保有足够的承重能力。

2.6.5 室外机安装

（1）到货与开箱检查

① 在接到机器后，应检查是否有运输损伤。如果发现表面或内部有损伤，应立即以书面形式向运输公司申报。

② 在接到机器后，应检查设备型号、规格、数量是否与合同相符。

③ 卸外包装时，请保管好操作说明书并清点附件。

（2）室外机吊装技术一学就会　吊装时禁止卸除任何包装，应用两根绳索在有包装状态下吊运，保持机器平衡，安全平稳地上升。在无包装或包装已损坏搬运时，应用垫板或包装物进行保护。

室外机搬运、吊装时应注意保持垂直，倾斜不应大于30°，并注意在搬运、吊装过程中的安全。

（3）中央空调器室外机安装位置选择

① 室外机应放置于通风良好且干燥的地方。

② 室外机的噪声及排风不应影响到邻居及周围通风。

③ 室外机安装位置应在尽可能离室内机较近的室外，且通风良好。

④ 室外机应安装于阴凉处，避开有阳光直射或高温热源直接辐射的地方。

⑤ 不应安装于多尘或污染严重处，以防室外机热交换器堵塞。

⑥ 不应将室外机设置于油污、盐或含硫等有害气体成分高的地方。

MRV空调器室外机外形结构如图2-35所示。

图 2-35　MRV 空调器室外机外形结构

（4）MRV 室外机基础技术　提供一个结实、正确的基础有以下作用。

① 室外机不会下沉。

② 室外机不会产生由基础引发的异常噪声。

（5）MRV 室外机安装要点

① 机组与基础间应按设计规定安装隔振器或隔振垫。

② 室外机与基础之间接触应紧密，否则会产生较大的振动和噪声。

③ 机体本身要有可靠的接地。

④ 在没有调试前，禁止将室外机气、液管的阀门打开。

⑤ 安装地点要保证有足够的维修空间。

2.6.6　室内机安装

（1）安装步骤一点通　确定安装位置──→划线定位──→装悬挂吊杆──→安装室内机。

（2）室内机安装检查需注意的事项

① 图纸核对。确认机组规格型号及安装方向。

② 高度。与天花板的配合严密。

③ 吊装强度。悬挂吊杆必须足以承受室内机的 3 倍重量，保证机组运转不会发生异常的振动和噪声

④ 室内机安装应保证有合适的冷凝水管安装空间。

⑤ 水平。水平度保持在 ±1° 之内。

目的：保证冷凝水顺利排放；机身平稳，降低振动与噪声产生的危险。

错误做法的隐患：a. 漏水；b. 机身产生异常振动和噪声。

⑥ 保持足够的维护保养空间（留足够大的检修口，一般为 400mm×400mm）。

⑦ 防止气流短路；

目的：保证室内机组换热充分，保证良好的空调效果。

MRV 空调器室内机控制板见图 2-36。

位号	ON(1)	OFF(0)
1	备用	
2	备用	
3	联动有	联动无
4	单冷	热泵

第5~8位地址	
地址	拨码
主机	0000
次机1	0001
次机2	0010
次机3	0011
2进制，依次累推	

主控制板

拨码开关
第1~4位功能：

通信口

物料号：LSMR-4C-RJE1 60070118900

图 2-36　MRV 空调器室内机控制板

MRV 空调器主控制板见图 2-37。

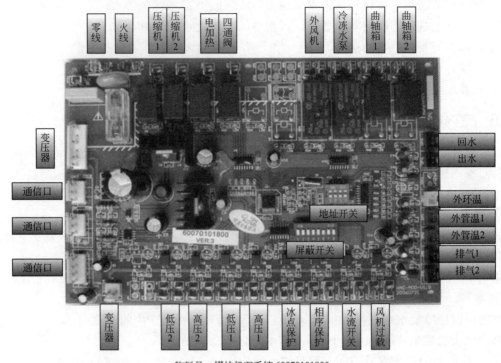

物料号：模块机双系统 60070101800

图 2-37　MRV 空调器主控制板

2.7　空调器安装工艺操作流程对安全的要求

2.7.1　对材料准备的要求

① 为保证安装支架的牢固性，应使用空调专用安装支架（按型号选用）；

② 铁质膨胀螺栓应选用直径 10mm 以上（不得选用小于以上规格的螺栓）；

③ 如墙的承重和牢固度不够，应考虑选用穿墙螺钉；

④ 电源线及电源插座选用质量合格的产品（电源线应用铜芯线、插座的额定电流应大于空调器的最大制热、制冷工况时的电流）；

⑤ 部分型号空调器按说明书要求严格选用漏电开关。

2.7.2　对安装位置选择的要求

① 室外机安装位置应能承受外机重量；

② 室内机固定处墙内无暗线；固定牢固不会产生晃动等；

③ 室内、外机尽可能远离热源；

④ 室内机周围无电线接头、插座、窗帘等。

2.7.3　供配电安全的要求

① 电表容量足够大（一般大于待安装空调额定电功率的 0.5～1 倍）；如过小易引起

火灾;

②　接户电线和进户明线线路应大于空调额定电流值的选取;

③　为保证空调器不漏电,最好选用专用漏电保护器;

④　使用大功率空调器（2 匹机以上）要配用空气开关。

⑤　空调器的电气连接应采用分支电路,其容量大于空调器最大额定电流值的 1.5 倍。

2.7.4　内机安装过程安全的要求

①　挂墙板应用 5 个以上水泥钉（或木桩或塑料膨胀螺栓）固定牢固;

②　将室内机向上提,将挂板的搭子扣到机壳下,再向后挂,向下拉直到内机到位,手摇不晃动;

③　安放柜式空调器室内机地面要求平整,与地面垂直,不可前倾,手推不能有晃动现象,在靠墙安装的地方应在内机的上部用配件固定在墙上。

2.7.5　室外机安装过程安全的要求

①　室外机在二楼以上时,户外作业人员必须系好安全带;

②　为防止安装支架、工具在安装过程中掉到楼下,要用绳索系好安装支架、电锤等;

③　固定安装支架的铁膨胀螺栓拧紧后要保证牢固可靠;

④　在高层建筑内向外安放室外机时,室外机也要用绳索捆牢后保证倾斜度小于 45°从室内小心移到安装支架上。

2.7.6　打墙孔过程安全的要求

①　打孔前应将附近的物品移走以免碰坏;

②　打孔时要注意自我安全及误打用户的物品,脚下要踩踏实,朝向户外打孔时系好安全带;

③　注意打孔时墙外侧落下的沙土砖石等不要打着行人。

2.7.7　连线时的安全要求

①　剥出的铜线裸露部分不能过长、多股绞合线不能有毛刺露出,以免出现短路和触电;

②　接线时要按说明书要求接,不能接错,铜线在接线板上一定要接到位,接触面尽可能大,拧紧后要用手试拉是否牢固,严禁将 O 形接头剪为 V 形接头;

③　空调器应有良好接地,以免触电;

④　不得把接地线接在水管煤气管及电话线接地线上。

2.7.8　试机时的安全要求

必须用测电笔在室外机金属表面测量是否漏电!

2.8　空调器的移装

用户遇到房屋装修、改建、搬迁时,空调器需要搬迁移位。分体式空调器必须将室内机及管路内的制冷剂回收,才能将机组卸开,重新安装到新地点,有时还要补充制冷剂和检漏。

2.8.1 移机的必备工具

① 一字、十字旋具各一把。

② 8 寸（1 寸＝3.33cm，下同）、10 寸活扳手各一把，用于搬迁室内机、室外机连接管。

③ 内六角扳手（4～10mm）一套，用于关闭室外机上低压液体阀门和低压气体阀门。

④ 安全带一套，用于三层以上楼房的室外机拆卸。6m 长尼龙绳一根，用于高层住户系室外机之用。

2.8.2 制冷剂回收方法

移机的第一步是将管路上的制冷剂回收到室外机中。首先接通电源，用遥控器开机，设定制冷状态。待压缩机运转 5min 后用扳手拧下室外机上液体管、气体管接口上的二次密封帽。用内六角扳手，先关低压液体管（细）的截止阀门，待 50s 后低压液体管外表看到结露，再关闭低压气体管（粗）截止阀门，同时用遥控器关机。拔下 220V 电源插头，回收制冷剂工作结束。

回收制冷剂应注意的是：要根据制冷管路的长短准确控制时间。时间太短，制冷剂不能完全收回。时间太长，由于低压液体截止阀已关闭，压缩机排气阻力增大，工作电流增大，发热严重。同时，由于制冷剂不再循环流动，冷凝器散热下降，压缩机也无低温制冷剂冷却，所以容易损坏或降低使用寿命。

2.8.3 拆卸室内机方法

制冷剂收到室外机中后，用两个扳手把室内机连接锁母拧松，然后用手旋出锁母，用螺丝刀卸下控制线。

单冷型空调器控制线中，有两根电源线，其中一根为保护地线，接线端子板有 A、B，1、2 标记。冷暖两用型空调器控制线及电源都在 5 根线以上。若端子板没有标记，控制线又是后配的，最好用钳子在端子板端剪断控制信号线前用笔记下端子板导线编号，以免安装时，把信号线接错，造成室外机不运转，或室外机不受控故障。

室内机挂板多是用水泥钉锤入墙中固定。水泥钉坚硬无比，卸下时要有一定技巧。

方法是：用冲子撬开一侧并在冲子底下垫硬物，用锤子敲冲子能让水泥钉松动。这样卸挂板较容易。

2.8.4 拆卸室外机方法

拆卸室外机需两个人操作。先用尼龙绳一端系好室外机中部，另一端系在阳台牢固处。先用旋具从室外机上卸下控制线，再上好二次密封帽。一般使用 10 年以上的空调器，经过风吹雨淋加之锈蚀，4 个固定螺栓，很难用扳手拧下。在高层楼用钢锯把螺栓锯断也有一定难度。最好的办法是一个人扶室外机，另一个人用扳手拧支架螺栓，连支架一起卸下。在卸下时，高层楼要系好安全带，脚要踩实。若有大风头部必须戴安全帽，避免楼上玻璃破碎砸伤自己。使用的扳手要用绳子系在手腕上，同时示意劝请行人避开，以避免砸伤行人。操作时要谨慎，任何物件（即使是一只螺母）也不得掉下去，否则后果不堪设想。这种教训非常多，不得有一点马虎。

膨胀螺母拧下后，放在窗台里边，两个人站稳，先把室外机往外移出螺栓 5cm，并配合好连架子一起抬到窗台上。这时再卸固定室外机支架的四个螺栓。室外机卸下后，把管子一端平直，从另一端抽出管路。铜管从穿墙洞中抽出时要小心，严禁折压硬拉。转弯处拉不出时，应用软物轻轻将铜管压直后再抽出。卸管时必须用塑料带封好管路两端喇叭口，以免杂物进入管内。否则杂物混入制冷系统堵塞过滤器和毛细管，会带来不必要的修理麻烦。最后把铜管按原来弯盘绕成直径 1m 的圈。

2.8.5　空调器重新安装方法

（1）装机、试机　卸迁过的空调器安装比新安装的空调器技术点要求高。这是因为在卸迁过程中铜管的喇叭口可能变形或损伤，有的管口已产生裂缝；管路几经弯曲有可能弯瘪；低压气体截止阀、低压液体截止阀内部阻气橡胶圈可能损坏。另外，制冷系统制冷剂泄漏后过滤器内的分子筛吸水能力也会降低。

卸机安装时，确定安装位置、钻过墙孔、固定室内外机组和新安装的空调器步骤顺序相同。不同的是在连接管路前要先把旧管捋平直，剥开弯折处的保温套，查看管子是否有弯瘪现象。若瘪得不严重，可用胀管器撑起。弯瘪严重的，必须用割刀切去弯瘪处，再用银焊焊接好，否则会出现二次截流故障。确定管路良好后，检查喇叭口是否有裂纹，若有裂纹必须重新做喇叭口，制作出的喇叭口圆正、平滑、无裂纹。制作喇叭口应注意的是：夹具必须牢牢夹住铜管，否则张口时，铜管容易后移，造成喇叭口高度不够，偏斜或倒角等缺陷，上到螺丝奶头上容易漏气。

喇叭口制作工序完成后，再检查控制线是否有短路、断路现象，若有用快热烙铁焊接好并绝缘。确定管路、控制线、出水管良好后，把它们合并在一起进行绑扎。二层以上楼房须提前绑扎管路，一层及平房可安装完成后再绑扎管路。绑扎时，应从室外出管的 10cm 处开始，这样压边法雨水不容易进入保温套。

管路包扎良好后，在出墙喇叭口端应绑扎一个塑料袋，以免脏物进入制冷系统，使制冷系统堵塞。过墙时，应两个人配合缓慢穿出。若遇到管路粗、墙孔细、弯曲等，不要生拉硬拽，以免管路拉伤、弯瘪或把控制线拉断。管路穿出后，先连接低压气体管（粗），再连接低压液体管（细），并按标记连接好控制线。接着，排除管路、室内机内的空气，用洗涤灵进行检漏。检漏时应认真、细心、观察有无气泡冒起，特别是重新制作的喇叭口连接处要反复多次观察，看有无微漏的小气泡缓慢出现。验证系统确实无泄漏后，旋紧阀门保护帽，即可开机试运行。

（2）补充制冷剂　整个迁移工作只要操作无误，开机后制冷良好，一般无需补加制冷剂。但对于使用中有微漏的空调器或在移机过程中截门漏气的空调器，制冷剂会有所减少。在移机过程中管路加长，也须及时补充制冷剂。在压缩机运转情况下，必须采用低压侧气体加注法，否则制冷剂很难加入。加气前，先用 8 寸扳手旋下室外机低压气体三通截止阀维修口上的工艺嘴帽，根据公、英制要求选择加气管；用加气管带顶针端，把加气阀门上的顶针顶开与制冷系统连通，另一端接三通表。用另外一根加气管一端接三通单联表，另外一端虚接制冷剂钢瓶，并用系统的制冷剂排出连接管路的空气。空气排除干净后，拧紧加气管螺母，打开制冷剂瓶阀门。钢瓶应直立，缓慢加入。在加气过程中禁止用自来水清洗冷凝器。用自来水清洗后，冷凝器压力迅速下降，使高温、高压气体制冷剂变成了液体制冷剂。这时表压急剧下降，用钳型电流表测电流偏小，低压液体管结霜，造成了制冷剂较多的假象。当制冷剂系统的压力达到 0.45MPa 表压力时，制冷剂已充足。10min 后，室外出水管会有冷凝水流出。低压气管（粗管）截止阀处会结露。当确认空调器制冷良好后，卸下低压气体维修工艺口加气管，旋紧外帽，充注制冷剂完成。

（3）压力平衡检漏　迁移的空调器须进行二次检漏。按遥控器停止键（OFF），空调停机5min后，待压力平衡。将家用洗涤灵浓液倒在一块海绵上，搓出泡沫。将带泡的洗涤灵逐个涂在室内机两个接头、室外机两个截门及连接处；看是否有小气泡冒出，有气泡冒出表明管路有泄漏处，应及时排除。

检漏时，一定要耐心、仔细、洗涤灵液的浓度要合适。在确定保证每个接头处都看不到气泡冒出，没有漏点后，再将检漏处用棉布擦干，包扎好。至此分体式空调器迁移完毕。

2.8.6　空调的卸迁安装安全注意事项

空调的卸迁安装，必须具备空调器安装、维修资格，在安装过程中应注意安全，以免由于安装而引入不安全的因素而影响用户的使用。

（1）电气安全　空调器的电源为 220V 或 380V（50Hz）。

① 严禁使用不符合标准的插头、插座及电源线；所有空调器的专用线路上都应装有漏电保护开关、漏电保护装置（特别是制冷量为 6000W 及以上的空调器），否则，可能会因为插头、插座、电线等发热而引发火灾；如没有相应的漏电保护开关，会造成由机器故障或意外情况引起短路、漏电事故时，无法断开电源，造成火灾及人身伤亡事故。

② 分体式空调器的室内外机连接线必须使用氯丁橡胶线。

③ 检查电源：单相 220V、50Hz，三相 380V、50Hz，其电压波动范围±10%，如不符合要求应采取措施修正，否则不能安装。

④ 空调器一般应安装在电源插头附近以确保电源线长度能覆盖。严禁在电源线或室内外机连接线不够长时，自行加接，必须更换整个电线；过长时，严禁缠绕成小圈，以免产生涡流发热；否则，可能会接触不良或因加长部分不符合要求而产生发热、打火，引发火灾或漏电，危及人身安全。

⑤ 电源线或信号线必须使用压线卡（电线卡）固定后连接。否则，会造成松动并产生打火现象。

⑥ 空调器必须正确接地，接地线不允许接在煤气管、自来水管、避雷线或电源接地线上，接地线必须使用铜线并有足够的线径，以确保接地电阻<4Ω；安装人员应对用户提供的电源插座进行检查是否做到有效接地。否则，会引起机器外壳带静电、漏电，使人容易触电，危及人身安全。

⑦ 电线应整齐布置，盖子要装牢，不可把多余的电线塞进机组里，应正确固定。

⑧ 严禁用铜丝或导线代替保险管，保险管烧断应换同规格保险管；否则，保险管不起作用，使电路板失去保护，容易烧坏电路。

⑨ 进行电气接线时必须同时参照空调器说明书及机器内粘贴的电气线路图，查明实物正确无误才能进行。不允许随意更改线路，不准偷工减料，否则会引起空调器不能正常运转或制冷/制热效果差。

（2）机械安全

① 大部分安装架是用钢材制造的，有用焊接结构的，也有用螺栓连接的，因此要注意材料的防腐蚀，应采取对钢材先进行镀锌，然后再涂漆或涂塑维修以确保其能抗腐蚀。如果是焊接结构，应由专业焊工进行焊接以保证焊透；如用螺栓连接，应用 4.8 级以上的螺栓，

并加装防松装置。安装架要求其承重能力在 180kg 以上，对柜机空调器应有更重的承重能力。安装架不但要承受空调器自重，还要承受安装人员（或维修人员）重量，以及风的荷载。安装架固定在外墙上，应用膨胀螺栓固定，膨胀螺栓的螺母应加防松垫圈以防振动引起移动。

② 室外机的固定。室外机必须与安装架用螺栓固定，螺栓应加防松垫片，以免在不停振动下引起室外机跌落或螺栓、螺母坠落造成事故。

③ 严禁在安装室内外机时，不上或少上固定螺栓。室内外机安装必须牢固，否则，会因机器振动而产生较大噪声，甚至会从高空坠落，给人身安全带来隐患。

（3）其他安全注意事项

① 凡属二楼以上空调外机的安装、维修都应系安全带，安全带另一端应牢固地固定，以防坠落。

② 高空作业时，应注意防止工具和配件跌落，砸伤行人。

③ 带电检查线路时应防止人体任何部位触及电路，发生电击事故，检查电容时，应先给电容放电（用带绝缘把的螺钉旋具将电容两极短路）。

④ 更换电器配件时应先断开空调电源，防止触电。

⑤ 更换室外机制冷配件时，应先将制冷剂排出室外机并妥善维修，防止制冷剂受热爆出，造成人身伤害，换室内机制冷配件时应先将制冷剂收到室外机。

2.9 嵌入式空调器移机、室内机漏水故障维修

① 卸下嵌入式空调器室内机外板如图 2-38 所示。

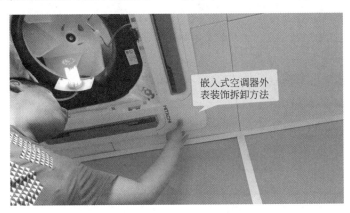

图 2-38 卸下嵌入式空调器室内机外板

② 拆下嵌入式空调器室内机面板控制线技巧如图 2-39 所示。

③ 拆下嵌入式空调器室内机排水泵技巧如图 2-40 所示。

④ 嵌入式空调器室内机漏水排水法如图 2-41 所示。

⑤ 嵌入式空调器室内机白色隔音外套拆卸技巧如图 2-42 所示。

⑥ 嵌入式空调器室内机白色隔音外套双手托稳技巧如图 2-43 所示。

⑦ 嵌入式空调器室内机吸尘器吸污方法如图 2-44 所示。

⑧ 嵌入式空调器室内机控制电路板如图 2-45 所示。

图 2-39 拆下嵌入式空调器
室内机面板控制线技巧

图 2-40 拆下嵌入式空调器
室内机排水泵技巧

图 2-41 嵌入式空调器室内
机漏水排水法

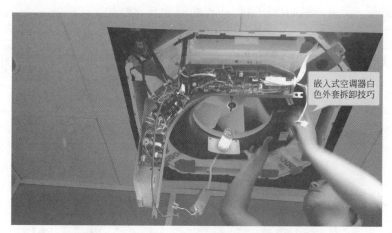

图 2-42 嵌入式空调器室内机白色隔音外套拆卸技巧

图 2-43 嵌入式空调器室内机白色隔音外套双手托稳技巧

图 2-44　嵌入式空调器室内机吸尘器吸污方法

图 2-45　嵌入式空调器室内机控制电路板

⑨ 嵌入式空调器室内机水平杆法如图 2-46 所示。

图 2-46　嵌入式空调器室内机水平杆法

⑩ 调整嵌入式空调器室内机水平杆用尺子说话如图 2-47 所示。

图 2-47　调整嵌入式空调器室内机水平杆用尺子说话

2.10　制冷剂标准追加量

2.10.1　分体空调器移机、安装连接管加长时，制冷剂标准追加量

分体连接管大于 5m 时需要按 2-3 表注入制冷剂。

表 2-3　分体空调器安装连接管大于 5m 时，制冷剂追加量

管长	5m	7m	10m
制冷剂追加量	不加	32g	80g

一拖二房间空调器两室内机连接管长度之和大于 10m 时，制冷剂追加量见表 2-4。

表 2-4　一拖二房间空调器两室内机连接管长度之和大于 10m 时，制冷剂追加量

管长	≤10m	15m	20m
制冷剂追加量	不加	80g	160g

2 匹（50GW、50LW、56LW、62LW）挂机、柜机连接管长度大于 5m 时，每加长 1m 追加制冷剂 18g，见表 2-5。

表 2-5　2 匹（50GW、50LW、56LW、62LW）挂机、柜机连接管长度大于 5m 时，制冷剂追加量

管长	5m	10m	15m
制冷剂追加量	不加	90g	180g

关于制冷剂量：根据制冷剂配管长度，有必要进行如下的制冷剂追加填充。

根据机种不同而异，请注意在制冷剂填充时，请务必使用计算器（如名称等）。

注：① 基准制冷剂填充量，表示制冷剂配管长度为 0m 时的填充量。

② 根据 1m 配管的追加填充量工厂出库时冷媒充入量如上表示，现场超过 5m 时，应根

据配管长度来计算追加量并追加冷媒。

③ 所谓内含压力就是充入少量冷媒以防空气进入系统。以 KFR-71W 为例，配管长度为 50m 时，追加冷媒量的计算方法如下。

$$(50＋5)×0.06＝3.3 \quad 每米追加冷媒量(kg/m)$$

注：50 代表 2.5 匹柜机、71 代表 3 匹柜机、120 代表 5 匹柜机。

不需要追加冷媒量的配管最大长度 5m，配管总长度：5 匹柜机不超过 30m，追加冷媒量一定要计算。

工厂出库时冷媒注入量见表 2-6。

表 2-6　工厂出库时冷媒注入量　　　　　　　　　　单位：kg

项目　　　　型号	基准冷媒填充量	1m 配管冷媒追加量	工厂出库时填充量	
			室内机	室外机
KFR-71LWA	1.155	0.025	内含压力	1.28
KFR-71LWA	3.285	0.035		3.46
KF-71WA	1.155	0.025		1.28
KF-13WA	3.285	0.035		3.46

关于制冷剂量：根据制冷剂配管长度，有必要进行如下的制冷剂追加填充，制冷剂的追加填充量根据机种不同而异，请注意，在制冷剂填充时，请务必使用计算器（如名称等）。

① 基准制冷剂填充量，表示制冷剂配管长度为 0m 时的填充量。

② 根据 1m 配管的追加填充量工厂出库时冷媒充入量如上表示，现场超过 5m 时，应根据配管长度来计算追加量并追加冷媒。

③ 所谓内含压力就是充入少量冷媒以防空气进入系统。

追加冷媒量的计算方法，以 KFR-71WA 为例，配管长度为 25m 时，追加冷媒量的计算方法：

$$(25－5)×0.025＝0.5kg$$

2.10.2　迁移综合故障的排除

【故障 1】　格力牌 KFR-125 嵌入式空调器移机后不制冷

① 分析与检测　用压力表测系统压力为 0.18MPa，充注制冷剂表压达到 0.30MPa 时，压缩机过热、过电流保护器跳开，压缩机停止运转。用户找了几个维修人员修理，均未如愿。

② 经验与体会　笔者凭经验分析，由于空调器曾卸下放置过，阀门关闭不严，制冷系统管路中进入了空气。空气中的水分造成管路腐蚀。腐蚀残渣造成过滤器半堵。更换过滤器后，通电试机，测试合格。

空调器测试方法如图 2-48 所示。

【故障 2】　一台三菱 KFR-35GW 空调器移机后，室内机漏水

① 分析与检测　上门询问用户，新移的机，用户找了多家维修工均未如愿。经检查发现室内机蒸发器太脏。

② 经验与体会　一是采取吸尘器吸水法；二是采取吸尘器吸污法。

吸尘器吸水法如图 2-49 所示。

吸尘器吸污法见图 2-50。

图 2-48 空调器测试方法

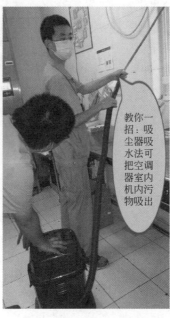

图 2-49 吸尘器吸水法

图 2-50 吸尘器吸污法

【故障 3】 一台美的 KFR-32GW 空调器移机后，用遥控器开机，室内、外机均不运转

① 分析与检测 室内机上的故障灯闪烁。卸下室内机外壳，测量电控板上的熔丝管、压敏电阻良好，测变压器一次侧有交流 220V 电压输入，二次侧有交流 15V 电压输出。测量整流管有直流输出。测 7812 三端稳压器有直流 12V 输出。测 7805 三端稳压器有 5V 输出。测控制板通往室外控制线有输出信号。说明空调器不运转与室内机控制板无关。卸下室外机外壳，测量端子板没有信号过来，说明故障点在控制线路中。

② 经验与体会 把室内机控制线卸下拉出。发现控制线在过墙时，把 3 根信号线拉断。把控制信号线用快热烙铁重新接好，并用塑料套管封好断线处，再用塑料胶布包扎好。重新装好控制线。通电试机验证，故障排除，黄色故障灯闪烁消失。

2.11 房间空调器冷、热负荷计算方法

2.11.1 房间负荷计算

为房间选配安装空调器，最重要的就是要确定房间的冷热负荷大小，再选配恰当空调机组，使其与房间负荷相吻合，这是进行空调设计安装时的最基本要素，也是最重要的。

2.11.2 房间冷热负荷来源

在初次给房间选配空调器时，一定要搞明白房间冷热负荷的来源，将其大概分为几类，以及每一类的负荷量要占到总负荷的百分量，这样将很有利于今后类似工作的开展。

以夏季为例，房间的热量来源主要有下面几项。

① 通过窗户或门上玻璃照射到房间里的太阳光辐射类；

② 通过墙壁（外围墙、内墙）、门、房顶、天花板、地板、地面等而进入房间的传导热；

③ 通过门缝，或换气时由空气带入的渗透热；

④ 由房间里的人、家用电器、照明灯具、煤气灶等产生的内部热。

那么冬天就与此相反，从房间里散到房间外的热量就作为制热时的负荷。当然，在选配空调器时，要考虑到具体的热量会因为房间大小、房间内外的温差、房间结构、房间的朝向、房间里的人数、房间里的用途等因素的变化，而发生很大变化。

第 **3** 章

变频空调器电控板元件的检测

3.1 电阻器检测

在电路中对电流有阻碍作用并且造成能量消耗的部分称为电阻器，简称电阻。电阻器的英文缩写为 R（Resistor），排阻用 RN 表示。

① 电阻器在电路中的符号：R —————— 或 ⌇⌇⌇⌇⌇ 。

② 电阻器的常见单位：欧姆（Ω），千欧姆（kΩ），兆欧姆（MΩ）。

③ 电阻器的单位换算：$1M\Omega=10^3\,k\Omega=10^6\,\Omega$。

④ 电阻器的特性：电阻为线性原件，即电阻两端电压与流过电阻的电流成正比，通过这段导体的电流强度与这段导体的电阻成反比。即欧姆定律：$I=U/R$。

⑤ 电阻的作用为分流、限流、分压、偏置、滤波（与电容器组合使用）和阻抗匹配等。

⑥ 电阻器在电路中用"R"加数字表示，如 R15 表示编号为 15 的电阻器。

⑦ 电阻器的参数标注方法有 3 种，即直标法、色标法和数标法。

⑧ 电阻器色环标注法使用最多，普通的色环电阻用 4 环表示，精密电阻器用 5 环表示，紧靠电阻体一端头的色环为第一环，露着电阻体本色较多的另一端头为末环。4 色环电阻器（普通电阻）如图 3-1 所示。

如果色环电阻器用 5 环表示，则为精密电阻，前面三位数字是有效数字，第四位是 10 的倍幂。第五环是色环电阻器的误差范围（图 3-2）。

⑨ 电阻器好坏的检测

a. 用指针万用表判定电阻的好坏：首先选择测量挡位，再将倍率挡旋钮置于适当的挡位，一般 100Ω 以下电阻器可选"$R\times1$"挡，100Ω～1kΩ 的电阻器可选"$R\times10$"挡，1～10kΩ 电阻器可选"$R\times100$"挡，10～100kΩ 的电阻器可选"$R\times1k$"挡，100kΩ 以上的电阻器可选"$R\times10k$"挡。

b. 测量挡位选择确定后，对万用表电阻挡进行调零，调零的方法是：将万用表两表笔金属棒短接，观察指针有无到 0 的位置，如果不在 0 位置，调整调零旋钮使表针指向电阻刻度的 0 位置。

c. 接着将万用表的两表笔分别和电阻器的两端相接，表针应指在相应的阻值刻度上，如果表针不动和指示不稳定或指示值与电阻器上的标示值相差很大，则说明该电阻器已损坏。

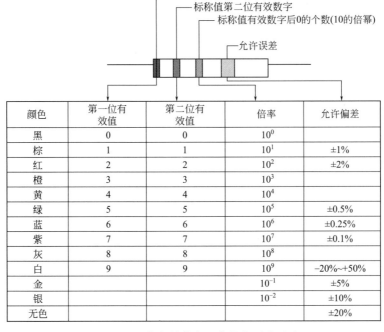

图 3-1 两位有效数字阻值的色环表示法

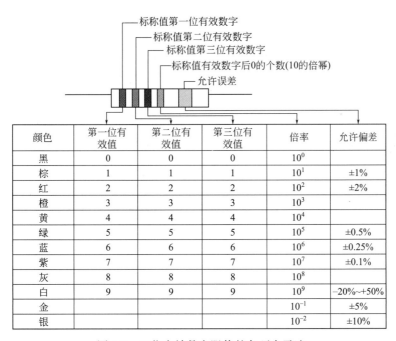

图 3-2 三位有效数字阻值的色环表示法

d. 用数字万用表判定电阻的好坏：首先将万用表的挡位旋钮调到欧姆挡的适当挡位，一般 200Ω 以下电阻器可选 "$R×200$" 挡，200Ω～2kΩ 欧姆电阻器可选 "2k" 挡，2～20kΩ 可选 "$R×20k$" 挡，20～200kΩ 的电阻器可选 "$R×200k$" 挡，200kΩ～2MΩ 的电阻器选择 "$R×2M$" 挡，2～20MΩ 的电阻器选择 "$R×20M$" 挡，20MΩ 以上的电阻器选择 "$R×200M$" 挡。

3.2　晶体二极管检测

① 英文缩写：D（Diode），电路符号是：——▷|——。

② 半导体二极管的分类

a. 按材质分：硅二极管和锗二极管；

b. 按用途分：整流二极管、检波二极管、稳压二极管、发光二极管、光电二极管、变容二极管（图3-3）。

稳压二极管　　发光二极管　　光电二极管　　变容二极管

图 3-3　二极管电路符号

③ 半导体二极管在电路中常用"D"加数字表示，如：D5 表示编号为 5 的半导体二极管。

④ 半导体二极管的导通电压

a. 硅二极管在两极加上电压，并且电压大于 0.6V 时才能导通，导通后电压保持在 0.6～0.8V。

b. 锗二极管在两极加上电压，并且电压大于 0.2V 时才能导通，导通后电压保持在 0.2～0.3V。

⑤ 二极管的主要特性。二极管主要特性是单向导电性，也就是在正向电压的作用下，导通电阻很小；而在反向电压作用下导通电阻极大或无穷大。

⑥ 二极管作用。二极管可分为整流、检波、发光、光电、变容等不同类型。

⑦ 半导体二极管的识别方法

a. 目视法判断半导体二极管的极性。一般在实物的电路中可以通过眼睛直接看出半导体二极管的正负极。在实物中如果看到一端有颜色标示的是负极，另外一端是正极。

b. 用万用表（指针表）判断半导体二极管的极性。通常选用万用表的欧姆挡（"$R\times100$" 或 "$R\times1k$"），然后分别用万用表的两表笔接到二极管的两个极上，当二极管导通时，测的阻值较小（一般几十欧姆至几千欧姆），这时黑表笔接的是二极管的正极，红表笔接的是二极管的负极；当测的阻值很大（一般为几百欧姆至几千欧姆），这时黑表笔接的是二极管的负极，红表笔接的是二极管的正极。

c. 测试注意事项。用数字式万用表去测二极管时，红表笔接二极管的正极，黑表笔接二极管的负极，此时测得的阻值才是二极管的正向导通阻值，这与指针式万用表的表笔接法刚好相反。半导体二极管的测量识别方法如图3-4所示。

⑧ 变容二极管。变容二极管是根据普通二极管内部"PN结"的结电容能随外加反向电压的变化而变化这一原理专门设计出来的一种特殊二极管。

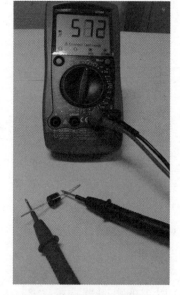

图 3-4　半导体二极管的测量识别方法

a. 发生漏电现象时，高频调制电路将不工作或调制性能变差。

b. 变容性能变差时，高频调制电路的工作不稳定，使调制后的高频信号发送到对方，被对方接收后产生失真。出现上述情况之一时，就应该更换同型号的变容二极管。

⑨ 稳压二极管

a. 稳压二极管的稳压原理。稳压二极管的特点就是击穿后，其两端的电压基本保持不变。这样，当把稳压管接入电路以后，若由于电源电压发生波动，或其他原因造成电路中各点电压变动时，负载两端的电压将基本保持不变。

b. 故障特点。稳压二极管的故障主要表现在开路、短路和稳压值不稳定。在这三种故障中，前一种故障表现出电源电压升高；后两种故障表现为电源电压变低到 0V 或输出不稳定。检测方法见图 3-5。

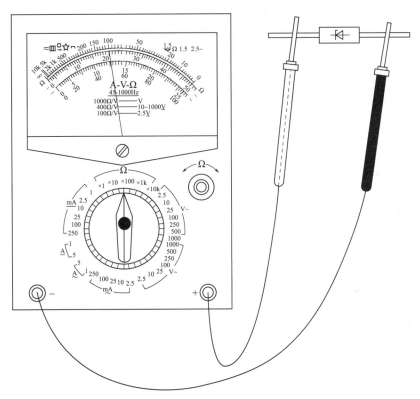

图 3-5　稳压二极管检测方法

硅管的导通电压为 0.6～0.8V；锗管的导通电压为 0.2～0.3V，而工作分析时通常采用的是 0.7V。

⑩ 发光二极管

a. 结构。发光二极管是由半导体材料磷化镓等制成的一种晶体二极管。

b. 基本特性。在外加正向电压达到发光二极管的导通电压（一般为 1.7～2.5V）时，发光二极管有电流流过并随之发光。按发出光的类型分发激光二极管、发红外光二极管、发可见光（红、绿、黄）二极管、双色发光二极管。发光二极管工作电流值为 5～10mA（不能超过 25mA），所以在发光二极管的电路中一定要串联限流电阻。发光二极管检测方法如图 3-6 所示。

c. 检测。将万用表转换开关置于 "R×10k" 欧姆挡，两表笔分别接发光二极管两极，测其正反向电阻。一般正向电阻小于 50kΩ、反向电阻大于 210kΩ 为正常。

图 3-6 发光二极管检测方法

⑪ 半导体二极管的好坏判别。用万用表（指针表）$R \times 100$ 或 $R \times 1k$ 挡测量二极管的正、反向电阻，要求正向电阻在 $1k\Omega$ 左右，反向电阻应在 $100k\Omega$ 以上。总之，正向电阻越小越好，反向电阻越大越好。若正向电阻无穷大，说明二极管内部断路，若反向电阻为零，表明二极管已击穿。内部断开或击穿的二极管均不能使用。

3.3 晶体管

3.3.1 晶体管的基本特性

晶体管是所有元器件中最重要的器件，其基本特性是：具有电流放大作用。

3.3.2 半导体三极管特点

半导体三极管（简称晶体管）是内部含有 2 个 PN 结，并且具有放大能力的特殊器件。它分 NPN 型和 PNP 型两种类型，这两种类型的三极管从工作特性上可互相弥补，所谓 OTL 电路中的对管就是由 PNP 型和 NPN 型配对使用。

按材料来分，可分为硅管和锗管，我国目前生产的硅管多为 NPN 型，锗管多为 PNP 型。半导体三极管检测方法如图 3-7 所示。

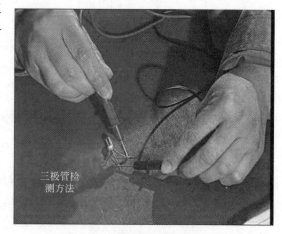

3.3.3 半导体三极管放大的条件

要实现放大作用，必须给三极管加合适的电压，即管子发射结必须具备正向偏压，而集电极必须具备反向偏压，这也是三极管放大必须具备的外部条件。

图 3-7 半导体三极管检测方法

3.3.4 半导体三极管具有的工作状态

放大、饱和、截止。在模拟电路中一般使用放大作用。饱和和截止状态一般使用在数字电路中。

3.3.5　晶体管的检测

检测晶体管时首先要区分 e、b、c 三个引脚。第一步先确定基极 b，万用表拨在"$R\times 1k$"或"$R\times 100$"挡，红表笔接一假定的基极，黑表笔分别接另外两管脚，如阻值都很小（或都很大），对调表笔后再测两阻值都很大（或都很小）时，先前的假定就是正确的。找到基极后要确定管型，如黑表笔接 b，红表笔接另外两脚时都是小阻值，该管即为 NPN 型，如是大阻值则是 PNP 型。最后辨别 e 和 c，以 NPN 型为例，先假定某脚为 c，再假定 c 和 b 之间接一电阻（可用人体电阻），黑表笔接假定 c，红表笔接假定 e，读出此时的阻值 R_1。再假定另一脚为 c，重复上述步骤读出另一阻值 R_2。如果 $R_1 < R_2$，则第一次假定的 c 是集电极。$R_1 > R_2$ 时，第二次假定的 c 则是集电极。若是 PNP 型管只需将两表笔对调即可。近年来使用的晶体管多为塑封管，外引脚排列无固定规律，管壳上也无辨认标记，甚至同一型号的管子引脚排列都不同，只能在使用时认真鉴别。

外引脚确定之后可测量晶体管的 β 值。万用表拨到"h_{FE}"挡，晶体管插入相应的测试孔，注意管型，引脚不能插错，两表笔不能相碰。就能在表盘的 h_{FE} 刻度线上直接读出该管 β 值。β 值并非越大越好，一般以 $30\sim300$ 倍中 β 值管为宜。

最后检查晶体管的穿透电流大小。现在普遍使用的是硅晶体管，穿透电流应极小。检查方法是：基极悬空，用"$R\times 1k$"挡测量 c、e 之间的正反向电阻，都应为无穷大。指针稍有摆动就应换新的。

以下三种情况应更换晶体管：一是性能不良或老化变质，表现为 be 结或 bc 结反向电阻变小，穿透电流变大或值过低；二是击穿短路性损坏，be 结或 bc 结正反向电阻都趋于零；三是开路性损坏，be 结正反向电阻为无穷大。

3.4　晶闸管检测

晶闸管，俗称可控硅整流元件，晶闸管有单向晶闸管和双向晶闸管之分。

3.4.1　单向晶闸管

单向晶闸管有阳极 A、阴极 K 和门级 G 三个电极，A 接高电位，K 接低电位。当 G 悬空或接地时，截止无电流流过，A、K 间相当于开路。G 级只要加一个微弱的正脉冲触发一下，晶闸管导通，A、K 间相当于一个很小的电阻，使很强的电流由 A 流向 K。检测方法如下，把万用表转换开关调到"$R\times 1$"挡，黑表笔接 A，红笔接 K，阻值为无穷大，此时表笔不动，使 G 极与 A 极碰一下，A、K 间阻值变得很小并维持导通状态。说明该晶闸管完好。

3.4.2　双向晶闸管

① 结构　双向晶闸管是由 N-P-N-P-N 五层半导体构成的三端结构元件，引出的三个电极分别称为主电极 A1、A2 和门极 G。

② 基本特性　无论触发信号和主电极之间的电压极性如何，只要同时存在触发信号（可正可负）和主电极间电压（可正可负），双向晶闸管均导通。

③ 用途　双向晶闸管能用小信号功率控制大输出功率，且具有正反两个方面都能控制导通的特性，是一种十分理想的无触点开关元件，在控温、调速、调光等方面得到了广泛的应用。

④ 检测方法

a. 将万用表置于"$R×1k$"挡，两表笔接 A1 和 A2 两端，调换位置各测一次。两次测出的电阻值都应为无穷大。

b. 将万用表置"$R×1$"挡，黑表笔接 A1，红表笔接 A2，将门极 G 与 A2 短接一下后离开，万用表应保持读数（如 $30Ω$）。调换两表笔，再次将门极 G 与 A2 短接一下后离开，万用表指示情况同上。如两次检测情况相同，表示晶闸管是好的。

c. 对功率较大或较小而质量较差的双向晶闸管，可将万用表黑表笔串接 1.5V 电池后再按 b 项检测。

3.5 电容器检测

电容器是储存电荷的元件，按频率特性可分为低频电容器和高频电容器；按介质可分为云母电容器、陶瓷电容器和电解电容器等。空调控制电路使用的主要是陶瓷电容器。

① 电容器的含义　衡量导体储存电荷能力的物理量。

② 电容器在电路中的表示符号　C ─┤├─

③ 电容器常见的单位　毫法（mF）、微法（μF）、纳法（nF）、皮法（pF）。

④ 电容器的单位换算　$1F＝10^3mF＝10^6μF＝10^9nF＝10^{12}pF$。

⑤ 电容的作用　隔直流、旁路、耦合、滤波、补偿、充放电、储能等。

⑥ 电容器的特性　电容器具有充放电能力和隔直通交特性，是一种能够储存电场能量的元件。电容器储存电荷的参数是电容量，电容器的容量一般直接标注在其表面上。电容器的容量会随温度变化而变化。对于耦合电容及旁路电容，如果维修时没有相同容量和耐压的配件，在安装位置允许的情况下，代换时容量可适当加大、耐压值选高。有极性的电解电容器，具有单方向性质，将电解电容器接入电路中时，电容器正极应接电路高电位，极性接反，会使电容器击穿损坏。

⑦ 电容的分类　根据极性可分为有极性电容和无极性电容。我们常见到的电解电容就是有极性的，有正负极之分。

⑧ 电容器的主要性能指标　电容器的容量（即储存电荷的容量）、耐压值（指在额定温度范围内电容器能长时间可靠工作的最大直流电压或最大交流电压的有效值）、耐温值（表示电容器所能承受的最高工作温度）。电容器在空调器上的应用见图 3-8。

图 3-8　电容器在空调器上的应用

⑨ 电容器的好坏测量

a. 有极性电解电容器的漏电测量。根据所测电容器容量（如测 $1000\mu F$、$100\mu F$、$10\mu F$ 电容时，将万用表分别置于"$R\times100$""$R\times1k$""$R\times10k$"挡），将黑、红表表笔分别接触被测电容器的正负极引线。从接通时刻起万用表的指针会快速地摆动到一定数值（该数值由电容器的容量决定，一般容量大，摆幅大），然后指针渐渐退回到 $R=$"00"的位置（退回原位与否取决于电容器的漏电情况）。如果指针退不到"00"处，而是停止在某一位置，则指针所指示的阻值是漏电相应的电阻值。

b. 无极性电容器漏电的测量。对于容量较小的无极性电容器，利用万用表可以判断其断路、短路、有无漏电并估计容量。将万用表置于"$R\times1k$"挡，用表笔接触电容器的引线（测量一次后表笔互换再测量一次），观察指针有无充电摆动，如有则说明电容器内部无断路。充电摆动后，若指针不能回到"00"处，说明该电容器有漏电值，若指针的指示电阻值为 0，则说明该电容器内部已短路。室内机风机电容器检测方法见文前彩插图 3-9。

图 3-9　室内机风机电容器检测方法

室外压缩机电容器检测方法见图 3-10。

图 3-10　室外压缩机电容器检测方法

3.6　反相器检测

3.6.1　非门

当反相器输入高电平时输出为低电平，而输入低电平时输出为高电平。输入与输出间是反相关系，即非逻辑，在逻辑电路中将它称为非门。

实用的反相器电路中，为保证输入低电平时晶体管能可靠地截止，通常将电路接成图3-11的形式。由于增加了电阻R2和负电源V_{ee}，当输入低电平（0V）时，晶体管的基极将为负电位，发射结反向偏置，从而保证了晶体管VT的可靠截止。如图3-11所示。

3.6.2　与非门

如果把二极管和反相器连接起来就构成了与非门，如图3-12所示。

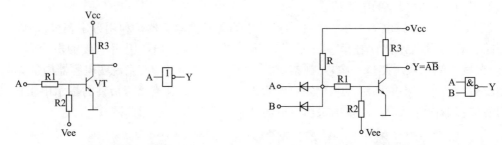

图3-11　非门电路及逻辑符号　　　　图3-12　与非门电路及逻辑符号

3.7　光耦合器检测

在空调器的电脑控制板上，几乎都采用了光耦合器，这种器件的主要作用是把电路中的强电部分与微电脑控制电路隔离开，同时把这两部分电路中的相关信号传送给对方。

3.7.1　光耦合器的组成

光耦合器又称光隔离器或光耦，是由半导体光敏元件和发光二极管组成的一种器件。它的工作原理是：电信号加到输入端时，发光二极管发光，光耦合器中的光敏元件，在此光辐射的作用下控制输出端的电流，从而实现电-光-电的转换，完成输入端和输出端之间的耦合。

常用的光耦合器的内部电路如图3-13所示。其中图3-13（a）为光敏晶体管型光耦合器；图3-13（b）为达林顿型光耦合器；图3-13（c）为光电阻型光耦合器；图3-13（d）为光触发晶闸管型光耦合器。

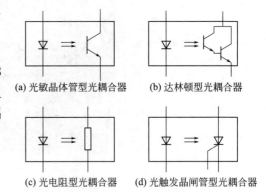

(a)光敏晶体管型光耦合器　　(b)达林顿型光耦合器

(c)光电阻型光耦合器　　(d)光触发晶闸管型光耦合器

图3-13　常用的光耦合器的内部电路

3.7.2　光耦合器的特点

光耦合器特点是：输入端与端出端绝缘、信号单向传递而无反馈影响、抗干扰能力强、响应快、工作稳定可靠及无接触振动引起的噪声。

3.7.3　光耦合器的主要技术参数

① 光电流　向光耦合器的输入端注入一定的工作电流（$I_1 = 10\text{mA}$），使发光二极管发光，在输出端调节负载电阻（约500Ω）并加一定电压（通常为10V），输出端所产生的电流

就是光电流。以光敏晶体管为光敏器件的光耦合器,光电流一般在几毫安。

② 饱和压降　在输入端注入一定电流 ($I_1 = 20\text{mA}$),输出端加一定电压(10V),调节负载电阻,使输出电流 I_2 饱和(如 2mA),此时光耦合器两输出端之间的压降即为饱和压降。通常,光敏晶体管型光耦合器的饱和压降约 0.3V,达林顿型光耦合器的饱和压降约为 0.6V。测试电路如图 3-14 所示。

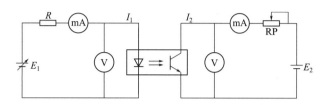

图 3-14　测量光耦合器饱和压降的电路

③ 电流传输特性　在直流工作状态下,光耦合器的输出电流与输入电流之比称为电流传输比,电流传输比的大小,表明光耦合器传输信号能力的强弱。在相同输入电流的情况下,电流传输比越大,输出电流值就越大,推动负载能力也越强。电流传输比一般小于 1,常用百分数表示。

④ 绝缘耐压值　输入与输出之间的绝缘耐压值与发光器件和光敏器件之间的距离有关,当距离增大时,绝缘耐压值将提高,但电流传输比则降低;反之情况相反。通常光耦合器的绝缘耐压值为几百伏。

⑤ 绝缘电阻　输入与输出之间的绝缘电阻是与绝缘耐压密切相关的参数,通常其值可高达 $10^9 \sim 10^{13}\Omega$。

3.7.4　光耦合器的检测

① 首先用数字万用表的二极管挡找到输入端(发光二极管),并确定其正负极。将输入端接数字万用表的 NPN 插孔,正极接 C 孔,负极接 E 孔,以提供发光二极管工作电流。然后用指针式万用表的 "$R \times 1$" 挡测量输出端的电阻。黑表笔接光敏晶体管的 C 极,红表笔接 E 极,万用表内 1.5V 电池作光敏晶体管的电源。光敏晶体管 C-E 极间电阻变化实际上就是光电流的变化。指针的偏转可反映电流传输特性,偏转角度越大,光敏转换效率越高。

② 在图 3-14 的电路中,如果在光耦合器的输入端加上数伏电压,光敏晶体管的发射极对地串联一个数千欧姆的负载电阻,那么质量好的光耦合器,负载电阻上应可测得一定的直流电压。

3.8　555 定时器的检测

555 定时器是一种将模拟功能与逻辑功能巧妙地结合在一起的中规模集成电路。电路功能灵活,适用范围广,只要外部配上五六个阻容元件,就可以组成单稳态电路、多谐振荡器或施密特触发器等多种电路,因而,555 定时器在检测、控制、定时报警等方面有广泛的应用。

如图 3-15 所示为 555 定时器内部结构的简化原理图。555 定时器包括电压比较器 A1 和 A2、RS 触发器、放电晶体管 VT1、复位晶体管 VT2 以及 3 个阻值为 5kΩ 的电阻组成的分压器。

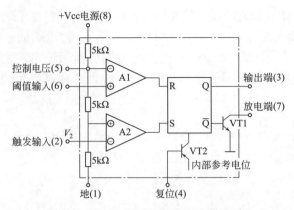

图 3-15   555 定时器内部结构的简化原理

555 定时器的功能主要是由比较器的输出控制 RS 触发器进而控制放电晶体管 VT1 的状态来实现的。当比较器 A2 的输入电压 V_2 小于 Vcc/3（比较器的参考电压）时，A 输出为 1，触发器被置位，放电晶体管 VT1 截止。当比较器的阈值输入端电位高于 2Vcc/3（比较器 A1 的参考电压）时，A1 输出为 1，触发器被复位，且放电晶体管 VT1 导通。此外，复位端为低电平（o）时，复位晶体管 VT2 导通，内部参考电位将强制触发器复位，放电晶体管 VT1 导通。

综合上述分析，555 定时器的基本功能见表 3-1。

表 3-1   555 定时器的基本功能

输入			输出	
阈值输入	触发输入	复位	输出	放电三极管 VT1
×	×	0	0	导通
小于 2/3Vcc	小于 1/3Vcc	1	1	截止
小于 2/3Vcc	小于 1/3Vcc	1	0	导通
小于 2/3Vcc	小于 1/3Vcc	1	不变	不变

3.9   继电器的检测

目前空调器上使用的继电器有三种形式，一是电磁继电器，二是固态继电器，三是风机调速继电器。

3.9.1   电磁继电器

① 构成   电磁继电器是一种电压控制开关，多用于电气控制系统上。它是由一个线圈和一组带触点的簧片组成的，如图 3-16 所示。

② 工作原理   当交流电压从控制板输出并加在继电器线圈（a、b 两端）时，线圈周围产生的磁场使可动铁芯动作，而可动铁芯的联动使可动触点移动，并与固定触点接触，接通相应电路启动各部件，使空调器工作。

③ 检测方法   如果空调器的继电器不吸合，应首先测量线圈的电阻值（一般在 200Ω 左右），如阻值为无穷大，可判定继电器线圈开路。如果在没有通电情况下，测量继电器触点仍导通，则表示该继电器触点粘连，应进行修复或更换。如果确认主控制板已接收到运转信号，但继电器未吸合，可检测继电器线圈 a、b 两端是否有工作电压，如无，则应更换主控制板。

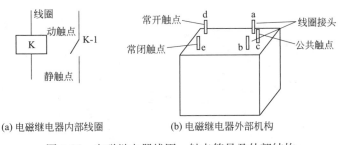

(a) 电磁继电器内部线圈　　　　(b) 电磁继电器外部机构

图 3-16　电磁继电器线圈、触点符号及外部结构

3.9.2　固态继电器

固态继电器主要用于变频空调器微电脑控制板上，它的特点是无触点、可靠性高、抗干扰能力强。固态继电器的符号及原理图如图 3-17 所示。

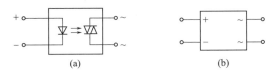

图 3-17　固态继电器工作原理及电路图形符号

固态继电器 SSR 的通电压降一般小于 2V，固态继电器漏电电流通常为 $5\sim10$mA，维修人员在代换时要把这两项参数考虑进去，否则在控制大功率执行器时容易产生误动作。

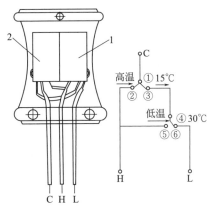

图 3-18　风机调速继电器结构及原理
1—高温双金属片；2—低温双金属片

3.9.3　风机调速继电器

风机调速继电器是一种根据室外温度的高低自动调节风机转速的继电器，可分为冷风型和热泵型两种。下面以热泵型风机调速继电器为例，说明它的结构和工作原理，如图 3-18 所示。高温双金属片（夏季制冷用）的反转温度通常为 30℃左右，当室外气温高于此值时风机为高速，低于此值时风机为低速。低温双金属片（冬季制热用）的反转温度通常为 15℃左右，当室外气温低于此值时风机为高速，高于此值风机为低速，例如夏季制冷时，温度＞30℃，电流从 C→①→③→④→⑤→H（高速）；温度＜30℃，电流从 C→①→②→H（高速），

温度＞15℃，电流从 C→①→③→④→⑥→L（低速）。

3.10　变频空调器单片机控制电路元件故障检测及注意事项

变频空调器单片机控制电路见图 3-19。

（1）变频空调器单片机元器件故障检测　检测的目的是尽快排除变频空调器故障，决不允许扩大故障。在检测时，若不谨慎从事，很可能使小毛病变成大毛病，或使简单故障复杂化。所以在检测过程中应注意以下事项：

① 开始检测之前，必须阅读该变频空调器维修手册中"产品安全性能注意事项"等内容。

图 3-19　变频空调器单片机控制电路

②检测时应先检查变频空调器的电源插头是否正确地插在符合要求的电源插座里，控制信号线是否正确连接好，保险熔丝管安培数是否适当，元件接插件是否接触良好，有无相碰、断线和烧焦的痕迹。

③在发现变频空调器保险熔丝管熔断时，未经查明原因，不急于换上保险熔丝管通电（特别不能用比原来规格大的保险熔丝管或铜丝替代）；否则，可能会使尚未损坏的元件烧坏。如果不通电无法发现故障，可用规格相同的保险熔丝管换上去再试一下，此刻要掌握时机，观察故障现象。最好先切断稳压电源的负载，然后检查稳压电源。

④在三端稳压电源失控、输出电压过高而又没有采取措施的情况下，不要长时间通电检查变频空调器单片机控制电路，更不能将这种过高的电压加到供电电路上，否则许多元件会因耐压不够而损坏。此时应断开负载电路，迅速检查电源电路。

⑤在检测中要特别小心，测试棒或测试线夹不能将电路短路，否则会引起新的故障。

⑥在通电检查时，如发现变频空调器冒烟、打火、焦臭味、异常过热等现象，应立即关空调器检查。

⑦检测变频空调器单片机控制电路时，不可盲目调试变频空调器单片机控制电路可调元件，否则，会使那些本来无故障的部分工作失常。

⑧同时存在几个故障时，应先修电源，再修电源电路、变压电路、整流电路、滤波电路、晶振电路、复位电路等。

⑨在检测经过长时期使用的变频空调器单片机控制电路，或机内已积满灰尘的变频空调器时，应首先除尘并将所有接插件用酒精清洗一下，这样往往能收到事半功倍甚至有意想不到的效果，故障也会因此而排除。

（2）变频空调器集成电路的检测

①因变频空调器集成块引线脚间的距离很小，测量时要特别小心，以免测试表笔使引脚短路，造成意外的损坏；焊接时应断开电源，并严防焊点使相邻脚片连在一起而造成短路。

②检测集成电路时，不能随意提高电压，否则容易损坏。因此，检测电源电路时，不能减小降压电阻，修好电源后一定要检查电源电压是否符合额定值。要谨防仪器和烙铁等漏电而击穿集成电路。

③ 电路产生自激也容易损坏集成电路，应即时修理，以免造成更严重的故障。

（3）变频空调器单片机控制电路元件的更换　变频空调器的故障大部分是因某些元件损坏而造成的。检测时，往往需要将某些元件焊上焊下或作更换，此时应将检查无损的元件及时正确地恢复原位，特别是集成电路和晶体管的管脚、电解电容器的正负极性不能搞错。被怀疑的元件需要拆装时，更应细心。有时元件本属完好，而因拆装不慎反被损坏，千万要引起注意。

更换元件时应以相同规格的良好元件替换。更换电路图上注明的重要元件时，应该用制造厂所指定的替换元件。因为这些元件具有许多特殊的安全性能，而这种特殊性能在表面上往往看不出来，手册中也不注明，所以，即使使用额定电压或功耗更大的其他元件代用，也不一定能得到这些元件所具有的保护性能。

当电路发生短路性故障后，凡留有过热痕迹的元件，需要全部更换。由于变频空调器元件规格繁多，在备件不齐的情况下，要用其他规格的元件代换。一般来说，可用性能指标优于原来的元件，对于电阻、电容元件，还可用规格不同的元件串联或并联来暂时代用；一旦有了相同规格元件时，再更换上。

（4）变频空调器主要元件的更换　元器件的检测是判断变频空调器的故障一种方法，有了正确的检测方法，才能判断故障元件。用万用表检测元器件是常用的简易测量方法。因而正确而灵活地使用万用表检测元器件是修理变频空调器单片机控制电路的一种基本功。

更换变频空调器变压器注意事项：因为各种变频空调器所用变压器的参数不尽相同，所以更换时应用与原机相同规格的变压器。检测变频空调器单片机控制电路故障的注意事项是有限的，而实际检测中所遇到的变频空调器故障错综复杂。因此，维修人员应通过检测变频空调器的实践，不断地培养自己的应变能力，能维修各类变频空调器疑难故障。

（5）变频空调器单片机控制集成电路的更换　变频空调器单片机控制集成电路损坏后，一定要用同型号的更换。更换集成块时，务必确定正确的插入方向，切不可将管脚插错，也不可将引脚片过度弯折，以免损坏集成电路。

更换变频空调器单片机控制集成电路，必须在断开电源之后进行，切不可在通电时插入新的集成电路。

拆装变频空调器单片机控制集成电路时，烙铁外壳不可带电，必要时可用导线将烙铁外壳与变频空调器底盘相连，或使用电池加热的专用烙铁；宜用20～35W的小型快速烙铁，烙铁头应锉尖，以减少接触面积；焊接时动作应敏捷、迅速，以免熨坏集成电路、印制板及脱落铜箔等。焊锡也不要过多，以防焊点短接电路。要从底板上取下集成块时，可用合适的注射针头，先将集成块的各脚掏空，然后用拔取器（或用小起子轻轻从两端逐渐撬起来）将它取下；也可用特殊的扁平形烙铁头，对所有的脚同时均匀地加热，来进行拆卸。插入变频空调器单片机控制集成电路之前应将各脚孔中的焊锡去掉，并用针捅孔，使各孔都穿通以后再插入集成电路（不能边焊边插入，以免过热），然后逐脚焊好，这样变频空调器单片机控制集成电路就更换好了。

提示：维修人员在维修变频空调器实践中必须养成良好的安全工作习惯，维修时不要边修边抽烟，以免用户反感，以免烟灰进入单片机控制电路板内。桌上不要放茶杯，以防茶杯倒了使元件潮湿，造成说不清的损失。工具和元件应放在工具盒内，不要乱放在用户桌子上，以便在出现紧急情况或技术疏忽的瞬间，能有效地防止因不慎而引起的变频空调器单片机控制集成电路新故障。

第❹章

空调器强电控制部件的检测

空调器的电路控制较为复杂，必须掌握电工、电子、电路及控制知识，才能有效快捷地维修故障，这些知识需要维修人员不断地学习、积累。本章从空调使用的元器件、电路简单分析及分析与检测与排除三部分进行编辑，目的是开拓大家的思路、抛砖引玉，希望广大维修人员理论联系实际，举一反三，使电控维修得心应手。

4.1 压缩机

压缩机按结构分可以分为往复式压缩机、旋转式压缩机、涡旋式压缩机。按提供的电源可分为单相压缩机和三相压缩机。

4.1.1 单相压缩机

压缩机是空调器的核心部件，是制冷系统的心脏。通过其内部电机的转动，将制冷剂由过饱和气体压缩成高压的液体，实现制冷剂在系统内的流动。其主要由内电机、气缸、阀片等组成。对于电控部分即内电机的电气故障判断，一般可直接通过电阻挡测量。压缩机内电机绕组分为运行绕组和启动绕组，通常是启动绕组阻值比运行绕组阻值大，三个接线柱一般用 R 表示运行端，S 表示启动端，C 表示公共端。如图 4-1 所示。

当电动机绕组正常时，测量三个接线柱的阻值应满足：

$R_{SR} = R_{SC} + R_{RC}$ 即表示绕组总电阻等于运行绕组与启动绕组之和。

单相压缩机外部结构见图 4-2。

4.1.2 变频压缩机

变频压缩机的内部结构如图 4-3 所示。

根据压缩机电机绕组的关系，很容易判断出压缩机电器故障，主要表现在：

（1）绕组开路　用万用表"$R \times 1$"挡，测量三个接线柱任意之间电阻为"00"，即表示内部线圈开路。

（2）匝间短路　测量压缩机绕组电阻值比正常值小，且压缩机壳体有发烫现象，工作电流偏大，可判定为压缩机内电机线圈有匝间短路现象。

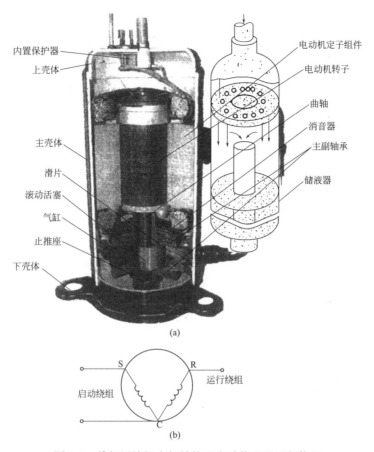

图 4-1　单相压缩机内部结构及启动绕组和运行绕组

图 4-2　单相压缩机外部结构

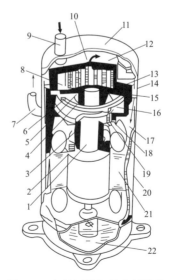

图 4-3　变频压缩机的内部结构

1—曲轴；2，4—轴承；3—轴封；5—中间压孔；6—连接环；7—排气管；
8—低压塞；9—吸气管；10—排气孔；11—端盖；12—高压塞；13—固定涡旋；
14—排气通道；15—旋转涡卷；16—中间压力室；17—油分离室；18—架；
19—主轴承；20—外壳；21—电动机；22—冷冻油

（3）绕组短路 测量压缩机绕组电阻值为零，电动机已经完全不能工作，可判定压缩机内电机绕组有短路现象，需更换压缩机。

（4）漏电 绕组与壳体之间有漏电现象，此时用兆欧表测量接线端子与外壳间绝缘电阻小于 2MΩ。通常，用兆欧表测量接线端子与外壳间绝缘电阻大于 2MΩ 为正常。

注意： 在测量时，应把压缩机电机的外部接线卸掉。

4.1.3 三相压缩机

压缩机三组绕组电阻值正常时应为：压缩机的接线柱上任两端的电阻值应该相等。

三相压缩机内部电机的绕组形式及检测方法如图 4-4 所示。

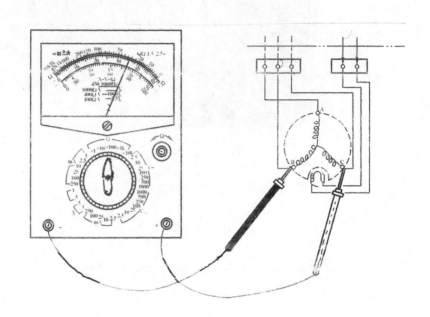

图 4-4 三相压缩机内部电机绕组形式及检测方法

用兆欧表测量电机任一线圈对地电阻时，对地绝缘阻值应大于 2MΩ 以上。否则应更换新压缩机。三相压缩机电动机常见的故障有电源缺相而烧毁压缩机；三相不平衡使压缩机电动机运行不正常；反相。

注意： 在实际维修工作中应特别注意三相涡旋式压缩机的正反转（反转时间不应超过 1min），一般检测其正反转的方法如下：

① 测 用钳形表测定反转时的运转电流比额定电流要小。

② 听 听室外压缩机的运转声音。如运转不平稳，产生很大的异常噪声，则很可能为反转。

③ 摸 用手摸压缩机的吸排气管的温度，如果反转，则排气管不烫，而吸气管却有微热现象。

三相压缩机一般有三种启动方式：直接启动、抽头启动、星形-三角形启动。

三相压缩机的三种启动方式见图 4-5（a）、图 4-5（b）、图 4-5（c）。

压缩机是空调器制冷系统的心脏，系统中制冷剂的循环是靠压缩机的运转来实现的，一旦压缩机停止运转，制冷即宣告结束。

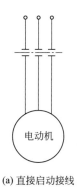
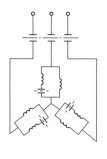
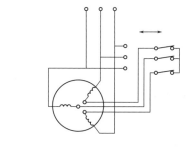

(a) 直接启动接线　　　　　(b) 抽头启动接线　　　　　(c) 星形-三角形启动接线

图 4-5　三相压缩机的三种启动方式

4.1.4　空调所用压缩机种类及特点

见表 4-1。

表 4-1　空调所用压缩机种类及特点

种类	往复活塞式压缩机	旋转式压缩机	涡旋式压缩机
特点	工艺成熟、性能稳定	旋转式压缩机比往复活塞式压缩机重量轻、体积小、效率高、运转平稳、振动小	绝热效率高、均匀压缩、力矩波动小、结构简单、重量轻、体积小、噪声低
适用范围	柜式空调器	窗式空调器、分体式空调器	柜式空调器

压缩机字母代号不同，所适用的机型也有所不同，具体资料详见"压缩机与空调器匹配一览表"。

4.1.5　密封接线柱

封闭式压缩机是把压缩机与电动机装在一个封闭的泵壳内的，所以，需要设置电动机与电源的密封接线柱（密封端子）。

空调器上使用的封闭式压缩机，其使用温度变化范围大，泵壳内压力高，还要承受震动和运输过程中的冲击，故密封接线柱（密封端子）必须满足这些特殊的要求。密封接线柱（密封端子）装在机壳上的方法，大致分为软钎焊式、焊接式两种。端子的电极数为 3 根、4 根、5 根等（5 根中有两根为过热保护）。按照压缩机的容量、安装部位的形状和接线方法分别加以分类使用。

（1）组成　密封接线柱由接头、接线柱、绝缘层、罩子 4 部分组成，如图 4-6 所示。

由图 4-6 可知，罩子像凸缘的帽状，接线柱外部接电源，内部接电动机引线，把电源引入压缩机内。接线柱标准直径在 2.3～3.2mm，材质为铁、铬或在中心侧部位插入铜芯，以加大电流容量。

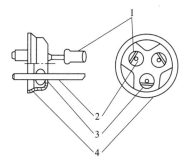

图 4-6　带接头密封接线柱的结构
1—接头；2—接线柱；3—绝缘层；4—罩子

绝缘层材料为玻璃或陶瓷。它既是固定接线柱，又是电绝缘体，而且还是密封填料。它应能充分承受剧烈的温度变化和机壳内压力的振动，应有良好的密封性，应有与罩子和接线柱接近的膨胀系数，能与罩子和接线柱保持牢固的熔接密封状态。

（2）对密封接线柱的要求

① 绝缘电阻　对于端子单体，使用 500V 兆欧表测量罩子与引线间应保持 2MΩ 以上的绝缘电阻。

② 绝缘强度　在罩子和接线柱间施加 50Hz、2500V 的正弦交流电压 1s，不得发生击穿等异常现象。

③ 耐压要求　能充分承受压缩机的内部压力，且不应出现端子变形、绝缘层变形、接线柱松动和向外部泄漏〔加压约 2.2MPa（表压）〕。

④ 热冲击性　为了耐受压缩机内的制冷剂液引起的急剧冷却和端子焊接时的热冲击性，把端子在液氮和沸腾水中交替浸没数次，应不出现泄漏等异常现象，将端子从室温升到 360℃，加热 16s 左右，再冷却至室温，应不出现泄漏等异常现象。

⑤ 耐油、耐制冷剂性　将端子放入溶解了的制冷剂的空调器机油混合液中，进行密封后在 100℃温度下加热 100h，不能有电气绝缘功能降低和气密性下降的现象。

⑥ 焊接强度　抗拉强度在 5MPa 以上。

4.1.6　压缩机常见分析与检测

（1）压缩机电机绕组故障　压缩机电机绕组的常见故障有绕组短路、匝间短路、绕组开路和对地短路（表 4-2）。数字万用表检测压缩机 a-b 间接线端子线圈阻值方法见文前彩图 4-7。

表 4-2　压缩机电机绕组的常见故障

故障	现象
绕组短路	用万用表测量压缩机线圈电阻，阻值为 0
匝间短路	用万用表测量压缩机线圈电阻，阻值小于正常值
绕组开路	用万用表测量压缩机线圈电阻，阻值为无穷大
对地短路	用兆欧表测量压缩机的接线端与地之间的绝缘电阻，当测得的阻值小于 2MΩ 时，压缩机对地短接

数字万用表检测压缩机 b-c 间接线端子线圈阻值方法见文前彩图 4-8。数字万用表检测压缩机 c-a 间接线端子线圈阻值方法见文前彩图 4-9。

当出现绕组短路、匝间短路、绕组开路故障时，应予以更换压缩机。当出现压缩机对地短路时，应仔细检查压缩机引出线处是否有绝缘漆破损情况或是否有水浸入，如有水浸入时，可以先将压缩机烘烤，直至再次用兆欧表测量的电阻值大于 2MΩ 时，可以继续使用该压缩机，如果无效，则应更换压缩机。

（2）压缩机吸、排气阀关闭不严主要是吸气阀阀片内异物、排气阀阀片高温形成的积碳。

4.1.7　空调器旋转式压缩机的特点及抱轴故障解救办法

压缩机是空调器的心脏，由于昼夜运转，使得压缩机内油膜受损，冷冻油失去润滑作用，在冬季制热时压缩机不启动，抱轴现象经常出现。其功率在 0.75～4kW，制冷量在 2.2kW。

（1）结构原理　旋转式压缩机内部结构与往复活塞式和旋转式不同，它的电机线圈在下部，而气缸在上部，气缸由两个旋转定子和旋转转子组成。

（2）结构特点

① 旋转式压缩机没有吸排气阀，工作时吸气，压缩排气连续，从外向里单向进行。

② 旋转式内不设阀门，不存在脉动气流，且运转平稳，扭矩均匀无变化，减轻了轴承负

荷，噪声和振动小，并有利于提高电功率。

③ 制冷效率高，旋转式压缩机的制冷率比往复活塞高 20％（制冷量）以上，能效比 EER 值比同型号旋转式压缩机高 0.5 倍（比值）或更高。

④ 在带液体压缩或异常超负荷运转时，旋转转子脱离，以防止气缸内的压力突然上升。

⑤ 结构简单，体积小，但加工精度要求高，必须采用数控技术精密加工。其缺点是旋转式压缩机的价格较贵，目前仅限于高档的空调器中使用。

（3）抱轴解救方法

① 木锤敲击法　一台格力 KFR-25GW 新型空调器室外机在家里放置 3 年，去年安装后不制热，压缩机不运转。压缩机通电 20s 后过热，过流保护跳开，测量插座正常，拆开空调器外壳，测量电容充放电良好，测量过热、过流保护良好，测量压缩机三个接线柱，主绕组（M）加副绕组（S）等于公共阻值（C）。解决方法：把空调器前、后、左、右各倾斜 45°，然后开机，用木锤敲压缩机下半部，使压缩机内部被卡部件受到震动而运转起来。新安装的空调器出现压缩机不启动故障，可能是空调器放置时间较长，使压缩机组件长期静止在一个状态，另外，冬季冻油黏度较稠也是一个原因，采用木锤敲击法可排除故障。

② 强起法　一台美的 KFR-20GW 分体式空调器压缩机不运转。测量电源正常，打开室外机外壳拔掉电源，测量压缩机绕组阻值正常，手摸压缩机温度较高。如果压缩机润滑不好，极易出现抱轴现象。遇到这种情况要等压缩机温度降下来，"油膜"恢复正常采用强起法启动，方法是：用一个 220V10A 的插头，三根长度为 1.5m，截面为 1.5mm² 导线制作一个启动工具，插头 N 端子线接压缩机公共端 C。插头 L 端二极线，一根接压缩机的 M 端子，另一根悬空，当压缩机通电后且悬空这根线轻轻点触压缩机的启动端子 S，压缩机便启动了。压缩机启动后迅速把点触的这根线拿开，注意安全。停止运转时先拔电源插头，再拆线，然后把压缩机线接好，试机空调器恢复正常。

③ 电容启动法　一台春兰 KFR-32GW 分体式空调器压缩机不运转。压缩机通电约 10s 后，过热过流保护跳开，测量电源正常，打开室外机外壳，测量压缩机启动电容，充放电良好，测压缩机三个接线端子，主绕组 M 加副绕组 S 阻值约等于公共端阻值 C，采用木锤敲击法和强起法均不奏效，最后采用加大电容启动法，压缩机轻松启动运转。电容启动法是在强起法基础上在 S 端子这根线串一个 70μF 电容，启动端串此电容后压缩机启动力矩可增加 50％。但压缩机启动后，运转时间不宜过长，因为压缩机启动端加大电容后，压缩机会出现过热现象，启动线圈易烧毁。

④ 泄压法　科龙 KFR-50LW/F 柜式空调器，压缩机不运转。测量电源正常，拆开室外机壳，测电容充放电良好，测量压缩机绕组阻值正常。采用上述三法压缩机仍不能运转，最后把制冷剂从室外机低压气体纳子处放掉，然后开机同时用木锤重敲压缩机下半部，压缩机迅速运转，这时可从低压气体加制冷剂处吸入 200mL 冷冻油，压缩机运转正常后，上好低压气体截门纳子和低压液体截门纳子，最后打压、试漏、抽空、加制冷剂。空调器恢复正常。

⑤ 气压冲击法　一台海尔 KFR-26GW 分体空调器压缩机不运转。测插座电压正常，拆开室外机壳，测量压缩机电容充放电量良好，测量压缩机主绕组加副绕组阻值等于公共端绕组阻值，采用上述 4 种方法均不奏效，最后采用气压冲击法。首先需把制冷剂放掉，用气焊把压缩机高压、低压管焊开，用一根长 1.5m、直径 10mm 的紫铜管一头焊在压缩机高压出气管上，另外一头和氮气瓶减压出口连接，使抱轴机件有所松动。以低压吸气口出气 5min 为止，然后用强起法试机，压缩机轻松启动运转，压缩机运转正常测电流为 4.3A，然后重新把高压、低压管焊好，最后打压、检漏、抽空、加制冷剂，空调恢复正常。

4.1.8 压缩机更换方法及注意事项

① 切断空调器电源，打开室外机连接线端盖，把电源线及室内外机控制连接线卸下，并分别用绝缘胶带包扎好。

② 把二通阀和三通阀用扳手将阀体上的阀帽旋下。

③ 用内六角扳手顺时针方向关闭二、三通阀阀芯。

④ 用活动扳手分别将二、三通阀上连接管帽缓慢地松出，使制冷系统的制冷剂流出来。

⑤ 用塑料带把连接管管口包扎好，以免水分和灰尘进入。

⑥ 缓慢打开二通阀和三通阀，放掉残留的制冷剂。

⑦ 用扳手旋下压缩机连接盒盖螺钉，取下接线盒盖及橡胶垫，拔掉压缩机接线插头上的全部接线。

⑧ 用套筒扳手旋下压缩机底脚的固定螺母。

⑨ 用焊具分别熔化焊口，并用钳子将接管拉开。

⑩ 垂直向上从机座上提出压缩机，取下底座上的减振垫圈。

4.2 风扇电机

（1）风机的结构形式　分体式空调器使用的风机有轴流式、离心式和贯流式三种。

① 轴流式风机，用于室外机风机，由3～6枚叶片组成。叶片采用注塑工艺加工成型，材料为玻璃纤维增强的ABS工程塑料。轴流式风机利用叶片高速旋转产生的升力，推动空气并使之沿着与转轴相平行的方向连续流动。具有静压低、风量大的特点。分体式空调器一般采用其吸风工作方式，如图4-10所示。轴流式风机在空调器室外机上的应用见图4-11。

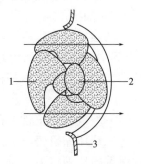

图4-10　轴流式风机结构
1—叶片；2—心板；3—集成板

图4-11　轴流式风机在空调器
室外机上的应用

② 离心式风机，用于柜机内风机及风轮结构，如图4-12所示。

风轮和蜗壳均采用ABS工程塑料注塑加工成型。离心式风机利用风轮高速旋转产生的离心力，增加空气的压力，并使之沿轴向进入风轮，沿径向离开风轮，然后经蜗壳切向离开风机，具有静压高、效率高的特点。分体柜式空调器可采用其排风或吸风两种工作方式。

③ 贯流式风机用于分体壁挂机，由细而长的多翼风轮、蜗壳及蜗舌组成。风轮采用铝条冲制铆合成一体，也可采用注塑加工成型，然后拼装为一体，如图4-13所示。贯流风轮转动后，在蜗舌附近形成了气流。气流沿着与风轮轴线垂直的方向，从风轮的一侧流入横贯风轮，

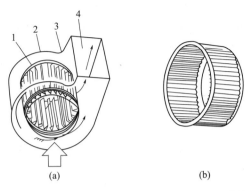

图 4-12 离心式风机用于柜机内风机及风轮结构
1—风轮；2—蜗壳；3—蜗舌；4—出风口

然后从风轮的另一侧流出。贯流式风机具有风轮直径小、结构紧凑、气流均匀、动压较高的特点，可使室内机厚度大大变薄。分体式空调器上采用其吸风工作方式。

（2）风扇电动机工作原理　上述三种风机多采用电容感应式电动机。电容感应式电动机有两个绕组，即启动绕组和运转绕组。两个绕组在空间位置上相位相差90°。在启动绕组中串联了一容量较大的交流电容器。当运转绕组和启动绕组通过单相交流电时，由于电容器的作用使启动绕组中的电流在时间上比运转绕组中的电流超前90°，先期达到最大值，使定子在转子之间的气隙中产生了一个旋转磁场。在旋转磁场作用下，电动机转子中产生感应电流，该电流和旋转磁场相互作用而产生电磁转矩，使电动机旋转起来。电动机正常运转之后，电容早已充满电，使通过启动绕组的电流减少到微乎其微，增加绕组电流，使绕组产生的磁场满足转子运转。如图 4-14 所示。

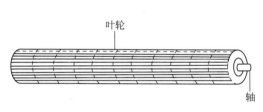

图 4-13　贯流式风机的风轮

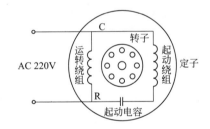

图 4-14　电容式感应电动机工作原理

（3）控制方式　目前空调器的风机调速控制有晶闸管控制和继电器控制两种方式。晶闸管控制多用于变频空调器，继电器控制多用于定速挂壁机及柜机。风扇电动机有三种转速，如图 4-15 所示。

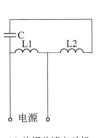

(a) 单相单速电动机

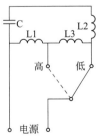

(b) 单相双速电动机

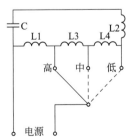

(c) 单相三速电动机

图 4-15　风扇电动机调速电路

（4）接线的测量方法　风扇电动机绕组的测量比压缩机难度大，下面以三速电动机为例，介绍风机接线的测量方法。先把万用表的选择开关调到"$R \times 1$"挡，分别测量5根线之间的电阻，把阻值最大的两根线拧在一起。再测量它与另外3根线之间的阻值，阻值大的为低速，阻值小的为高速，余下的这根线为中速，把阻值最大的两根线接电容，若反转，对调接线即可。

（5）风扇电动机故障检测方法

① 绕组开路　用万用表"$R \times 10$"挡测量风扇电动机接插件，任意两点之间电阻值为无穷大时，即表示内部绕组开路。

② 绕组短路　测量绕组电阻值为零，电动机已经完全不能工作。可判定绕组为短路。

③ 匝间短路　测量电阻值比正常阻值小，且电动机壳体发烫、工作电流偏大，可判定为绕组有匝间短路。短路严重时，电动机过热保护装置将起跳、断开主电路，以策安全。保护装置如图4-16所示。

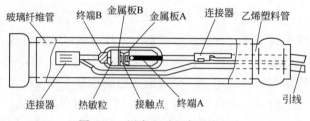

图4-16　风扇电动机保护装置

④ 漏电　绕组与壳体之间有漏电现象，用兆欧表测量接线端子与外壳间绝缘电阻小于$2M\Omega$，如果小于$1M\Omega$一般漏电保护器会跳闸。

4.3　摇摆电机

摇摆电机在空调中主要作用是将室内风机送出的风进行方向调节，从而达到房间空气的均匀交换。一般机械式空调器的摇摆电机（也叫百叶式电机）采用交流电机，遥控式空调采用直流电机，其主要可能出现的故障有：

① 电机线圈短路造成损坏其他电器元件。

② 电机线圈匝间短路造成转速低。

③ 电机线圈开路引起电机不转动。

④ 电机内部机械传动引起摇摆不灵，噪声大。摇摆电机外部结构如图4-17所示。摇摆电机内部结构如图4-18所示。

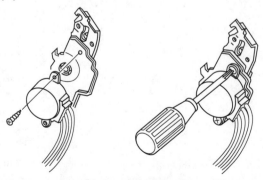

图4-17　摇摆电机外部结构

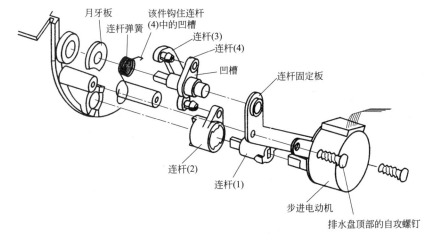

月牙板

连杆弹簧

该件钩住连杆
(4)中的凹槽

连杆(3)

连杆(4)

凹槽

连杆固定板

连杆(2)

连杆(1)

步进电动机

排水盘顶部的自攻螺钉

图 4-18　摇摆电机内部结构

4.4　换气电机

（1）原理　空调器上采用的换气电机目前多采用直流驱动电机，其工作原理就是利用电机的工作在室内外空气中形成压力差，达到换气的目的，满足人们生活品位的要求。

（2）故障判断及维修

① 换气量不足

a. 换气电机进口是否堵塞，如有清除即可。

b. 扇叶是否损坏，如有则换扇叶。

c. 电机是否局部断路，如是换电机。换气电机外形结构如图 4-19 所示。

② 不能换气

a. 首先测量直流电压＋12V 是否送入换气电机，如果没有，检查供电电路。

图 4-19　换气电机外形结构

b. 测量驱动块是否由 CPU 接收驱动信号，如有换驱动块。

c. 测量换气电机阻值，通常在 900～1000Ω，看是否在正常范围内，如不正常则换电机。

4.5　四通阀线圈

电磁四通阀的工作原理是通过电磁线圈电流的通断，来启闭左或右阀塞，从而可以用左、右毛细管来控制阀体两侧的压力，使阀体中的滑块在压力差的作用下移向左侧或右侧，从而改变制冷剂气体的流向，达到制冷或制热运行的目的。四通阀线圈见图 4-20。电磁四通阀的结构如图 4-21 所示。

教你一招：测量四通阀线圈好坏可采用万用表直接测量其线圈电阻，如果所测阻值无穷大、为零或其阻值较正常值（在环境温度为 20℃ 时约为

图 4-20　四通阀线圈

700Ω）偏大或偏小，均会造成阀针不吸合或吸合不到位，使机器不能制热或者制热效果差等故障。

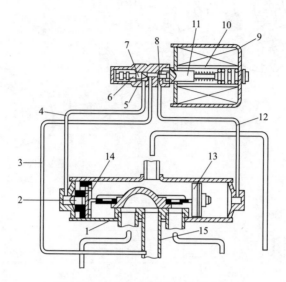

图 4-21　电磁四通阀的结构示意图

1—换向阀体；2—活塞顶针；3—公共毛细管；4—左毛细管；5—控制阀体；6—左弹簧；7—左阀塞；
8—右阀塞；9—电磁线圈；10—柱塞弹簧；11—柱塞；12—右毛细管；
13—活塞；14—泄气孔；15—吸气管

4.6　电磁单向阀

单向阀从外表看是一个管状的元件，管内有一个活动的、不锈钢或尼龙材料制成的球形或半球形塞。单向阀通常与辅助毛细管并联，两者再与主毛细管串联。单向阀使制冷剂只能沿箭头方向单向流动。

工作原理：电磁单向阀线圈是由漆包线绕制的电感元件。在通电状态下，形成一电磁场。使单向阀内部阀芯动作，接通管路，在短时间内起到系统导通及卸压作用。

单向阀线圈的阻值一般为 700Ω 左右，用万用表可直接测量开路或短路，判断其好坏。如果其开路或短路，会造成系统过压或者启动困难。

4.7　电子膨胀阀

① 功能　电子膨胀阀主要用于变频空调室内机，实现制冷剂流量的自动调节，达到快速制冷、温度精确控制、节能静音等目的，还可用于其他控制。该阀具有可逆性，能实现制冷、制热状态下流量的自动调节。

② 特点　高精度：开闭行程 3.5mm、耐压压力 0.45MPa。

③ 电子膨胀阀外形结构　电子膨胀阀外形结构如图 4-22（a）所示，内部结构如图 4-22（b）所示。电子膨胀阀板在空调器上的应用见文前彩图 4-23。

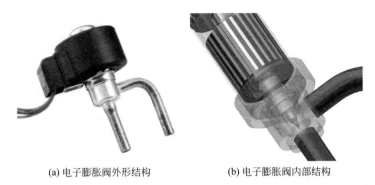

(a) 电子膨胀阀外形结构　　　　　(b) 电子膨胀阀内部结构

图 4-22　电子膨胀阀外形结构及内部结构

④ 工作原理　电子膨胀阀是根据室内的热负荷状态与室内温度及室温设定温度，进行电脑演算，决定脉冲电流，驱动步进电动机来控制制冷剂流量的元件。阀开度为全关是零脉冲。500 个脉冲为全开。

内部有内螺纹的针阀是一体的永久磁石，随着电磁线圈励磁转动。该转动与阀本体的外螺纹相结合，变换为直线运动（上、下），改变阀的开度，控制流量。电子膨胀阀的工作原理如图 4-24 所示，电子膨胀阀的拆卸方法如图 4-25 所示。

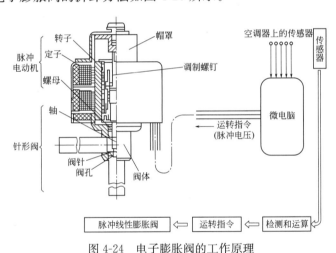

图 4-24　电子膨胀阀的工作原理

4.8　温度控制器

在房间空调器中，温控器主要使用在机械式窗机中。空调器中常用的温度控制器结构为压力式和非压力式两大类。采用压力作用的温度控制器有波纹管式温度控制器、膜盒式温度控制器，采用非压力式有电子温度控制器。

（1）波纹管式温度控制器　该温控器主要用于窗式空调器，它主要由感温机构（毛细管和波纹管）、调温机构（凸轮、转轴、调节螺钉等）和触点开闭机构（开关触点、弹簧、杆杠等）组成，如图 4-26 所示。感温机构的功能是通过感温机构内工质（氯甲烷和制冷剂）的温度变化，导致波纹管内的压力变化，使波纹管伸长或缩短，推动杆杠等传动机构。调温机构的功能是使温度控制器能在最低至最高温度范围内任何一点温度动作。触点开闭的功能是通过触点的开闭，切断或接通压缩机电路。如图 4-26 所示。

进行下列操作前，检查确保系统中无制冷剂	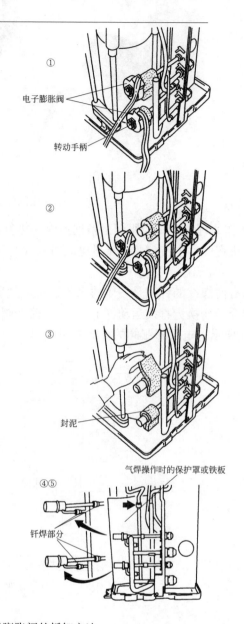
①一边转动，一边向外拉电子膨胀阀线圈的手柄	①
②拆下热敏电阻	②
③拆下衬垫	③
④盖上保护罩或铁板，防止气焊枪火焰影响其他管子 ⑤对钎焊部分加热，并拆下(用湿布包好其他不焊接的部分)	④⑤

图 4-25　电子膨胀阀的拆卸方法

（2）膜盒式温度控制器结构　该温控器的结构如图4-27所示。膜盒的一端通过毛细管接在感温包上，另一端封闭直接顶主压板。在密闭的膜盒和感温包内充有氯甲烷或制冷剂。当感温包内温度变化时，膜盒内部的压力改变，通过压板的顶杆去推动开关触点，从而切断或接通压缩机电路。如图 4-27 所示。

（3）电子温度控制器　电子温度传感器的传感元件不是压力型的，而是热敏电阻。热敏电阻的特点是随着温度的变化而阻值急剧变化。如果把热敏电阻接入电桥的一臂并将电桥调节平衡（电桥此时输出为零），当环境的温度改变而使热敏电阻阻值变化后，电

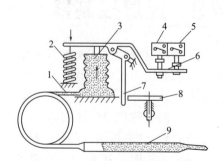

图 4-26　波纹管式温度控制器结构
1—毛细管；2—弹簧；3—波纹管；4—制冷常闭开关；5—制热常闭开关；6—杠杆；7—控制板；8—凸轮；9—感温包

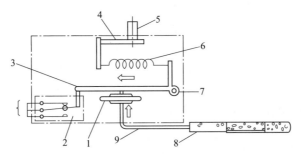

图 4-27　膜盒式温度控制器结构

1—膜盒；2—开关触点；3—压板；4—凸轮；5—调温旋钮；

6—弹簧；7—支点；8—感温包；9—毛细管

桥将有输出信号，将输出信号经放大电路放大，进而控制继电器的通、断。

除此之外，一般冷暖空调还有化霜温控器（主要用于窗机），工作原理一样，只是控制的对象是风机的启停、四通阀的通断。

教你一招：温控器常出现的故障主要有：触点常通、触点常闭和感温不灵敏等，维修检测时可以通过万用表测量不同的温度下触点之间的通断来判断其好坏。

4.9　温度传感器

空调用温度传感器为负温度系数热敏电阻，即其阻值特性随温度的升高其阻值逐渐降低，空调用感温传感器，一般在室温 25℃时阻值在 10kΩ 左右，在室温 10℃时阻值为 20kΩ 左右。

温度传感器易出现的故障包括：温度传感器开路、短路及阻值不随温度变化而变化等。可用万用表直接测量。然后和表 4-3 中的值相比较来判断其好坏。

表 4-3　温度和电阻的关系

温度/℃	电阻/kΩ	温度/℃	电阻/kΩ	温度/℃	电阻/kΩ
−6	46.44	10	20.36	26	9.557
−4	41.72	12	18.45	28	8.734
−2	37.53	14	16.74	30	7.990
0	33.80	16	15.21	32	7.317
2	30.47	18	13.83	34	6.706
4	27.50	20	12.59	36	6.152
6	24.85	22	11.47	38	5.649
8	22.48	24	10.47	40	5.192

空调用温度传感器为负温度系数热敏电阻，外形及检测方法见文前彩图 4-28。

如果判断温度传感器坏了，在临时无相关配件的情况下，可根据当时实际环境温度，采用一固定电阻代用。等有相应配件后，再更换。

4.10　过载保护器

过载保护器分为内置式和外置式两种，内置式过载保护器装于压缩机的内部，能直接感受压缩机电机绕组的温度，检测灵敏度较高，如果坏了，解剖压缩机外壳，维修不便，在这里不多讨论，我们在这里着重讨论外置式过载保护器。

工作原理：如图4-29所示，过载保护器通常装在压缩机接线盒内，开口端紧贴在压缩机机壳上，能感受机壳温度。此外，热元件4与压缩机电机绕组串联，电流的变化可反映在热元件升温上，因此又能感受电流的增长。保护器中的双金属片1，用调节螺钉6固定。双金属片上有动触点2，而静触点3则通过接线端子5接出。当电源接通时，如果电动机不能正常运转，而出现过大的电流时，热元件4会因电流过大而升温，对双金属片辐射热，使之上翘弯曲，将动触点从静触点上拉开，切断电路，起到保护作用。如果压缩机机壳升温过高，也能使双金属片起同样的作用。

过载保护器常见的故障有：电热丝烧断、接点烧损、双金属片内应力发生变化后接点断开不能复位、内置式保护器绝缘损害和触点失灵。造成原因可能是以下几个方面。

① 电源电压过低、三相电压的对称性差。

② 压缩机电动机长时间低速运行。

③ 压缩机电动机长期低电压带负荷运行。

④ 压缩机电动机冷却介质通路受阻。

⑤ 使用环境温度过高。

判断方法：在过载保护器没动作的情况下，用万用表的"$R×1$"挡，因两个接线柱在正常情况下是导通的，所以阻值应为零，若阻值为无穷大，则表明过载保护器已经损坏。

注意：有些维修工在过载保护器的应急维修时，将过载保护器去掉短接，让空调器能正常工作。对于此情况，必须在短时间内更换新的过载保护器。否则容易烧毁压缩机，此方法不可取。

过载保护器测量方法见文前彩图4-30。

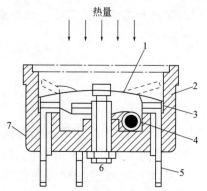

图4-29 过载保护器内部结构

1—双金属片；2—动触点；3—静触点；4—热元件；5—接线端子；6—调节螺钉；7—外壳

4.11 漏电开关

① 功能 漏电开关是一种用于不频繁地接通和断开电路及控制大功率的部件。

② 原理 漏电开关是由主触点、灭弧室、操作机构、脱扣器、绝缘底座、外壳组成的。当漏电开关闭合时，漏电开关的触点就导通，当漏电开关打开时，漏电开关的触点就断开；当所流过漏电开关的电流过大时，漏电开关跳闸，从而断开电路；当漏电开关断开时，漏电开关里的保护装置就处于断开状态，从而断开电路。

③ 漏电开关作用 一是，过载保护；二是，过流保护；三是，短路保护。

④ 漏电开关在空调器上的应用 见图4-31。

⑤ 测量依据 正常情况下的三个触点应该

图4-31 漏电开关在空调器上的应用

是处于常通状态，用万用表欧姆挡测量空气开关的三个触点，阻值为零。

⑥ 故障判断及维修　漏电开关通常出现故障如下：a. 触点烧毁。b. 触点粘连。遇到上述故障更换漏电开关。

漏电开关在电路上的应用见图 4-32。

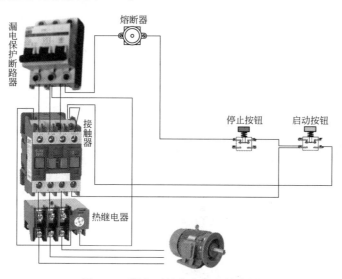

图 4-32　漏电开关在电路上的应用

4.12　选择开关（主令开关）

① 主令开关作用　选择开关一般使用在窗机上作为模式、风速等的控制上。

② 主令开关常见故障　该通不通、该断不断和接触不良等。

③ 主令开关故障判断方法　用万用表的 "$R×1$" 挡，按照原理图检测触点的通断来确定其是否正常，通时阻值应为零，断时阻值应为无穷大。

④ 主令开关应用　主令开关在制冷机组上应用见图 4-33（a），主令开关在净化机组上的应用见图 4-33（b）。

(a) 主令开关在制冷机组上应用

(b) 主令开关在净化机组上的应用

图 4-33　主令开关应用

4.13 交流接触器

交流接触器是一种用途广泛的开关控制元件。交流接触器在空调器上的应用见图4-34。

① 交流接触器的种类很多，结构和性能也各不相同，但不论用哪种接触器都由主触点系统、灭弧装置、电磁系统、辅助触点和机械传动零件、绝缘零件等几部分组成。如图4-35所示。

图4-34 交流接触器在空调器上的应用

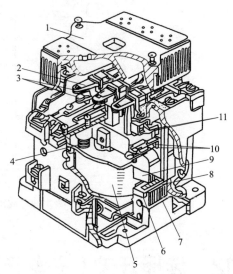

图4-35 交流接触器结构图

1—灭弧罩；2—触点压力弹簧片；3—主触点；4—反作用弹簧；5—线圈；6—短路环；7—静铁芯；8—弹簧；9—动铁芯；10—辅助常开触点；11—辅助常闭触点

② 交流接触器好坏的测量：一般用万用表欧姆挡测量电磁线圈阻值，通常电阻值在几百欧或几千欧，用万用表测量对应上下触点，用手按下测试按钮，看相应的触点是否接通。

③ 对于75、125柜机用接触器，当交流接触器触点损坏时，可以将连接线调至另一对空触点上进行维修。对于交流接触轻微接触不好，可以采用砂纸打磨其触点，上机后再用。

当交流接触器触点打火时，会造成触点粘连，整机一通电即压缩机运转，另外触点接触不好，造成接触电流过大，也会造成整机出现过流保护。交流接触器在电路中应用见图4-36。

4.14 高、低压开关

高、低压开关的作用是监测制冷设备系统中的冷凝高压和蒸发的低压（包括油泵的油压）数值，当压力高于或低于额定值时，压力控制器可自动断开电源，起到保护的作用。对于高压开关和低压开关的工作原理，下面就以高压开关为例进行讲解。

一般大功率空调器都在其循环系统部分设计有高压压力开关电路，安装在压缩机的排气口其主要作用是防止系统压力过高时，自停机保护，切断压缩机电源，保护压缩机。高低压开关的工作原理见图4-37。空调器上低压开关外形结构见图4-38。

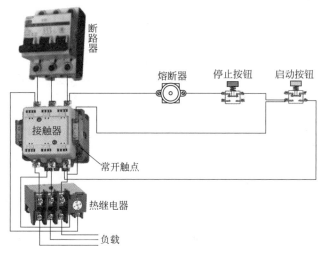

图 4-36 交流接触器在电路中应用

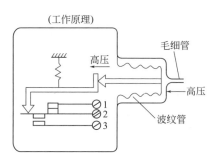

图 4-37 高、低压开关的工作原理

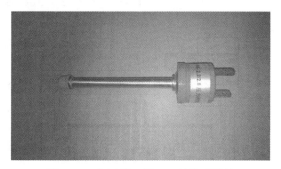

图 4-38 空调器上低压开关外形结构

空调器上高压开关外形结构见图 4-39。

空调器高压开关、低压开关在空调器上的应用见图 4-40。

图 4-39 空调器上高压开关外形结构

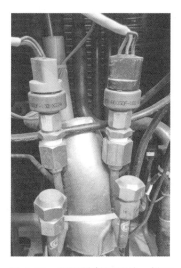

图 4-40 空调器高压开关、低压
开关在空调器上的应用

两导电片在空调正常时处于接通状态，220V监测电压由2至1到主控板，当系统压力过高时，阀片因压力原因使2、3触点接通，1点为空脚，1、2点断开，从而切断了220V供电，主控板保护。

对于压力开关测量，用电阻挡测量1、2两端线头，正常为常通，开路即表示压力开关已坏。引起高压开关启动的原因有以下几种：室外风扇停转，冷却空气体积的减小，由于制冷电路的短路引起的温度上升，冷凝器散热表面的淤塞，等等。

4.15　压缩机外部电加热器

（1）压缩机外部电加热器作用　空调器在冬季制热时，由于外部环境较冷，使压缩机内的润滑油和制冷剂混溶，在这种状态下压缩机难以启动，甚至可能损坏压缩机，所以要在压缩外部进行电加热。电加热器安装如图4-41所示。

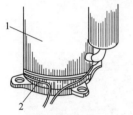

图4-41　压缩机外部电
加热器安装位置
1—压缩机；2—加热器

外部电加热器的作用是在低温时从外部加热，把压缩机润滑油内含的制冷剂驱赶出去，避免由于液体制冷剂稀释了润滑油引起轴承径向润滑不良而烧损。绿色制冷剂在低温状态下，制冷剂液体与润滑油会双层分离，如不采取此措施，也可造成轴承部分供油不足甚至烧坏轴套，使压缩机报废。

（2）工作原理　加热器额定工作电压220V、功率30W。在室外环境温度小于5℃，室外盘管温度小于6℃且压缩机关机时，继电器吸合，加热器开启加热。当室外盘管温度大于15℃时或当压缩机开机时，加热继电器断开，加热停止。电加热器内部结构如图4-42所示。

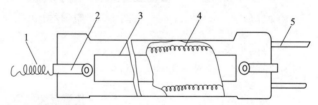

图4-42　安装在压缩机外部电加热器内部结构
1—弹簧；2—挂钩；3—硅橡胶；4—电热丝；5—电极引线

（3）检测方法

① 测量电加热器电极引线不通，说明电加热器损坏，需更换。

② 测量电加热器电极引线与压缩机外壳，如已接通说明电热丝对地短路，这种故障一般表现为加热器一加热，漏电保护器就跳闸（经常是鼠害造成的）。

4.16　排水泵

排水泵外形结构如图4-43所示。

4.16.1　A系列排水泵

功能：用于吊顶式空调的室内机，以排出制冷、除湿时由换热器产生的冷凝水。

特点：

① 低噪声、低振动、重量轻；

② 流量充足，寿命长。

4.16.2　B系列排水泵

功能：用于吊顶式空调的室内机，以排出制冷、除湿时由换热器产生的冷凝水。

特点：

① 适用流体温度　0～＋40℃（但无流体冻结）；

② 适用环境温度　－10～＋45℃；

③ 相对湿度　95％RH以下。

图 4-43　排水泵外形结构

4.17　液位开关

液位开关外形结构如图4-44所示。

① 功能　适用场合广泛，其一般与排水泵或者电磁阀等执行元件连接使用来控制设备中液面高度，在系统中起到液面预警作用。

② 特点　动作点可靠、寿命长。

图 4-44　液位开关外形结构

第5章

变频空调器电源电路的检测

5.1 压敏电阻

① 功能　压敏电阻是氧化亚铝及碳化硅烧结体。通常并接在变压器的一次侧两端，用来保护印制电路板上的零件。防止来自电源线上的反常高压，以及雷电感应的电流。压敏电阻的电阻值与外施电压大小有关。

② 原理　当电路中电压异常高时，很快导致电流增加几个数量级使压敏电阻烧断，从而将电源断开，保护元器件。

③ 测量依据　用万用表"$R \times 1$"或"$R \times 1k$"挡测量两脚电阻，如果阻值为"ω"，则压敏电阻正常，如阻值为零，判定损坏。压敏电阻外形及符号见图5-1。

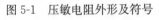
(a)　(b)　(c)　(d)

图5-1　压敏电阻外形及符号

压敏电阻在空调器电路板上的应用见文前彩图5-2。

④ 故障判断及维修

a. 压敏电阻损坏，通常从外观上可以看出压敏电阻开裂或发黑。压敏电阻损坏时，通常会引起保修熔丝管烧毁。

b. 如果是漏电情况下，可通过排除处围元件来确定。

压敏电阻是一个不可修复的元件，如果损坏要及时更换，以免造成更大故障。

5.2 薄膜按键开关

薄膜按键开关是20世纪末发展起来的新一代电子开关，它外形美观、色彩鲜艳、安装连接方便，具有防火、防油、防尘以及防有害气体腐蚀等优点，目前大多数空调器均采用此开关。

（1）组成　薄膜按键开关由多层薄膜或薄板黏合而成，外观为薄片状，厚度为0.9～2.6mm，在其表面上设置了若干个密封层。

（2）特点　当手指没有触摸按键时，隔离层把顶层与底层两个导电触点分开，开关处于断开状态。当手指轻触按键开关时，开关内部薄膜轻微变形，使顶层触点与底层触点接触，开关处于接通状态。薄膜按键开关是一种较先进的无自锁的按键开关。

（3）检测　把万用表的选择开关调整到电阻挡，测量按键端线，按下按键时如指针指零说明按键开关良好，如指针指无穷大，说明按键开关内部断路，应更换。

5.3　变压器

① 工作原理　变压器是利用电磁感应作用，将交流电压或电流转换成所需的值。接入交流电源的线圈称一次侧线圈，接负载的线圈称为二次侧线圈。一次侧线圈通过变化的电流时，在二次侧线圈就产生感应电势。变压器有两种类型：升压变压器和降压变压器。实现升压和降压的关键是在调整一次侧线圈和二次侧线圈的匝数比。变压器工作原理如图 5-3 所示。

变压器在空调器电路上的应用见图 5-4。

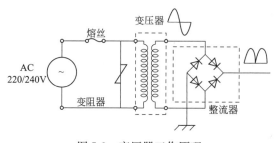

图 5-3　变压器工作原理

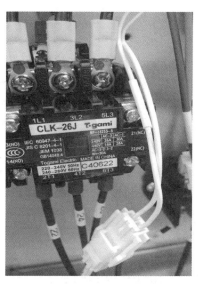

图 5-4　变压器在空调器电路上的应用

② 作用　变压器在空调中主要用于将交流 220V 电源电压变为工作需要的交流电。

故障检测与判断：美的变压器的一次侧（输入端）的阻值一般在几百欧姆，二次侧（输出端）阻值一般在几欧姆。变压器在出现故障后，一般表现为整机上电无反应，不工作。因此在维修时可单独测变压器初、二次侧线圈绕组，也可在通电情况下，检测二次侧是否有十几伏电压输出，即可判断变压器好坏。

注意：实际维修时有维修工在变压器出现故障时（变压器保修熔丝管断），将变压器保修熔丝管除去，直接短接，可使变压器正常工作。此办法只可应急维修，必须在最短时间内更换新变压器。

5.4　三端稳压器

目前，国内生产的三端集成稳压器基本上分为普通稳压器和精密稳压器两类，每一类又可分为固定式和可调式两种形式。

普通稳压器将稳压电源的恒压源、放大环节和调整管集成在一块芯片上，使用中只要输入电压比输出电压差大于 3V 以上，就可获得稳定的输出电压。普通稳压器外部有三个端子：

输入端、输出端和公共地端，其外形及引脚功能检测方法如图 5-5 所示。

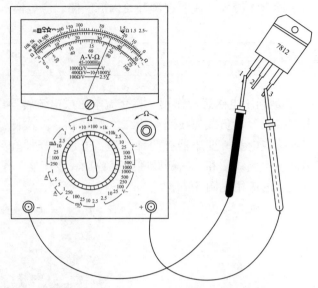

图 5-5　三端稳压器外形及引脚功能检测方法
1—输入端；2—公共地；3—输出端

例如：空调器主芯片的工作电压是由 7805 三端稳压器提供的，其引脚 1、2 输入，滤波后的约 13V 的直流电压，由引脚 2、3 输出稳定的直流 5V 电压。如果输入电压低于 9V 时，则引脚 2、3 便可能得不到稳定的 5V 电压，造成空调器主芯片和整机无法正常工作。在检修工作中，如检测到 7805 输入端有电压输入而输出端无电压输出时，说明该部件已损坏，需更换后空调器才能正常运转。

5.5　继电器

继电器根据输入的动作电压可以分为交流继电器和直流继电器。两者的工作原理相同。

5.5.1　工作原理

继电器动作是利用电磁原理。直流电压从电控板输出后，进入继电器线圈。通电线圈周围产生磁场，使铁芯在磁场的作用下动作。带动可动铁芯，而可动铁芯的联动使可动触点移动，并与固定触点接触，从而使电流通过，启动或运转各个元件。继电器电磁原理图如图 5-6 所示。

继电器外形结构如图 5-7 所示。

图 5-6　继电器电磁原理图　　　　　　　　图 5-7　继电器外形结构

5.5.2　检测继电器的方法

① 首先应测量线圈间的阻值（线圈的阻值一般在几百欧姆）。如阻值为无穷大，则表示该继电器线圈断路。

② 继电器表面两个接点正常情况下是不导通的。如两接点在未通电情况下是导通的，则表示该继电器触点粘连，应进行更换。

③ 继电器在空调器电路板上的应用见文前彩图 5-8。

5.6　滤波电容器

电容器是由两个极板被绝缘介质隔开所组成的总体，它的作用一般为滤波、移相、选频等。电容器的参数有两个：耐压值、电容容量；通常电容容量允许误差。两个电容并联可加大电容量，串联则减小电容量。空调器常用的电容器大致归结为：电机用电容与电脑板用电容。

电容器的常见故障为：击穿、开路、漏电。

教你一招：检修方法：对于电机类电容，一般最常用的检测方法为：将万用表调到欧姆挡的"$R \times 1k$"挡或"$R \times 100$"挡，然后将万用表的两表笔分别接在电容器的两极，通常情况下，可见表针迅速摆起，然后慢慢地退回原处。这是因为万用表欧姆挡接入瞬间，充电电流最大，以后随着充电电流减小，表针逐渐退回原处，这说明电容器是好的。

① 如果表针摆动到某一位置后不退回，说明电容器已经击穿；

② 如果表针退回某一位置后停住不动了，说明电容器漏电。漏电的大小可以从表针所指示的电阻值来判断，电阻值越小，漏电越大；

③ 如果表针不动，说明电容器已经开路。

但对于电脑板类电容或电机类电容的容量值只能用专用的电容表或用万用表的电容挡测量，如确实因条件限制，也可采取更换替代法去区别。

几种常用的电容器，如图 5-9 所示。

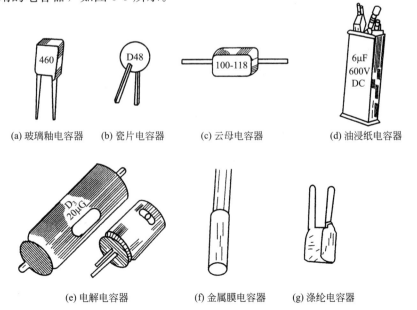

(a) 玻璃釉电容器　(b) 瓷片电容器　(c) 云母电容器　(d) 油浸纸电容器

(e) 电解电容器　(f) 金属膜电容器　(g) 涤纶电容器

图 5-9　常用电容器的外形

5.7 电流互感器

5.7.1 基本概念

电流互感器原理是依据电磁感应原理的。电流互感器是由闭合的铁芯和绕组组成的。它的一次绕组匝数很少，串在需要测量的电流的线路中，因此它经常有线路的全部电流流过，二次绕组匝数比较多，串接在测量仪表和保护回路中，电流互感器在工作时，它的 2 次回路始终是闭合的，因此测量仪表和保护回路串联线圈的阻抗很小，电流互感器的工作状态接近短路。

5.7.2 使用方法

① 电流互感器的接线应遵守串联原则：即一次绕阻应与被测电路串联，而二次绕阻则与所有仪表负载串联。

② 按被测电流大小，选择合适的变化，否则误差将增大。同时，二次侧一端必须接地，以防绝缘一旦损坏时，一次侧高压窜入二次低压侧，造成人身和设备事故。

③ 二次侧绝对不允许开路。因一旦开路，一次侧电流 I_1 全部成为磁化电流，引起 ϕ_m 和 E_2 骤增，造成铁芯过度饱和磁化，发热严重乃至烧毁线圈；同时，磁路过度饱和磁化后，使误差增大。电流互感器在正常工作时，二次侧近似于短路，若突然使其开路，则励磁电动势由数值很小的值骤变为很大的值，铁芯中的磁通呈现严重饱和的平顶波，因此二次侧绕组将在磁通过零时感应出很高的尖顶波，其值可达到数千甚至上万伏，危及工作人员的安全及仪表的绝缘性能。另外，一次侧开路使二次侧电压达几百伏，一旦触及将造成触电事故。因此，电流互感器二次侧都备有短路开关，防止一次侧开路。在使用过程中，二次侧一旦开路应马上撤掉电路负载，然后，再停车处理。一切处理好后方可再用。

5.7.3 电流互感器作用

在测量交变电流的大电流时，为便于二次仪表测量需要转换为比较统一的电流（我国规定电流互感器的二次额定为 5A 或 1A），另外线路上的电压都比较高如直接测量是非常危险的。电流互感器就起到变流和电气隔离作用。它是电力系统中测量仪表、继电保护等二次设备获取电气一次回路电流信息的传感器，电流互感器将高电流按比例转换成低电流，电流互感器一次侧接在一次系统，二次侧接测量仪表、继电保护等。正常工作时互感器二次侧处于近似短路状态，输出电压很低。在运行中如果二次绕组开路或一次绕组流过异常电流（如雷电流、谐振过电流、电容充电电流、电感启动电流等），都会在二次侧产生数千伏甚的过电压。这不仅给二次系统绝缘造成危害，还会使互感器过激而烧损，甚至危及运行人员的生命安全。

5.7.4 电流互感器保护方法

保护用电流互感器主要与继电装置配合，在线路发生短路过载等故障时，向继电装置提供信号切断故障电路，以保护供电系统的安全。保护用微型电流互感器的工作条件与测量用互感器完全不同，保护用互感器只是在比正常电流大几倍至几十倍的电流时才开始有效地工作。保护用互感器主要要求：绝缘可靠、足够大的准确限值系数、足够的热稳定性和动稳定性。

保护用互感器在额定负荷下能够满足准确级的要求最大一次电流叫额定准确限值一次电流。准确限值系数就是额定准确限值一次电流与额定一次电流比。当一次电流足够大时，铁芯就会饱和起不到反映一次电流的作用，准确限值系数就是表示这种特性。保护用互感器准确等级5P、10P，表示在额定准确限值一次电流时的允许误差5%、10%线路发生故障时的冲击电流产生热和电磁力，保护用电流互感器必须承受。二次绕组短路情况下，电流互感器在1s内能承受而无损伤的一次电流有效值，称额定短时热电流。二次绕组短路情况下，电流互感器能承受而无损伤的一次电流峰值，称额定动稳定电流。电流互感器在电路中的应用见图5-10。

图5-10 电流互感器在电路中的应用

5.7.5 电流互感器与电压互感器的区别

电流互感器的作用为了保证电力系统安全经济运行，必须对电力设备的运行情况进行监视和测量，但一般的测量和保护装置不能直接接入一次高压设备，而需要将一次系统的大电流按比例变换成小电流，供给测量仪表和保护装置使用。电压互感器的作用是：把高电压按比例关系变换成100V或更低等级的标准二次电压，供保护、计量、仪表装置使用。两者区别在于一个是测电流一个是测电压。电流互感器是串联在电路中，一次绕组比二次绕组匝数少，二次不能开路；电压互感器是并联在电路中，一次绕组比二次绕组匝数多，二次不能短路。

5.8 中间继电器工作原理

中间继电器线圈通电，动铁芯在电磁力作用下动作吸合，带动动触点动作，使常闭触点分开，常开触点闭合；线圈断电，动铁芯在弹簧的作用下带动动触点复位，继电器的工作原理是当某一输入量（如电压、电流、温度、速度、压力等）达到预定数值时，使它动作，以改变控制电路的工作状态，从而实现既定的控制或保护的目的。在此过程中，继电器主要起了传递信号的作用。

中间继电器用于继电保护与自动控制系统中，以增加触点的数量及容量。它用于在控制电路中传递中间信号。中间继电器的结构和原理与交流接触器基本相同，与接触器的主要区别在于：接触器的主触头可以通过大电流，而中间继电器的触头只能通过小电流。所以，它只能用于控制电路中。它一般是没有主触点的，因为过载能力比较小。所以它用的全部都是辅助触头，数量比较多。新国标对中间继电器的定义是K，老国标是KA。一般是直流电源供电。少数使用交流电源供电。

5.9　时间继电器

① 时间继电器是一个用时间作参量的控制继电器的统称。最简单的，就是在你设定的时间点，继电器触点的闭合和打开。根据需要，复杂一些的不但可以设置开闭时间点，还可以设置闭合多少时间段和打开多少时间段。这种继电器在早期用的都是电容的充放电原理，相对误差较大。现在都用到数字化了器件体积也小，时间也更精准些。

② 时间继电器在电路中的应用见图 5-11。

图 5-11　时间继电器在电路中的应用

5.10　电线

房间空调器使用的单相电源为 220V、50Hz，其启动电流比较大，如美的 KF-43LW/EY，正常工作时额定电流为 7.3A，而启动电流达到 30A，如果电源线过长或电源线径不够大时，会导致启动时的电压降过大，而引起压缩机不能正常启动。使空调器不能正常工作。

① 对于空调运行电流低于 12A 的空调，要求采用 $\phi 2.5mm^2$ 铜芯线，并且要求专线连接，地线分明，应符合国安 GB 4706.32 有关要求。

② 对于空调运行电流超过 12A 以上空调要求采用 $\phi 4mm^2$ 以上铜芯线。

维修教你会：对于由电线引起故障通常维修教你会是直观检查。

电线压力钳在空调器配电盘上的应用见文前彩图 5-12。

5.11　高压静电除尘器

① 原理　高压静电除尘器是一种新型电板材料，具有强力除尘、净化空气、保持空气清新的卓越功效。其除尘和集尘效率达 80%。

② 故障判断及维修方法　通常对于高压静电除尘器故障可以通过以下几点判断。

a. 通过指示灯。如果除尘器表面积聚一定量灰尘后，其除尘指示灯会自动亮，这时我们取下除尘器，用洗衣粉（弱碱或中性）的浓缩液浸泡 5min 后，然后用净水冲洗，晾干即可。

b. 表面灰尘量。打开面盖，如果除尘器表面没有出现灰尘，但指示灯确定有显示，这时可测下除尘器，用万用表电阻挡测量电阻，判断是除尘器故障还是电路故障。

5.12　曲轴箱电加热带

压缩机如果处于长期停止状态，与润滑油亲和性很强的制冷剂就会大量溶入润滑油中，在这种状态下开启压缩机，容易造成压缩机难以启动，甚至损坏压缩机。因此冷暖型空调在压缩机下部加装了加热带，该加热带紧贴在压缩机底部外围安装，主要作用是从外部加热将压缩机内的液体制冷剂驱赶出来，避免压缩机内润滑油大量外流，使机内润滑油减少，引起轴承因润滑不良而烧坏，避免由于液体制冷剂稀释了润滑油，制冷剂低温状态下，制冷剂液体润滑油双层分离，造成轴承部分供油不足，甚至烧坏轴承，烧坏压缩机。曲轴箱电加热带在空调器压缩机上的应用见图 5-13。

加热带

图 5-13　曲轴箱电加热带在空调器压缩机上的应用

　　室外机的曲轴箱加热带在工作时，约为 35W 的功率。只有在室外环境温度小于 5℃时曲轴箱加热带才会启动。而在正常工作时曲轴箱加热器是不工作的。对于三匹大分体机而言，曲轴箱加热的条件是：当室外盘管温度小于 7℃且压缩机关机时，曲轴箱加热开启。当室外盘管温度大于 15℃时或当压缩机开机时，曲轴箱加热关闭。

5.13　PTC 加热器、 发热丝

　　PTC 热敏陶瓷是一类具有正的温度系数的半导体功能陶瓷。PTC 在转变温度之前（TC），电阻随温度升高而显著增大，这就是 PTC 效应。

　　根据 PTC 效应，美的空调在空调器电加热丝中采用了 PTC 材料，当温度低于临界温度时，电阻阻值随温度的增大而降低，电加热丝输出功率增大，制热量增加，当温度超过临界温度时，电阻值随温度的增大而增大，此时电加热输出功率降低，保持室内温度基本恒定于设定温度。

　　PTC 加热器本身不易损坏，多数为熔丝熔断，接触点被电火花击穿，检查时应多从这两方面考虑。

第6章

变频空调器制冷部件故障的检修及排除

6.1 蒸发器、冷凝器故障判断

6.1.1 蒸发器

蒸发器是制冷系统中的低压部件，低压液态制冷剂在其内吸收外界热量，变成低压饱和气体，使周围空气温度降低。

蒸发器种类有：一折式、二折式、三折式、四折式。蒸发器的结构如图6-1所示。

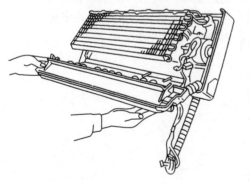

图6-1 蒸发器结构

6.1.2 冷凝器

冷凝器是一种高压部件，它将压缩机排出的高温高压制冷剂气体，通过冷凝器的管壁和翅片将热量传给周围空气而凝结为液体。冷凝器的结构如图6-2所示。

蒸发器、冷凝器常见故障及检修方法如下所述。

常见故障：漏；异物堵塞；铝合金翅片上积存附着大量的灰尘或油污；制冷系统内油质氧化变质，造成盘管内壁有油垢，使换热效果下降。

6.1.3 检修方法

① 对于常见的蒸发器、冷凝器出现漏点，从表面检查漏点迹象多为蒸发器或冷凝器有油污出现，翅片间产生漏点多为盘管有裂纹或砂眼，还应主要检查蒸发器或冷凝器"U"形弯焊接口处是否有漏点，维修该漏点故障可补焊或更换新部件。

② 造成蒸发器、冷凝器堵的主要原因，常见的为蒸发器连接口的连接帽处在烧焊过程中将焊滴或焊渣熔于管口造成焊堵，造成蒸发器制冷时，制冷剂气流响声较大或不制冷、不制热。冷凝器出现堵塞现象，多为系统内有异物造成。对于堵塞，可用高压氮气进行吹污疏通，

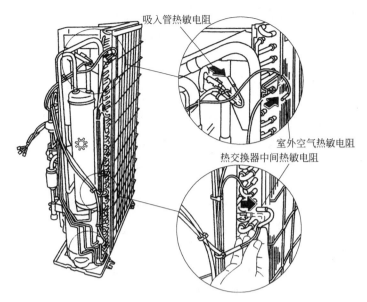

图 6-2　冷凝器的结构

或更换新部件。

③ 对于蒸发器和冷凝器的灰尘可用毛刷、自来水进行刷洗或用压缩空气或氮气吹除污垢。清洗室内机蒸发器时，避免将电气部件及电路受潮进水。必要情况下，可取下电气控制部件及相关电路后清洗。如果蒸发器、冷凝器铝合金翅片上附着油渍污垢时（这种情况多为环境周围有油烟造成，如室内、外机靠近厨房灶间），清洗时可采用强力除油污的清洗剂（如厨房除油污用品）除垢后用自来水清洗即可。

④ 对于制冷系统内油质氧化变质的情况，可采用清洗系统的方法维修。

6.1.4　维修方法

① 故障现象　KFR-71LW/K 出风量小，制冷效果差。

② 分析与检测　用户购机 3 个多月，即发现风速高、中、低变化不明显，风量很小。工作人员上门换过电路板、电机，同时用水清洗过蒸发器，但仍无明显效果，后卸开面板，用手摸蒸发器背面，发现蒸发器背面有很多像糨糊一样的东西粘在蒸发器上，导致出风量小。

③ 维修方法　工作人员用清洁剂彻底清洗后上电试机，制冷效果正常。

④ 经验与体会　在公共场所（如理发店、饭店），若空调制冷效果差，出风量小，要考虑其使用环境，排除外界因素后再考虑机器本身故障。

6.2　毛细管

（1）毛细管的作用　毛细管是制冷系统中的节流部件，主要起节流和降压作用。在制冷系统中，从冷凝器流出的液体经过细小的毛细管时将受到较大的阻力，因此液体制冷剂的流量减少，限制了制冷剂进入蒸发器的流量，使冷凝器中保持较稳定的压力，毛细管两端的压力差也保持稳定，这样使进入蒸发器的制冷剂压力降低，进行充分的蒸发吸热，达到制冷的目的（注：毛细管一般采用内径 0.6～2.0mm 的紫铜管，其长度根据制冷系统性能匹配后确定的流量而定）。

（2）毛细管的常见故障及维修　毛细管的常见故障为堵、漏两个方面。毛细管出现脏堵、冰堵、油堵后，会使制冷系统高压压力偏高，低压压力偏低。毛细管发生漏时，一般予以更换。下面着重分析堵。

【故障1】 KFR-50LW 制冷系统脏堵

① 原因分析　系统脏堵，有较多原因，在生产制造过程中有异物进入系统内时，连接管内有异物；因安装连接管封闭维修不严，穿墙时管内进入沙土灰尘；在制造或维修焊接管路系统部件时有焊滴、焊渣进入系统内；还有因安装维修等原因造成系统漏制冷剂，空气进入系统使冷冻油氧化变质，堵塞系统。这些故障会造成系统运行不正常或无法运行，堵塞部位不同所表现的现象也不同。

② 分析与排除　以上故障可用高压氮气进行充气吹污，严重时可将系统管路部件分别卸下、清洗、吹氮气或更换毛细管、单向阀、电磁换向阀等主要易堵部件，抽真空后适量加制冷剂检测。

【故障2】 KFR-50LW 制冷系统冰堵

① 原因分析　制冷系统发生冰堵的常见原因为系统有水分。制冷系统长期在负压状态下工作，导致水分进入系统，造成毛细管节流时产生冰堵，使整机低压压力偏低，不能正常回气或无法回气，系统在没有进行特殊维修清洗干燥维修后，是不能正常运行工作的。

② 分析与排除　对于该故障现象，首先应查找漏点和使用上的不当，对制冷系统主要部件进行清洗或更换。特别是压缩机绕组的绝缘电阻均正常的情况下，要对冷冻油的油色进行鉴定。油色不正常应卸压缩机更换冷冻油。对蒸发器、冷凝器进行清洗（四氯化碳、无水乙醇），更换过冷管组（毛细管、单向阀部分），用高压氮气充系统除去水分后，做抽真空维修。必要时在管路连接中加入干燥过滤器，进一步滤除系统中的水分。定量加制冷剂，检测制冷（制热）压力值并观察其压力表指针是否有波动。检查过冷管组结霜是否变化，检测压缩机运转电流、室内机进出口温差符合要求即可。

【故障3】 KFR-50LW 制冷系统油堵

① 原因分析　制冷系统产生油堵的原因为系统管路积油所致，特别存积滞在毛细管中，当冷冻油在管路内变稠或油温很低时，难以使制冷剂回流，回气压力降低，制冷时有时会发生蒸发器入口处结霜，制冷下降或不制冷。此时反映的表面现象与系统制冷剂不足相似。

② 分析与排除　首先应确认压缩机冷冻油是否变质氧化变稠，在油色正常时，可采用开机制热运行数十分钟，经多次运行试机后，将系统内冷冻油的油温逐渐升高，油的状态变得很稀，油温流动性均得到了提高。如热泵型空调在不具备制热条件时可将四通阀线圈与压缩机均上电运行以有利于回油。单冷型或冷暖型在不具备制热的条件下，也可采用气焊对可能造成油路堵塞部件辅助加温，并用高压氮气将积油处充氮气疏通（由三通阀工艺口充入氮气从二通阀口处排出余气）。经真空泵抽空后定量加制冷剂，试机运行检测。

【故障4】 KFR-50GW 开机 20min 左右压缩机停，室外机风机仍在转

分析与排除　刚开机制冷正常，电流 10A，运行 15min 左右，电流升至 16.5A，且逐渐升高，一会儿压缩机过热跳停。但用手摸外机上下风扇吹出的风发现下面有热风，而上面却无热风，据此判断应是上层毛细管堵塞，导致回气量不够，压缩机过热保护。重新焊下毛细管、过滤器，发现有很多氧化皮堵住了入口。清洗、检漏、排空、加制冷剂试机正常。毛细管在空调器上的应用见图 6-3。

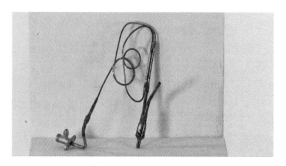

图6-3 毛细管在空调器上的应用

6.3 四通阀

① 四通阀的作用 四通阀是热泵型空调器的一个重要部件，是空调器进行制冷和制热工作转换的换向阀，起到变制冷剂流向的作用。空调器制冷、制热工作转换换向阀工作原理如图6-4所示。

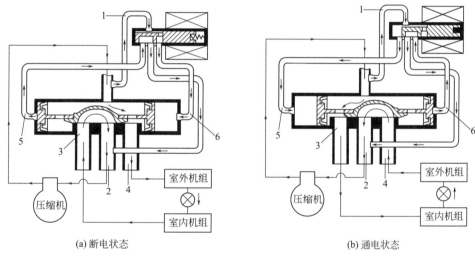

(a)断电状态　　　　　　　　　　　　　　　(b)通电状态

图6-4 空调器制冷、制热工作转换换向阀工作原理
1—由压缩机排气管束；2—去压缩机吸气管；3—由蒸发器的接管束；
4—去冷凝器的接管；5—左后导毛细管；6—右前导毛细管

② 空调器制冷循环走向 见图6-5。
③ 空调器制热循环走向 见图6-6。
④ 四通电磁换向阀外形结构 如图6-7所示。
⑤ 空调器四通阀在空调器上的应用 见图6-8。
⑥ 四通阀的更换及注意事项 在更换四通阀时，首先将制冷系统中的制冷剂放出，给制冷系统充注氮气，并焊下损坏的四通阀。

将新更换的四通阀线圈取下，采取降温措施，将阀体放入水槽中，把焊接管口留在水面上，注意不要让水分进入阀体。或用水浸湿面纱后放在阀体上进行降温维修，以防止因烧焊的时候，阀体温度升高，使滑块产生变形。焊接阀接口时，应避免烧焊时间过长。

四通阀更换完毕，抽真空适量填充制冷剂，并检漏试机，检查制冷和制热运行情况。

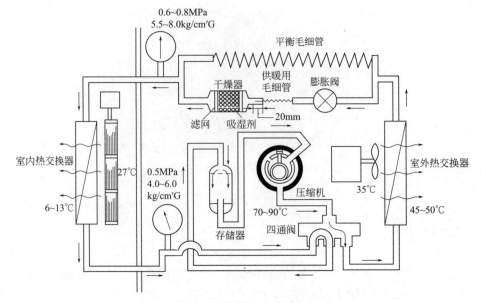

图 6-5　空调器制冷循环走向

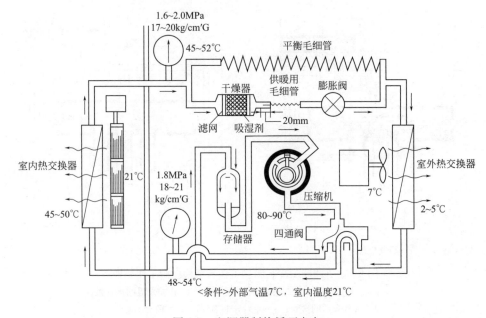

图 6-6　空调器制热循环走向

图 6-7　四通电磁换向阀外形结构

图 6-8　空调器四通阀在空调器上的应用

教你一招：当制冷系统内制冷剂不足或无制冷剂时，就无法驱动阀体内的活塞动作，使四通阀无法进行换向。

⑦ 四通阀的常见故障及检修　电磁换向阀的常见故障为电磁阀阀芯不动作，堵塞、滑块变形、漏造成滑块不动作或动作不到位。

【故障】　KFR-32GW 不制冷，室外机结霜

分析与排除：开机试运行，发现室内机吹热风，并且室外机热交换面结霜，故判断四通阀在制热状态下没有转换，有故障。测四通阀线圈没有电，所以应该是四通阀没有转换，四通阀可能有卡死的现象，造成不能复位。用木棒轻敲四通阀，恢复制冷状态，但重新开停试机，故障仍在。更换四通阀后，恢复正常。

经验与体会：判断四通阀的好坏一定要非常慎重，否则会事倍功半，因为四通阀本身的更换比较麻烦。判断四通阀的故障其实不难，首先看四通阀有没有转换，如有则四通阀肯定是好的，如没有转换则看有没有电送到四通阀，如有则肯定是四通阀本身的机械故障，如没有则一定是控制电路的故障。

6.4　浮子式单向阀

① 功能　浮子式单向阀用于空调系统中和毛细管并联，控制制冷剂的正反向流量，使制冷剂只能按某一规定方向流动。

② 特点　产品密封性能好。

③ 作用　单向阀又称逆阀。它使制冷剂只能向某一方向自由流动，单向阀主要用于热泵型空调器上，与辅助毛细管并联在系统中。如图 6-9 所示。

④ 单向阀的常见故障及检修　单向阀主要故障为堵、关闭不严、漏。当阀体曲的尼龙阀块脏堵，阀块不动作，还有与它一体的辅助毛细管也被脏堵后，会造成制冷或制热效果差，甚至不制冷、不制热。这种故障多采取更换新部件，但必须对制冷系统进行清洗后用氮气吹污。更换时必须注意，单向阀的制冷剂流动箭头向上，烧焊时应注意降温冷却阀体，防止阀体内的尼龙阀块变形，造成制热时效果不良。

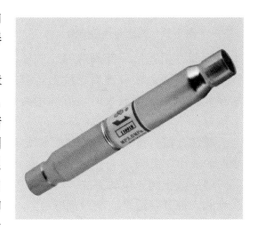

图 6-9　浮子式单向阀外形结构

单向阀关闭不严时，在高压压力下，由尼龙阀块与阀座间隙泄放高压压力，回流制冷剂未全部进入毛细管，相当于缩短了毛细管的长度，导致制热高压压力下降，制热效果变差。但在制冷时，单向阀完全导通，不影响制冷效果。

对于单向阀的另一种常见的故障就是漏点故障，多为制造或维修时，焊接不良，产生漏制冷剂现象，多出现在毛细管焊接处。

6.5　截止阀

截止阀内部结构见图 6-10，截止阀外形结构见图 6-11。

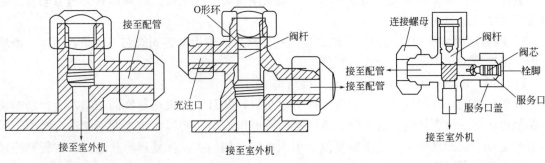

(a) 两通阀用于分体机低压液体阀　(b) 三通阀用于分体机低压气体阀　(c) 多用于分体柜机加制冷剂

图 6-10　截止阀内部结构

图 6-11　截止阀外形结构

（1）截止阀功能　适用于分体式空调中，连接室内机和室外机，通过操作阀杆，可以关闭阀的内部通路，在维修时作为检修阀，用来抽真空、添加制冷剂等。也可用在其他制冷系统中。

（2）截止阀作用　截止阀主要用于切断或开通气、液管路，是为安装和检修方便而设置的，空调中常用的为二通直角阀和三通直角阀，进出孔与管路上的进出管相连，另一个孔称工艺口，供安装、维修时使用，如抽真空、充注制冷剂、接压力表。不用时应将此孔关闭，并拧紧螺母。

（3）截止阀的常见故障及检修　截止阀故障多为阀杆漏、工艺口顶针阀芯漏、阀体裂纹等故障。另外，在截止阀与连接管紧固时，连接管喇叭口平面上贴有铜屑、沙土，容易造成截止阀故障。应注意在安装、维修过程中，严禁在截止阀开启至最大时，继续用力过大，将截止阀内的橡胶封圈割碎，甚至用力过猛旋出阀杆。

教你一招： 维修时可用肥皂水进行检漏，对于阀体有砂眼或裂纹可通过烧焊维修，无法修复的应予以更换。

（4）截止阀更换的方法　将系统内制冷剂放净后，把阀的固定螺钉卸开，用气焊取下更换新阀，抽真空适量注制冷剂即可。

6.6　过滤器

过滤器装在冷凝器出口与毛细管之间，用来过滤制冷系统中润滑油中的固体杂质，确保管路系统通畅，防止系统堵塞，影响制冷效果。过滤器外形结构如图 6-12 所示。

教你一招： 用气焊取下过滤器后，用 RF113 清洗剂或三氯乙烯清洗后，用高压氮气清除污物，严重时，可以更换该部件。

过滤器常见故障主要为脏堵，制冷系统中压缩机产生的机械磨损造成的金属粉末，管道内的一些焊渣微粒，系

图 6-12　过滤器外形结构

统部件内部和制冷剂所含的一些杂物以及冷冻油内的污物，安装或维修时制冷系统排空不良或进入空气等因素，形成的氧化污物对过滤器产生堵塞，使制冷剂受阻。影响正常的制冷制热效果。

【故障】 KFR-22GW 有时制冷，有时不制冷。

① 分析与排除　查低压 0.3MPa，管道无漏点，压缩机电流 6A，偏大，运转约 30min，压缩机自动停机且很烫手。经查，电控没故障，初步判断为雪种（制冷剂）偏少，回气不凉，而导致压机过热保护。重新启动加雪种，电流上升很快，一会儿压缩机跳停保护，经检查，发现过滤器出口处毛细管结霜，判断在过滤器堵塞。把过滤器焊下，发现毛细管插得太深，已顶到过滤器的滤网而导致流量不足，将毛细管拔出重新插入 1.5cm 左右，焊接、抽空、加雪种，试机正常。

② 经验与体会　遇到压缩机电流偏大、跳停，不能盲目更换压缩机，要综合考虑故障现象，不要只看表面现象，而导致判断失误。

6.7　气液分离器

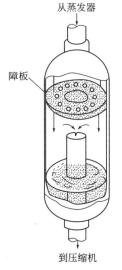

　　气液分离器是防止制冷剂液体进入压缩机的一种装置，安装于压缩机的吸气管路上和压缩机为一体，把进入气液分离器的液体留下，只让蒸气进入压缩机，以防止压缩机产生液击现象，从而损坏压缩机。气液分离器还能将足够的制冷剂气体和油送回到压缩机，保证系统的运行效率和充分的润滑。如图 6-13 所示。

　　气液分离器外形结构见图 6-14。

　　气液分离器常见故障为脏堵，脏堵的主要原因是系统机械磨损产生的粉末、杂物、气压缩机易产生过热过载保护。

　　教你一招： 将制冷系统放制冷剂后，用气焊将气液分离器取下，用四氯化碳、三氯乙烯、RF113 清洗剂进行清洗，如有必要，对整机系统清洗，堵塞严重时，可更换气液分离器。

图 6-13　气液分离器工作原理

图 6-14　气液分离器外形结构

　　提示： 使用在单向流通的制冷系统管路中，吸收制冷系统中的水分和酸性有害物质，并过滤系统中的杂质。

6.8 消音器

图 6-15　消音器外形结构

① 消音器外形结构　如图 6-15 所示。

② 功能　消音器适用于家用空调或商用空调等制冷系统，安装在排气管路或其他有振动和噪声的管路中，以消除和减轻噪声。

③ 消音器的作用　是消除由于压缩机排出气体的冲击流而产生的脉冲噪声，消音器通常要装在压缩机排气口与冷凝器之间，一般为垂直安装，利于冷冻油流动。

6.9 视液镜

① 视液镜外形结构　如图 6-16 所示。

② 功能　主要应用于空调、冷冻、冷藏系统在运行中，查看制冷剂流量等。

图 6-16　视液镜外形结构

6.10 充注阀

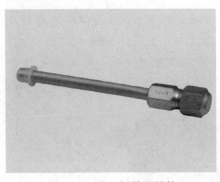

图 6-17　充注阀外形结构

① 充注阀外形结构　如图 6-17 所示。

② 功能　主要应用于空调、冷冻、冷藏系统中，在维修时作为检修阀，用来抽真空、添加制冷剂等。

③ 特点

a. 适用制冷剂：R22、R407C、R410A 等。

b. 适用介质温度：-30～+120℃。

c. 最高工作压力：4.2MPa。

第7章

变频空调器CPU电路的检修

7.1 CPU 电路的检测

空调器 CPU 电路的检测是一种技术性极强的工作，要求维修人员要具有丰富的电路知识而且还必须掌握正确的修理方法，才能迅速排除故障。

动手维修之前，首先掌握各电子电路的工作原理，从总体上理解电路中各大区域的作用及其工作 原理，然后尽可能做到掌握电路每一个元件的作用。只有这样，才能在看到故障现象之后迅速地把故障集中某一个区域中，再参照厂家提供的电路图或者实物细致分析，做到心中有数，有的放矢。只有对电路中各部分的工作状态、输入输出信号形式等都能详尽地掌握，才能顺藤摸瓜，由表及里，迅速缩小故障范围，再结合显示的故障代码及电路实际状态的测量，最终判断故障的根本原因。同一种故障，可能有多种表现，掌握故障发生的机制后，才能从表面看到实质，根据故障万变不离其宗的特点，以不变应万变，从容应对，这不但帮助我们分析多种故障，更是掌握了多种故障，把它们的衍生故障统一对待，最终集中到一点上，知道了故障发生机制以后，维修人员就能做到思路清晰，选定正确的方向去检修，避免了走弯路。CPU 在空调器电路板上的应用见文前彩图 7-1。

丰富的实践经验对维修是很重要的，这样不但能够迅速地排除疑难故障，更能够通过归纳总结，再加上理性分析，从更深层次上分析故障，分析电路，提高解决空调器故障能力。但是必须坚决反对仅凭经验不动脑筋的做法，凭生记硬背的经验很难解决某种故障，知其然而不知其所以然的蛮干做法是行不通的。这样就不会触类旁通，结果是思路狭窄，当遇到的故障现象或故障部位稍有不同时，就束手无策。当遇到一种完全不同的新机型时，更是无从下手。

具备了维修人员所必需的条件之后，还要掌握正确的维修方法。好的办法能事半功倍，简单有效地判断出故障所在，坏的办法带来的是时间浪费、元器件的浪费而且还极有可能扩大故障，用户也会不满意。

7.2 CPU 电路上的反相器

常用的反相器的型号有 ULN2003 或 MC1412，这两种反相器可互换，内部均为 7 个独立的反相器，可同时控制 7 路负载。

反相器的特点是，当有高电平输入时，其输出端为低电平；当有低电平输入时，其输出端为高电平。以控制压缩机运行为例，当 CPU 发出压缩机运行指令时，CPU 输出高电平送到反向器，其输出端为低电平，控制压缩运行的继电器吸合，使压缩机通电运行。

7.3 CPU 电路上的滤波电容器

滤波电容在电路板上的应用

图 7-2 滤波电容器在电路板上的应用

通过半波及全波整流可将交流电转换成直流电，但整流后的电压是脉动的直流电压，包含有交流成分，需要在整流电路后面加入滤波电容器。空调器使用的滤波电容器一般有正负极之分。因此当维修人员在进行更换滤波电容器时，应特别注意不要将"正""负"极搞反，否则会将电容器击穿，甚至烧坏控制板。滤波电容器的检测方法与电解电容相同。

教你一招： 电容检测前应首先断电，然后对电容进行放电，确定无电荷后，再测量。

滤波电容器在电路板上的应用见图 7-2。

7.4 遥控接收器电路

一般可用万用表对该电路进行检测，如果接收器接收到信号时，1 端与 2 端间电压低于 5V，无信号时 1 端与 2 端电压为 5V，则可认为电路工作正常。

7.5 CPU 电路上的石英晶体振荡器

石英晶体振荡器简称晶振，它具有体积小、稳定性好的特点，目前广泛应用于空调器的微电脑芯片的时钟电路中。

（1）工作原理

石英晶体具有电压效应，当把晶体薄片两侧的电极加上电压时，石英晶体就会产生变形，反之，如果外力使石英晶片变形，在两极金属片上又会产生电压。这种特性会使晶体在加上适当的交变电压时产生谐振，而且所加的交变电压频率恰为晶体自然谐振频率时，其振幅最大。

（2）检测方法

① 用万用表电阻挡测量晶体振荡器输入输出两引脚电阻值，正常时电阻值应为无穷大，否则判定晶体振荡器损坏。

② 在空调器正常运转情况下，用万用表测量输入引脚，应有 2.8V 左右的直流电压，如无此电压，可判定为晶体振荡器损坏。根据笔者经验晶体振荡器短路熔丝管必炸。

7.6 液晶显示器

液晶显示器主要用于柜式空调器控制面板上。液晶显示器上、下两面是偏振光玻璃板，液晶灌注在这两块玻璃板封装的盒中。上玻璃板内侧有与显示符号节段笔画一致的透明电极，下玻璃板内侧有用二氧化铟（或氧化锌）制作的电极，通过这些电板间的电场可以控制液晶分子的排列。液晶是一种介于液态和固态之间的特殊物态，是某些化合物在一定温度内所呈现的一种中间状态。液晶具有流动性，在一定电场、温度等外界条件下能将电信号转换为可视信号。液晶显示器导电橡胶的外形结构如图 7-3 所示。

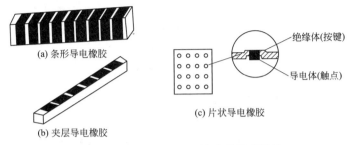

图 7-3　液晶显示器导电橡胶的外形结构

当液晶显示器各电极间没有电场时，它不显示而呈透明状态。当集成电路把需要显示的数字信号电压加到液晶显示器相应节段的电极上时，电极对应位置的液晶会变成暗黑色，从而使数据信息显示出来。由于液晶本身不发光，所以这种显示元件无法在较暗的环境中进行读数。液晶显示器与荧光显示器相比，具有耗电小、工作电压低等特点，应用十分广泛。

7.7　真空荧光显示屏（VFD）

真空荧光显示屏（VFD）是从真空电子管发展而来的显示器件，由发射电子的阴极（直热式统称为灯丝）加速控制电子流的栅极等组成，目前多应用于柜式空调器面板，用于温度显示、字符显示、制冷、制热、抽湿等图案显示，其结构见图 7-4，其原理见图 7-5。

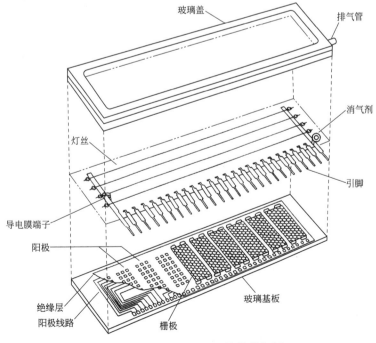

图 7-4　真空荧光显示屏结构分解图

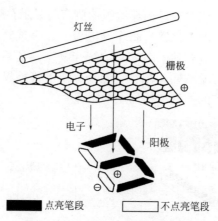

图 7-5　真空荧光显示屏工作原理

　　由图 7-5 可知，在栅极上加上正电压，可加速并扩散来自灯丝所放射出来的电子，使电子导向阳极，阳极得到正电压后，扩散的电子将会激发荧光粉发光。假如在栅极加负电压，则能拦阻电子、使阳极消光。

7.8　CPU 的供电电路

　　一般情况下，空调器电脑板需要两种电压：一种是供单片机使用的 +5V 电压；另一种是供继电器等电路使用的 +12V 电压。在这两组电源中，对 +5V 电压的要求高，必须采用稳压电源供电。而对 +12V 电压的要求相对较低，通常在 +9～+15V 都能够正常工作。

　　图 7-6 是典型的空调器 CPU 供电电路。220V 交流电经过变压器降压后得到一个 12V 左右的交流电压，经过桥式整流和滤波后得到一个不稳压的 +12V 电源，该电源为继电器等电路供电，一路经过三端稳压器 7805 输出一个稳定的 +5V 直流电源，为单片机供电。在该电路中有两个比较特殊的电路，即过电压保护电路和交流电过零检测电路。

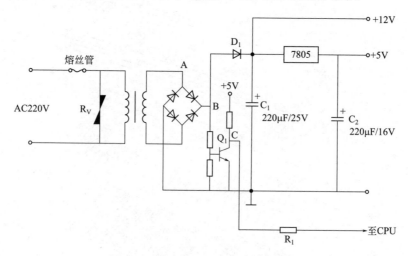

图 7-6　典型的空调器 CPU 供电电路

7.8.1　过电压保护电路

　　由压敏电阻 R_V 和保修熔丝管组成。保修熔丝管串联在电源变压器的一次侧，压敏电阻直接并接在变压器的两端。在电源电压正常时，压敏电阻呈开路状态，对电路没有任何影响，空调器可以正常工作，当输入电压高于 270V 时，压敏电阻被击穿，使得保修熔丝管因过流而烧断，切断了变压器的供电，使空调器停机，从而保护了空调器。

7.8.2　交流电过零检测电路

交流电过零检测电路由三极管 Q_1 和二极管 D_1 等电路组成。该电路的作用是检测出交流电的过零点，使单片机在控制双向晶闸管时在交流电的零点附近导通，以防止因导通瞬间电流过大而烧坏晶闸管。当然，在没有晶闸管控制的老式空调电路中就没有此电路。交流电过零检测电路波形见图 7-7。

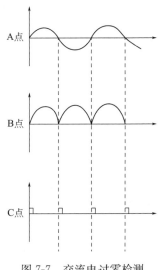

图 7-7　交流电过零检测
电路波形

电路工作过程如下：交流电经过整流，通过二极管 D_1 后进行滤波，因此图中的 B 点是一个脉动直流电，其波形如图 7-7 所示。晶体管 Q_1 的输入波形与 B 点相同，只是幅度小些。当交流电处于零点时，晶体管 Q_1 截止，从其集电极 C 输出一个高电平信号。而交流电不在零点时，晶体管饱和导通，C 点无输出。因此，C 点输出的脉冲信号就代表了交流电的过零点，且与交流电的零点同频同相，为 100Hz，将此信号通过 R_1 送给单片机，作为单片机控制晶闸管导通点的基准信号。

7.9　CPU 工作的基本电路

CPU 是整个电脑板的核心，它必须具备 3 个条件才能正常工作，即：①＋5V 供电正常；②清零复位电路正常；③时钟振荡电路正常。

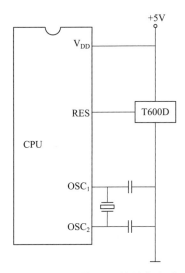

图 7-8　空调器 CPU 的基本电路

图 7-8 是空调器 CPU 的基本电路，不论是哪种型号的单片机，均有这 4 个端子。＋5V 电源为单片机供电，复位电路的作用是使单片机在工作前的程序处于起始状态，时钟振荡电路作用是为 CPU 内部提供基准的时钟信号。

由 CPU 的工作原理可知，只要单片机的复位端上电时间比电源端延迟 1ms，便可完成 CPU 复位。该电路有多种形式，以图中的复位电路为例，当上电一瞬间，单片机的＋5V 建立需要一段时间，而复位块 T600D 在输入电压低于 4.5V 时，不输出电压，当输入电压高于 4.5V 时才输出电压，利用这个时间差使单片机完成复位。正常时，该电压在 4.9V 以上。

时钟振荡的两个脚在正常情况下，用数字表测其电压约为 2.5V。用机械表测的结果是：$OSC_1＝2.2V$；$OSC_2＝0.8V$。

7.10　CPU 的输入电路

一般情况下，分体空调器的 CPU 输入信号有 6 路，如图 7-9 所示。

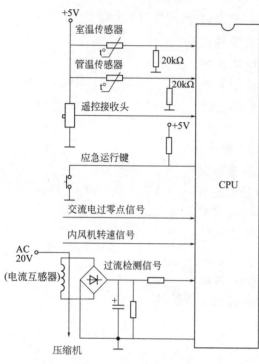

图 7-9　分体空调器的 CPU 输入电路

（1）室温、管温传感器输入端　从图 7-9 中可以看出，两路传感器都是与一只 20kΩ 左右的电阻分压后将信号送入 CPU 的。由于使传感器是一只负温度系数热敏电阻，即温度高则阻值小，温度低则阻值大。因此，单片机的输入电压的规律如下：温度高，单片机的输入电压高；温度低，单片机的输入电压低。于是，单片机根据输入电压的不同，来判断当前的室温和管温，并通过内部程序和人为设定，来控制空调器的运行状态。

（2）遥控信号输入电路　遥控接收头输出的信号直接送入 CPU。

教你一招： 正常情况下，用万用表测量遥控接收头的输出端有 4V 左右的电压，当有遥控信号输入时，表针在 4V 左右摆动。

（3）应急运行输入信号　当按动应急运行键时，单片机输入一个低电平信号，此时气温若在 23℃ 以上，空调器进入强制制冷状态；若气温小于 23℃，空调器进入强制制热状态。

（4）交流电过零点检测信号输入　交流电过零点检测信号的作用是，使单片机控制晶闸管时在零点附近导通，以保护晶闸管。

（5）室内风机运转速度检测信号输入　该风机的转速由霍尔元件产生，直接送入单片机（风机转一圈输出 3 个脉冲），使单片机能检测到风机的运行速度，以便精确控制其转速。

（6）压缩机过流保护信号输入　该电路由电流互感器 TA 和整流滤波电路组成。压缩机的电源线穿过互感器，其线圈能输出感应电压，该电压经过整流滤波后，送入单片机。当压缩机的运行电流偏大时，电流互感器的输出感应电压升高，整流滤波后的电压也升高，当高到某一值时，单片机发出指令，切断压缩机的电源，从而保护了压缩机。RL 为过电流值设置电位器，一般情况下不能随意调整，否则会出现误保护与不保护的故障。

7.11　单片机的输出控制电路

由于空调器的功能越来越多，单片机的输出控制电路也随之增加，现行的空调器输出控制电路至少有 10 路，所采用的执行元件有晶体管、集成反向器、晶闸管和继电器等。

7.11.1　指示灯和蜂鸣器控制电路

图 7-10 为空调器电脑板的指示灯和蜂鸣器控制电路，其控制执行元件为晶体管。当相应

的单片机控制端输出高电平时，该指示灯发光。蜂鸣器控制端在刚开机或空调器接收到一个有效输入指令时，输出一个持续 0.5s 的高电平，使蜂鸣器发声。一般的空调器电源指示灯为"红色"，定时灯为"黄色"，空调器运行灯为"绿色"。

7.11.2　室内外风机控制电路

图 7-11 是常见的室内外风机的控制电路，室内风机的控制执行元件是光耦晶闸管，室外风机的控制执行元件是晶体三极管和继电器。当单片机的室内风机控制端输出低电平时，光耦晶闸管导通，室内风机运转，反之则不运转。采用光耦晶闸管的特点是可以实现无级调速，其转速由单片机输出的低电平脉冲宽度决定。当室外风机控制端输出高电平时，三极管导通，继电器吸合，使室外风机得电而运转，反之则不运转。

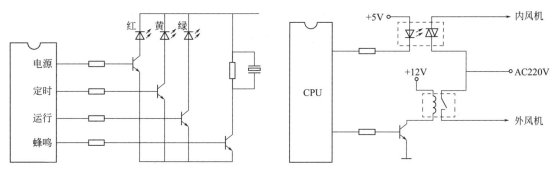

图 7-10　指示灯和蜂鸣器控制电路　　　　　图 7-11　常见的室内外风机的控制电路

7.11.3　压缩机、四通换向阀、步进电机控制电路

图 7-12 是常用的反向器控制电路，反向器的型号一般为 ULN2003 或 MC1413，这 2 个反向器可互换，内部均为 7 个独立的反向器，可同时控制 7 路负载。反向器的特点是当有高电平输入时，其输出端为低电平。当低电平输入时，其输出端为高电平，与三极管的工作性质相同。以控制压缩机运行为例，当单片机发出压缩机运行指令时，单片机输出高电平送到反向器，其输出为低电平，控制压缩机运行的继电器吸合，使压缩机通电运行。

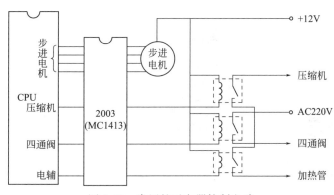

图 7-12　常用的反向器控制电路

7.12　蜂鸣器的检测

蜂鸣器在空调器中主要用来提示遥控信号接收有效，同时也可作为故障报警之用。蜂鸣

器图形符号如图 7-13 所示。蜂鸣器内部装有陶瓷片，这种陶瓷片是用钛、锆、铅氧化物配制后烧结而成。检测方法为：用万用表的电阻 "$R×1k$" 挡测量蜂鸣器两引脚，正常时蜂鸣器应能发出声响。如蜂鸣器没有发出声响，可判定蜂鸣器损坏。

图 7-13　蜂鸣器图形符号

7.13　功率模块

在变频空调器中，功率模块是主控制部件。变频压缩机运转的输入功率和输出功率，完全由功率模块所输出的电压和频率来控制。功率模块是由三组（每组两个）大功率的开关晶体管组成。

功率模块的工作原理是将直流电压通过三组晶体管的开关作用，转变为驱动压缩机工作的三相交流电压。

在维修中，有时称②、④、⑥为上臂，⑧、⑨、⑩为下臂，正常工作时功率模块输入端（P、N）的直流电压一般在 310V 左右，而输出端（U、V、W）的交流电压一般应高于 200V。如果功率模块输入端无直流 310V 电压，说明提供直流电压的整流滤波电路有故障，如果有直流 310V 电压输入，而功率模块 U、V、W 三相间输出的电压不均等或虽均等但低于 200V，则基本上可判断功率模块有故障或电脑板的控制信号有故障。

在各端未连接的情况下，可用指针式万用表测量 U、V、W 三端与 P 或 N 端之间的阻值来判断功率模块的好坏，方法是：红表笔接 P 端，用黑表笔分别测 U、V、W 三端，阻值应相同，如其中任何一端与 P 之间的阻值与其他两端不同，可判定模块已损坏。用黑表笔接 N端，红表笔分别测 U、V、W 三端，阻值也应相等。如不相等，可判断功率模块损坏。损坏的功率模块应进行更换。更换功率模块时，切不可将新模块接磁铁。功率模块在空调器上的应用见图 7-14。

室外机控制器

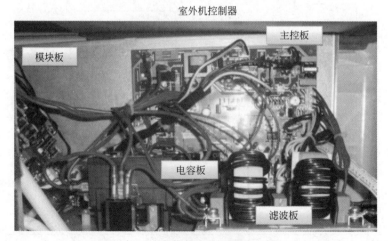

图 7-14　功率模块在空调器上的应用

教你一招：在更换功率模块时带有磁体的物体或接触带有静电的物体，要远离功率模块，特别是信号端子的插口，否则极易引起模块内部击穿损坏。

7.14 应急开关电路

7.14.1 应急开关电路作用

无遥控器时可以开启或关闭空调器。

7.14.2 应急开关电路工作原理

强制制冷功能、强制自动功能共用一个按键，正常控制程序：按压第 1 次按键，空调器将进入强制自动模式，按键之前若为关机状态，按键之后将转为开机状态；按压第 2 次按键，将进入强制制冷状态；按压第 3 次按键，空调器关机。按压按键使空调器运行时，在任何状态下都可用遥控器控制，转入遥控器设定的运行状态。

7.14.3 空调器应急开关控制程序

空调器应急开关控制程序大多是按 1 次为开机，工作于自动模式，再按 1 次则关机；待机状态下按下应急开关按键超过 5s，蜂鸣器响 3 声，进入强制制冷，运行时不考虑室内环境温度；应急运行时，如接收到遥控信号，则按遥控信号控制运行。

7.14.4 按键开关作用

按键开关使用在应急开关电路或按键电路，挂式空调器通常只使用 1 个，而柜式空调器则使用多个（通常为 6 个左右）。

按键常用在挂式空调器之中，共有 4 个引脚，其中 2 个为支撑引脚，通常直接接地；另外 2 个为开关引脚，接 CPU 相关引脚。按键状态与 CPU 引脚电压对应关系见表 7-1。

表 7-1 按键状态与 CPU 引脚电压对应关系

状态	CPU 引脚电压
应急开关按键未按下时	5V
应急开关按键按下时	0V

按键常用在柜式空调器之中，也共有 4 个引脚，未设支撑引脚，其中左侧 2 个引脚在内部相通连在一起，右侧 2 个引脚在内部相通连在一起，其实 4 个引脚也相当于 2 个引脚。

7.14.5 测量按键开关引脚阻值

使用万用表电阻挡，分未按压按键时和按压按键时测量 2 次。

① 未按压按键时测量开关引脚阻值。未按压按键时，引脚连接的内部触点并不相通，因此正常阻值应为无穷大；如果实测约 200kΩ 或更小，为按键开关漏电损坏，造成空调器自动开机或关机的故障。对于不定时自动开关机故障，为判断故障原因时可以直接将应急开关取下试机。

② 按压按键时测量开关引脚阻值方法。按压按键时，引脚连接的触点在内部相通，因此阻值应为 0Ω；如果实测阻值为无穷大，为内部触点开路损坏，引起按压按键、空调器没有反应的故障；如果按压按键时有约 10kΩ 的阻值，为内部触点接触不良，根据空调器电路的设计特点，出现按键不灵敏或功能键错乱，比如按下温度减键，而室内机主板转换空调器的运行模式。

7.15 遥控器电路控制原理

遥控器俗称"手机"。操作者按动遥控器上的按键可使其发出信号，这种信号是一连串的脉冲，它的载波是红外线。接收器收到遥控器发出的红外信号后，经过微电脑解码、比较等处理还原成指令，操作空调器的各个执行元件进行工作。遥控器可分为普通型遥控器、液晶显示和遥控器两种。

（1）遥控器电路控制原理　见图 7-15。

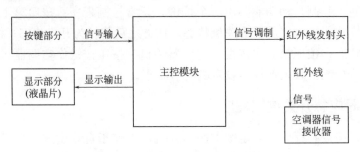

图 7-15　遥控器电路控制原理图

（2）故障检测方法

① 电源电路的检测　若遥控器发射信号后，听不到红外信号接收声，应首先用万用表测量空调器室内机电源插座是否有交流 220V 电压，如正常，再用室内机上的强制开关开机。若室内机、室外机能运转，制冷正常，说明遥控器的确有故障，可把遥控器后盖打开，用万用表的直流电压挡测量电池电压是否在 2.3V 以上，再检查电池两端弹簧是否被电解液腐蚀，若上述检查正常，用十字槽螺钉旋具把遥控器后盖螺钉拧下，卸下后盖。卸后盖时先用一字旋具轻撬后侧，再轻撬两侧以防把遥控器后盖卸坏，无法向用户交代。然后把万用表旋钮转换到"$R \times 1k$"挡，测量印制电路板前端红外发光二极管正反向电阻。若测得的正反向电阻值一样，说明红外发射管损坏，可更换。若红外发射二极管良好，可把固定遥控器电路板的四个十字螺钉卸下。用万用表测量反馈电容 C011 是否漏电。

② 复位电路检测　该电路有故障会使遥控器不发射信号，空调器无电源显示。检修时可将电容 C5 更换，并给主芯片复位脚接入低电平，使主芯片复位后再给主芯片复位脚接入 3V 电平，如此时遥控器能发射遥控信号，则确认故障为电容 C5 损坏所致。

③ 振荡电路的检测　该产品由于采用了两个晶体振荡器，所以当两个晶体振荡器中任何一个发生故障，都会造成遥控器无液晶显示，不发射遥控信号。检查时可用示波器测量主芯片晶体振荡器脚是否有振荡波形，若无说明，则晶体振荡器电路损坏，若有说明，则晶体振荡器电路正常。

④ 液晶显示电路检测，该电路有故障时遥控器一般能正常发射信号，但无液晶显示。这时，可首先检查按键与印制板之间的接触面有无污物，有污物会造成遥控器显示屏乱字或字迹不清，用 95% 的酒精清洗污物，3min 后装好故障即可排除。

⑤ 键控矩阵电路检测　键控矩阵主要由印制电路板和导电橡胶构成，其故障主要是导电橡胶表面和印制电路板面污物太多。检修时可用 95% 酒精清洗，再用清洁软布把表面处理干净。清洁过程中切忌用棉花，以免有棉丝贴在表面，造成新的接触不良。

⑥ 遥控板检测　如印制电路板上的元件焊点松香过多，松香受潮后会使焊点间发生漏电、

短路现象。处理的方法是：把焊点上的松香去掉，用 100W 灯泡烘烤电路板 30min 即可。

　　教你一招：遥控器修好后，组装电路板和按键导电橡胶片时，螺钉要对正轻拧，否则会引起显示屏数字不全的故障。

　　注意：① 红外线（又称红外光）遥控是指利用波长 0.75～1.5μm 的近红外线（红光的波长为 0.75μm）来传递控制信号，实现控制目的。

　　② 红外线是不可见电磁辐射。红外发光二极管峰值波长为 0.8～0.94μm。由于光电二极管，光电晶体管峰值波长为 0.88～0.94μm，与红外发光二极管刚好相匹配，采用红外光作遥控信号的载波可获得较高的传输效率和抗干扰性能。

　　③ 一般情况采用串行码分别控制电路对信号进行编码，不同的脉冲编码（即不同的脉冲数目及组合）代表不同的指令。

7.16　接收器

7.16.1　接收器安装位置

　　显示板组件通常安装在前面板或室内机的右下角，目前变频空调器多为显示板组件使用指示灯＋数码管的方式，安装在前面板，前面板留有透明窗口，称为接收窗，接收器安装在接收窗后面。

7.16.2　接收器工作原理

　　接收器内部含有光敏元件，通过接收窗口接收某一频率范围的红外线。当接收到相应频率的红外线，光敏元件产生电流，经内部电路转换为电压，再经过滤波、比较器输出脉冲电压、内部三极管电平转换，接收器的输出引脚输出脉冲信号送至 CPU 处理。

　　接收器对光信号的敏感区由于开窗位置不同而有所不同，且不同角度和距离其接收效果也有所不同；通常光源与接收器的接收面角度越接近直角，接收效果越好，接收距离一般不大于 8m。

　　接收器实现光电转换，将确定波长的光信号转换为可检测的电信号，因此又叫光电转换器。由于接收器接收的是红外光波，因此其周围的光源、热源、节能灯、日光灯及发射相近频率的电视机遥控器等都有可能干扰空调器的正常工作。

7.17　遥控接收器电路

　　遥控接收器在空调器中的主要作用是接收遥控器所发出的各种运转设定指令，再把这些指令传送给电脑板主芯片控制整机的运行。

　　（1）遥控接收器的工作原理　遥控接收器的工作原理是：光电二极管接收到遥控器发出的红外脉冲信号后将光信号转为电信号，再经自动增益控制（AGC）、滤波、解码等电路将电脉冲信号传输到主芯片处理，如图 7-16 所示。

　　一般可用万用表对该电路进行检测，如果接收器接收到信号时，1 端与 2 端间电压低于 5V，无信号时 1 端与 2 端电压为 5V，则可认为电路工作正常。后对电容进行放电，确定无电荷后，再测量。

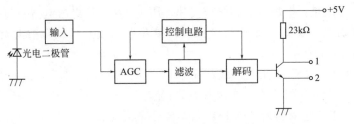

图 7-16　遥控接收器电路

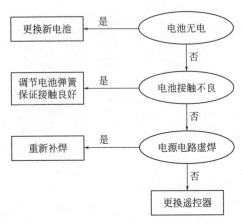

图 7-17　遥控器不进电诊断检测方法

（2）遥控器的维修诊断检测方法

① 遥控器不进电诊断检测方法见图 7-17。

② 遥控器不发射，见图 7-18。

③ 遥控器不显示或不全见图 7-19。

（3）遥控器维修注意事项

① 在拆开遥控器时必须注意清洁，严禁有灰尘附在零部件上面，尤其不能沾附在按键碳膜面、PCB 板碳膜面、PCB 板液晶驱动引脚、导电胶条、液晶片。

② 在打开遥控器外壳时，必须使用专用工具。

③ 在拆下 PCB 板时，必须使用专用螺丝刀，妥善保管螺钉。

④ 整个过程，必须轻拿轻放。

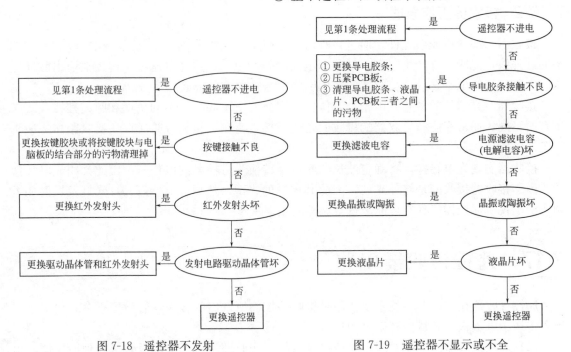

图 7-18　遥控器不发射　　　　　图 7-19　遥控器不显示或不全

7.18　电控板维修

电控板维修的方法：利用工装检修法、实体机检修法、静态检修法。

在维修电控板前，要了解电控板的生产工艺。电控板生产线见图 7-20，电控板波峰焊过程见图 7-21；电控板在线测试见图 7-22。电控板功能显示见图 7-23，电控板类型见图 7-24。整机工装方法见图 7-25。

图 7-20　电控板生产线

图 7-21　电控板波峰焊过程

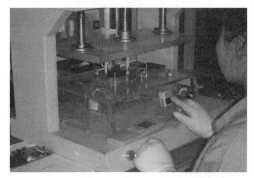

图 7-22　电控板在线测试

图 7-23　电控板功能显示方法

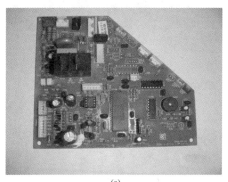

(a)

(b)

(c)

图 7-24　电控板类型

图 7-25　整机工装方法

空调器常见故障维修如下几个方面。

【故障1】　空调器室内机噪声

电磁噪声的主要故障为电机、变压器、风扇电容工作过程中产生的电磁噪声，可用螺丝刀导听声音的部位，判别具体的原件故障并实施更换。

室内机出管产生噪声解决方法见图7-26。

室内机后面出水管漏水位置见图7-27，室内机错误的焊接方法见图7-28，空调器室内机摆风电机安装手法见图7-29，室外机管路产生噪声原因见图7-30。室外机管路噪声解决方法见图7-31。

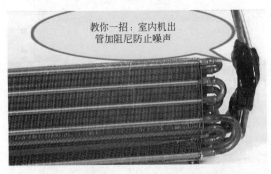

图 7-26　室内机出管产生噪声解决方法

图 7-27　室内机后面出水管漏水位置

图 7-28　室内机错误的焊接方法

图 7-29　空调器室内机摆风电机安装手法

图 7-30　室外机管路产生噪声原因

图 7-31　室外机管路噪声解决方法

【故障2】　空调器室外机不运转

空调器室外机不运转电脑板检测手法见图7-32。

教你一招：空调器电脑板电路故障检修思路：

① 先电源后负载，先强电后弱电。

② 先室内后室外，先两端后中间。

③ 先易后难，检修时如能将室内与室外电路、主电路与控制电路故障区分开，就会使电路故障检修简单和具体化。

空调器室外机故障方法：

① 对于有故障显示的空调器可通过观察室内与室外故障代码来区分故障部位。

② 对于采用串行通信的空调器电路，可用示波器测量信号线的波形来判断故障部位。

图 7-32　空调器室外机不运转电脑板检测手法

③ 对于热泵型空调器不除霜或除霜频繁，则多为室外主控电路板故障。

④ 有条件也可通过更换电路板来区分室外机故障。

室内机不运转检测手法见图 7-33。

室内机不运转电脑板检测方法见图 7-34。

图 7-33　室内机不运转检测手法

图 7-34　室内机不运转电脑板检测方法

判断室内机电路故障方法：

① 对于有输入与输出信号线的空调器，可采用短接方法来进行判断。如采用上述方法后空调器能恢复正常，说明故障在室外机；如故障没有消除，说明故障在室内机。

② 测量室外机接线端上有无交流或直流电压判断故障部位，如测量室外接线端子上有交流或直流电压，说明故障在室外机；如测量无交流或直流电压，说明故障在室内电路。

③ 对功率较大的柜式空调器可通过观察室外接触器是否吸合，来判断故障部位，如接触器吸合，说明故障在室外机；如没有吸合，说明故障在室内机。

图 7-35　用故障代码灯判断故障方法

用故障代码灯判断故障方法见图 7-35。

判断控制与主电路故障方法如下。

① 对于压缩机频繁开停故障，可通过测量空调器负载电压与压缩机运行电流来判断故障部位。如压缩机运转电流过大，说明故障在主电路；如压缩机运转电流正常，说明故障在控制电路。

② 对于风机运转压缩机不启动故障，可通过观察室外交流接触器是否吸合来判定故障部位。如接触器吸合而压缩机不工作，说明故障在主电路；如接触器不吸合，说明故障在控制电路。对于变频空调压缩机不启动，可通过检测功率模块来排除故障。

③ 测量室内与室外保护元件是否正常，来判断故障区域。如测量保护元件正常，说明故障在控制电路；如测量保护元件损坏，说明故障在主电路。

④ 对于压缩机不运转故障，还可通过强行按动接触器，观察压缩机是否能正常制冷。如按下接触器压缩机能运转且制冷，说明故障在控制电路；如按下接触器压缩机过流或不启动，说明故障在主电路（变频压缩机不能采用此法）。

⑤ 对于压缩机频繁启动故障，如摸压缩机外壳温度过高，多为主电路或压缩机本身故障。

⑥ 对于变频空调来说，可以通过空调器的故障指示灯来进行判断，如 EEPROM、功率模块、通信故障等。

判断保护与主控电路故障方法：

① 可通过检测室内外热敏电阻、压力继电器、热保护器、相序保护器是否正常来判断故障部位。如保护元件正常，说明故障在主控电路；如不正常，说明故障在保护电路。

② 采用替换法来区分故障点，如用新主控板换下旧主板后，故障现象消除，说明故障在主控电路；如替换后故障还存在，说明故障在保护电路。

③ 利用空调器"应急开关"或"强制开关"来区分故障点，如按动应急开关后空调器能制冷或制热，说明主控电路正常，故障在遥控发射与保护电路；如按动"强制开关"后，空调器不运转，说明故障在主控电路。

④ 观察空调器保护指示灯亮与否来区分故障点，如保护灯亮，说明故障在保护电路，如保护灯不亮，说明故障在主控电路。

⑤ 对于无电源不显示故障，首先检查电源变压器、压敏电阻、保险管是否正常，如上述元件正常，说明故障在主控电路板。

⑥ 测量主控板直流 12V 与 5V 电压正常，而空调器无电源显示也不接收遥控信号，多为主控电路故障（遥控器与遥控接收器故障除外）。

判断主控电路故障方法如下。

空调器主控电路板故障常有以下几种表现形式，检修时可根据故障现象进行分析。

【故障3】　无电源显示整机不工作故障

此故障指电源变压器、保险管、压敏电阻和电源电压正常，空调器不接收遥控信号、无电源显示同时整机不工作。有以下几种情况：

① 主控电路板直流稳压电源故障。

② 主控电路板复位电路故障。

③ 主控电路板 3min 延时电路故障。

④ 主控电路板过零检测电路故障。

⑤ 主控电路板晶振电路故障。

⑥ 遥控器开关电路故障。

⑦ 室内或室外单片机自身故障。

【故障4】　电源显示正常但整机不工作故障

此故障指空调器电源显示正常且能接收遥控信号，但风扇电机与压缩机不能正常工作，引起此故障的原因如下：

① 空调器主控板驱动电路故障。

② 电源过欠压保护电路故障。

③ 三相电源相序保护电路故障。

④ 主控电路板复位电路故障。

⑤ 功率模块不正常。

⑥ 直流 12V 不正常。

⑦ 室内外控制板通信电路故障。

⑧ 室内或室外单片机自身故障。

【故障 5】 电源正常但压缩机开停频繁

此故障是指室内没有达到设定温度，压缩机运转一段时间自动停机，又自动开机的现象。故障原因如下：

① 室内主控板环温检测电路故障。

② 室内或室外压缩机驱动电路故障。

③ 室外主控板的温度检测电路故障。

④ 室内、室外单片机自身故障。

⑤ 室内或室外主控板驱动电路故障。

⑥ 室内或室外主控板过流检测电路故障。

⑦ 室内或室外主控板高低压保护电路故障。

⑧ 室内或室外主控板温度检测电路故障。

⑨ 室内或室外单片机自身故障。

⑩ 室内或室外 EEPROM 自身故障。

【故障 6】 压缩机运转但室内风机不转

此故障指室外机运转正常但室内风机不转，或初次开机时，风机运转但过一段时间后自动停机。

① 室内或室外主控板管温检测电路故障。

② 室内或室外主控板风机驱动电路故障。

③ 室内或室外主控板通信电路故障。

④ 室内或室外主控板风速检测电路故障。

⑤ 室内或室外单片机自身故障。

【故障 7】 制热正常但不除霜或除霜频繁

此故障是指空调器制热正常，但室外散热器除霜效果不好或不除霜，及空调器室外机散热器没有结霜但却出现周期性除霜现象。

① 室外除霜电路板电路故障。

② 室外主控板管温检测电路故障。

③ 室内管温检检测保护电路故障。

④ 室内外主控板通信电路故障。

⑤ 室外管温热敏电阻开路故障。

⑥ 室外风扇电机驱动电路故障。

【故障 8】 空调器能制冷但不制热故障

此故障指制冷时能正常工作，但制热时室外机不工作或外机换向阀线圈不通电故障，造成此故障的主要原因如下。

① 室内主控板环温检测电路故障。

② 室内或室外主控板通信电路故障。

③ 室外主控板换向阀线圈驱动电路故障。

④ 化霜温度检测电路故障。

⑤ 室内或室外单片机自身故障。

【故障 9】 空调器除湿运转正常，在制冷状态压缩机不转

有以下原因：

① 室内控制板环温检测电路故障。

② 单片机自身故障。

③ 室内外主控板保护电路故障。

【故障 10】 空调器突然停机故障

出现此故障时，空调器不受自身开关或遥控器控制，而只能采用拔下电源插头关机的现象，且下次关机后空调器运转正常。常见故障原因如下。

① 抗干扰电路故障。

② 室外主控板信号驱动电路故障。

③ 室内或室外复位电路设计不合理。

④ 用万用表测量电控板的各元器件的静态电阻。

第**8**章

海信变频空调器电控板的维修 ‖‖‖‖

8.1 海信 KFR-26GW/VV 新型空调器电控板 ⋯⋯⋯⋯⋯

8.1.1 电控技术特点

KFR-26GW/VV 室内电控采用开关电源方案（电源芯片为 TNY277PN）、主芯片采用 R5F101FCA。可以支撑的功能有：直流电机驱动、环境温度和盘管温度的采集、室外主继电器驱动、电加热驱动、离子功能驱动、应急按键功能、蜂鸣器电路、风板步进电机驱动等接口功能。

8.1.2 室内电控板

KFR-26GW/VV 电控板外观实物图名称解读，见图 8-1。主要硬件功能说明（包括电源、电机等功能）：

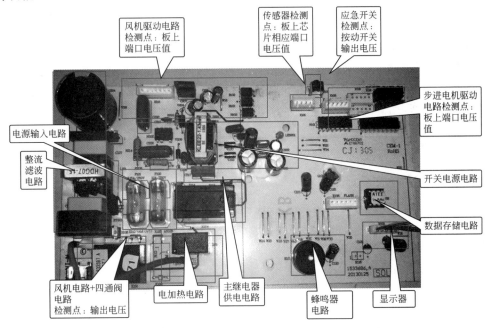

图 8-1 KFR-26GW/VV 电控板外观实物图名称解读

a. 整流滤波电路输出 310V 供开关电源使用。

b. 开关变压器输出 5V、12V、15V 供后续电路使用。

c. 复位电路用于检测 5V 电压,低于 4.6V 则对芯片进行复位。

d. 传感器电路用于检测室内环境温度、室内盘管温度。

(1)电源输入电路

① 功能　电源输入,为控制板提供交流市电;保险管起短路保护的作用。

② 检测　检测电源是否有电;保险管应该连通,不应断路。

(2)主继电器供电电路

① 功能　向室外机供电,提供电源。

② 检测　系统开机后,继电器应能够可靠吸合向室外供电;检测继电器的绕组是否断路。

(3)步进电机驱动电路

① 功能　驱动风门风扇电机运转。

② 检测　+12V 电源是否正常;接口端子接收是否良好。

(4)开关电源电路

① 功能　将交流强电转化为+5V、+12V、+15V,为控制板提供工作电源。

② 检测　在有电源的情况下检测电解电容两端是否有直流电压;检测输出电压是否正常。

(5)直流电机驱动电路

① 功能　为直流电机提供驱动脉冲电源。

② 检测　检测+15V 电源是否正常;检测接口是否接触良好。

(6)存储器电路

① 功能　存储整机运行时的关键参数。

② 检测　检测电源+5V 是否正常。

(7)传感器电路

① 功能　检测环境温度和盘管温度。

② 检测　检测接口连接是否良好;检测电源+5V 是否正常。

(8)显示接口电路

① 功能　连接显示板,为显示板提供+5V 电源,使显示板与控制板建立起通信连接。

② 检测　检测+5V 电源是否正常;检测连接线是否连接良好。

8.1.3　系统技术特点

说明:测试时高风,设定制冷 18℃/制热 32℃,室内盘管为检测工装的显示值,整机电流为测试值。

8.1.4　室外机接线图

室外机接线方法见图 8-2。

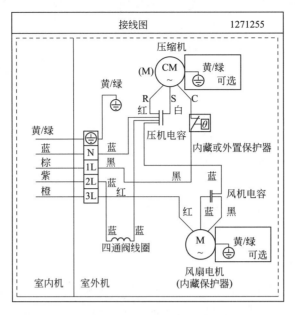

图 8-2　室外机接线方法

8.2　海信 KFR-35W/1P02-H1A2(B0) 变频空调器室内机电控板

8.2.1　产品技术特点

该平台产品为二级 APF 能效中高端产品。室内机采用 G1S 或 G1X 箱体，均为成熟箱体。

部分机型具有智能功能（机型前面带有"＊"），可通过专用 WiFi 智控模块和云端服务，实现远程控制、自主调节等全新功能。

室外机采用 W1P 箱体（成熟箱体），双排冷凝器。室外电控采用有源分立 PFC 单板单芯片直流变频方案。

8.2.2　室内电控技术特点

此机型室内控制板采用开关电源供电方式；室内风扇电机为 PG 风机。

8.2.3　室外电控技术特点

采用单芯片、双 IPM 驱动方案，即直流风机和压缩机均采用 PWM 软件控制；因采用直流风机外置驱动方案，市场维修所用控制板无法与采用直流风机内置驱动方案的室外控制板通用。

8.2.4　主要硬件维修

（1）电源输入电路

① 功能　电源输入，为控制板提供交流市电；保险管起短路保护的作用。

② 检测　检测电源是否有电；保险管应该连通，不应断路。

（2）室外供电电路

① 功能　向室外机供电，提供电源。

② 检测　系统开机后，继电器应能够可靠吸合向室外供电；检测继电器的绕组是否断路。

（3）风扇电机驱动电路

① 功能　驱动室内风扇电机运转。

② 检测 PG 风机　风机端子输出电压是否正常；接口端子接触是否良好。

（4）通信电路

① 功能　室内、外机通过此电路进行通信，传递数据。

② 检测　检测通信线与零线之间有无变化的直流电。电压变化范围 DC 0～24V；检测两个光电耦合器是否良好。

（5）开关电源电路

① 功能　将 DC310 转化为弱电 12V、5V，为控制板提供工作电源。

② 检测　在有电源的情况下检测开关电源二次侧输出二极管至后端电解电容两端是否有直流电压。二次侧输出为 5V、12V。测试输出电压（＋5V）是否正常。

（6）步进电机电路

① 功能　为步进电机提供驱动脉冲电源。

② 检测　检测＋12V 电源是否正常；检测反向驱动器是否正常，前极为高电平，后极为低电平；检测接口是否接触良好。

（7）存储器电路

① 功能　存储整机运行时的关键参数。

② 检测　检测电源＋5V 是否正常。

（8）传感器电路

① 功能　检测环境温度和盘管温度。

② 检测　检测接口连接是否良好；检测电源＋5V 是否正常。

（9）显示接口电路

① 功能　连接显示板，为显示板提供＋5V 电源，使显示板与控制板建立起通信连接。

② 检测　检测＋5V 电源是否正常；检测连接线是否连接良好。

（10）过零检测电路

① 功能　根据过零点后控制 PG 风机的输入电压，从而控制风机风速。

② 检测　检测二极管及输出波形。

8.2.5　室内机电控板

海信 KFR-35W/1P02-H1A2（B0）室内机电控板见图 8-3。

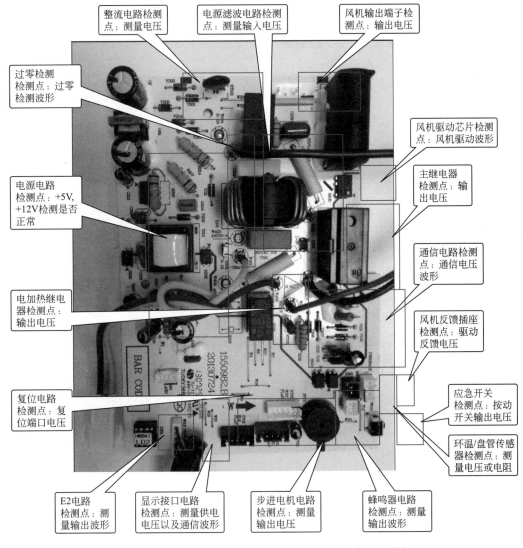

整流电路检测点：测量电压

电源滤波电路检测点：测量输入电压

风机输出端子检测点：输出电压

过零检测检测点：过零检测波形

风机驱动芯片检测点：风机驱动波形

主继电器检测点：输出电压

电源电路检测点：+5V，+12V检测是否正常

通信电路检测点：通信电压波形

电加热继电器检测点：输出电压

风机反馈插座检测点：驱动反馈电压

复位电路检测点：复位端口电压

应急开关检测点：按动开关输出电压

环温/盘管传感器检测点：测量电压或电阻

E2电路检测点：测量输出波形

显示接口电路检测点：测量供电电压以及通信波形

步进电机电路检测点：测量输出电压

蜂鸣器电路检测点：测量输出波形

图 8-3　海信 KFR-35W/1P02-H1A2（B0）室内机电控板

8.3　海信 KFR-35GW85FZBPH-A2(B1)变频空调器室内机电控板

8.3.1　主要硬件功能

（1）电源输入电路

① 功能　电源输入，为控制板提供交流市电。保险管起短路保护的作用。

② 检测　检测电源是否有电。保险管应该连通，不应断路。

（2）室外供电电路

① 功能　向室外机供电，提供电源。

② 检测　系统开机后，继电器应能够可靠吸合向室外供电。检测继电器的绕组是否断路。

（3）风扇电机驱动电路

① 功能　驱动室内风扇电机运转。

② 检测 PG 风机　风机端子输出电压是否正常；接口端子接触是否良好。

（4）通信电路

① 功能　室内、外机通过此电路进行通信，传递数据。

② 检测　检测通信线与零线之间有无变化的直流电。电压变化范围 DC 0～24V；检测两个光电耦合器是否良好；检测整流二极管和稳压二极管是否良好。

（5）开关电源电路

① 功能　将 DC310 转化为弱电 12V、5V，为控制板提供工作电源；

② 检测　在有电源的情况下检测开关电源二次侧输出二极管至后端电解电容两端是否有直流电压。二次侧输出为 5V、12V。测试输出电压（＋5V）是否正常。

（6）步进电机电路

① 功能　为步进电机提供驱动脉冲电源。

② 检测　检测＋12V 电源是否正常；检测反向驱动器是否正常，前极为高电平，后极为低电平；检测接口是否接触良好。

（7）存储器电路

① 功能　存储整机运行时的关键参数。

② 检测　检测电源＋5V 是否正常。

（8）传感器电路

① 功能　检测环境温度和盘管温度。

② 检测　检测接口连接是否良好。检测电源＋5V 是否正常。

（9）显示接口电路

① 功能　连接显示板，为显示板提供＋5V 电源，使显示板与控制板建立起通信连接。

② 检测　检测＋5V 电源是否正常。检测连接线是否连接良好。

（10）过零检测电路

① 功能　根据过零点后控制 PG 风机的输入电压，从而控制风机风速。

② 检测　1 脚＋5V，4 脚 GND。参考 WiFi 模块说明书，通过指示灯观察控制板是否可与 WiFi 模块正常通信。

8.3.2　电控板外观实物图解读（关键电路的圈图教你用）

电控板外观实物图解读，见图 8-4。

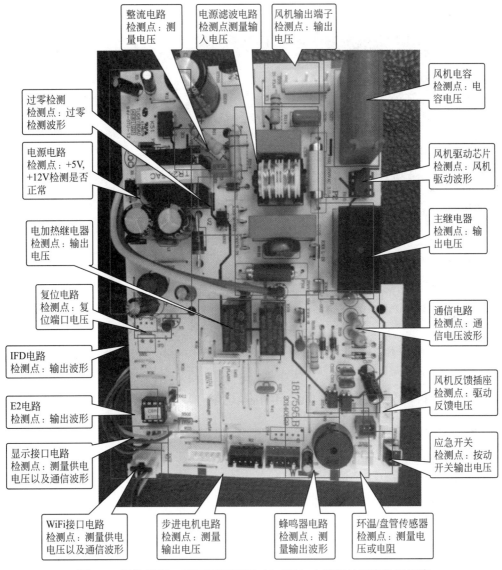

整流电路
检测点：测量电压

电源滤波电路
检测点测量输入电压

风机输出端子
检测点：输出电压

风机电容
检测点：电容电压

过零检测
检测点：过零检测波形

电源电路
检测点：+5V，+12V检测是否正常

电加热继电器
检测点：输出电压

复位电路
检测点：复位端口电压

IFD电路
检测点：输出波形

E2电路
检测点：输出波形

显示接口电路
检测点：测量供电电压以及通信波形

风机驱动芯片
检测点：风机驱动波形

主继电器
检测点：输出电压

通信电路
检测点：通信电压波形

风机反馈插座
检测点：驱动反馈电压

应急开关
检测点：按动开关输出电压

WiFi接口电路
检测点：测量供电电压以及通信波形

步进电机电路
检测点：测量输出电压

蜂鸣器电路
检测点：测量输出波形

环温/盘管传感器
检测点：测量电压或电阻

图 8-4　海信 KFR-35GW85FZBPH-A2（B1）电控板外观实物图解读

8.4 海信 KFR-35W/1P02-H1A2(B0)、KFR-35GW85FZBPH-A2(B1)室外机主控板

8.4.1　室外电控板

电控板外观示意图分解说明（关键电路的圈图教你用），见图 8-5。

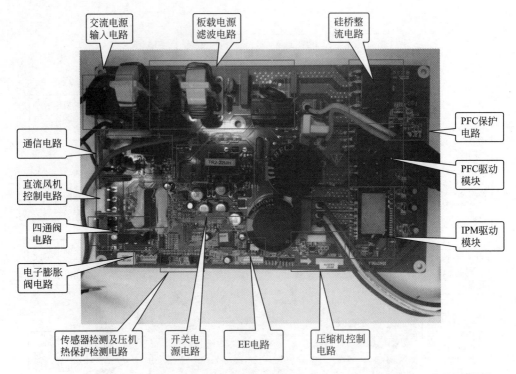

图 8-5　海信 KFR-35W/1P02-H1A2（B0）、KFR-35GW85FZBPH-A2（B1）室外电控板

8.4.2　主要硬件功能（包括电源、电机等功能）

（1）电源滤波电路

① 功能　对开关电源前的交流电压进行滤波；保险管弱电电流保护。

② 检测　滤波前后电压应该相同；熔断器应该连通，不应断路。

（2）开关电源电路

① 功能　提供室外的控制电源 5V、12V 与 15V。

② 检测　电源输入应该在 140VDC 以上。输出电压为 5V、12V 与 15V。7815 输出应为 15V。

（3）EE 电路

① 功能　数据存储。

② 检测　EE 芯片的 7，8 脚应为 5V。

（4）通信电路

① 功能　室内外数据通信。

② 检测　通信线上电压应为 0V-15V-24V 变换。

（5）直流风机控制

① 功能　驱动室外风机裸机。

② 检测　将万用表打到二极管挡，将红色表笔放在模块 N 管脚上，再用黑色表笔分别接触模块 U、V、W 三个端子看电压是否在 0.35~0.7V，如果不正常则模块可能已经损坏。如果正常再将万用表的黑色表笔放在模块 P 管脚上，用黑色表笔分别接触模块 U、V、W 三个

端子看电压是否在 0.35～0.7V，如果电压不正常则可能模块已经损坏。上电后，风机驱动芯片 3 脚、13 脚与 1 脚之间电压应为 15V。

（6）四通阀控制

① 功能 四通阀控制。

② 检测 四通阀继电器吸合时，其输出与零线之间电压应为交流输入电压值。

（7）压敏电阻

① 功能 交流电压过压保护。

② 检测 表面不应爆裂；上电后，压敏电阻管脚两端电压为交流输入电压值。

（8）热敏电阻

① 功能 电解电容充电限流保护。

② 检测 常温下，其两端电阻应为 47Ω 左右。

（9）电子膨胀阀

① 功能 电子膨胀阀驱动控制。

② 检测 电子膨胀阀电源应为 DC12V；室外上电后，电子膨胀阀有动作的声音。

（10）传感器检测电路

① 功能 温度检测电路。

② 检测 输入到芯片电压值应为传感器电阻与对应下拉电阻分压值。

（11）压机热保护检测电路

① 功能 压机热保护检测电路。

② 检测 压机不热保护时，输入到芯片口电压应为 5V；压机热保护时，输入到芯片口电压应为 0V。

（12）相电流采样电路

① 功能 检测压机电流。

② 检测 不便于现场检测，需借助示波器。有故障会报驱动故障。

（13）交流电流检测

① 功能 检测室外机有输入电流。

② 检测 不便于现场检测，需借助示波器。

（14）IPM 驱动模块

① 功能 为压缩机提供电源。

② 检测 将万用表打到二极管挡，将红色表笔放在模块 N 管脚上，再用黑色表笔分别接触模块 U、V、W 三个端子看电压是否在 0.35～0.7V，如果不正常则模块可能已经损坏。如果正常再将万用表的黑色表笔放在模块 P 管脚上，用黑色表笔分别接触模块 U、V、W 三个端子看电压是否在 0.35～0.7V，如果电压不正常则可能模块已经损坏。

8.4.3　海信 KFR-35W/85FZBPH-A2（B1）室内外机接线方法

海信 KFR-35W/85FZBPH-A2（B1）室内接线见图 8-6。

海信 KFR-35W/85FZBPH-A2（B1）室外机接线方法见图 8-7。

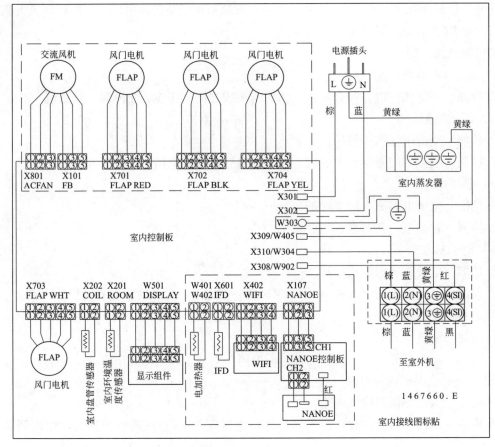

图 8-6　海信 KFR-35W/85FZBPH-A2（B1）室内接线

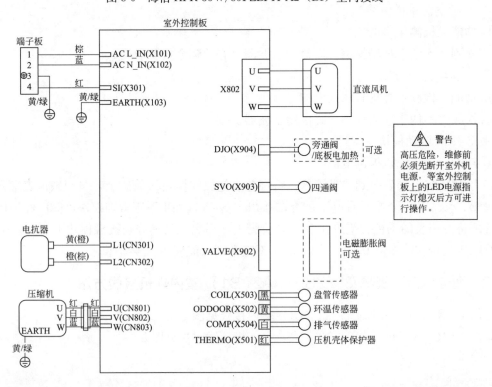

室外故障代码表　　　　　　　　　室外故障灯指示定义：✕ 灭　★ 亮　○ 闪

显示屏故障号	故障说明	故障灯			显示屏故障号	故障说明	故障灯		
		LED1	LED2	LED3			LED1	LED2	LED3
0	无故障	✕	✕	✕	14	室外环境温度传感器故障	★	★	✕
1	室外盘管温度传感器故障	★	✕	★	15	压缩机壳体温度过高保护	✕	★	○
2	压缩机排气温度传感器故障	★	✕	✕	16	室内制冷防冷结或者制热防过载保护	✕	○	○
7	室内室外通信故障	✕	✕	○					
8	电流过载保护	★	○	✕	19	驱动故障	○	✕	○
9	最大电流保护	★	○	★	20	室外风机堵转保护	○	○	★
10	室外与驱动通信故障	✕	★	★	21	制冷室外盘管防过载保护	✕	★	✕
11	室外EEPROM故障	★	★	★	22	压机预加热状态	○	★	✕
13	压缩机排气温度过高保护	✕	○	★					

图 8-7　海信 KFR-35W/85FZBPH-A2（B1）室外机接线方法

8.5　海信 KFR-60LW 变频空调器维修

8.5.1　产品技术特点

室内机箱体为 L3E，正面出风、玻璃面板；室外箱体为 W2N。系统平台为室内 36U，7.0U 型管，端板间距 401mm；室外 30U，7.0U 型管，端板间距 907mm，电子膨胀阀控制；室内电控平台采用开关电源控制板，室外平台为瑞萨平台，30A 单板。

8.5.2　室内电控技术特点

① 此机型室内控制板采用开关电源供电方式。
② 室内风扇电机为三速交流抽头电机，风机电容为 $4.0\mu F$。
③ 室内显示和室内电源电路分开，提高了工作的可靠性。
④ 专用的显示通信电路，提高了抗干扰能力。

8.5.3　室外电控技术特点

① 室外采用单板倒装的方式，将主控、驱动、大电解、滤波电路都集中到一块控制板上。
② 压缩机驱动采用 180°直流变频驱动方案，IPM 模块采用无光耦非隔离驱动方案。
③ 主控系统与 IPM 压缩机驱动控制分开，以同步通信方式进行通信。
④ 采用主动升压式 PFC 控制方案，可有效降低电源系统的谐波和提高能源利用效率。
⑤ 室外弱电电源为开关电源供电，主要为控制芯片、交直流风机驱动电路、PFC 控制电路和模块驱动电路提供电源。电源分为三路，分别为 5V、12V、15V，采用热地设计。

8.5.4　室内机电控技术解读

电控板外观实物图分析解读见图 8-8。
（1）电源输入电路
① 功能　电源输入，为控制板提供交流市电；保险管起短路保护的作用。
② 检测　检测电源是否有电；保险管应该连通，不应断路。

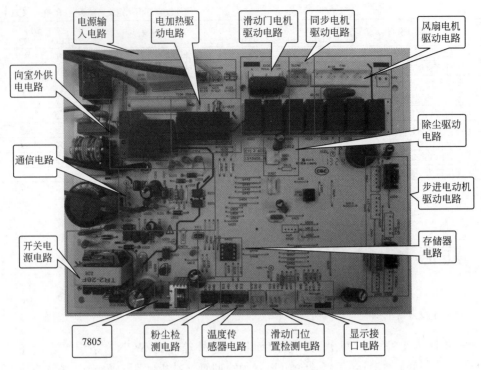

图 8-8　电控板外观实物图分析解读

（2）室外供电电路

① 功能　向室外机供电，提供电源。

② 检测　系统开机后，继电器应能够可靠吸合向室外供电；检测继电器的绕组是否断路。

（3）通信电路

① 功能　室内、外机通过电路进行通信，传递数据。

② 检测　检测通信线与零线之间有无变化的直流电。电压变化范围 DC 0～24V；检测两个光电耦合器是否良好；检测整流二极管和稳压二极管是否良好。

（4）开关电源电路

① 功能　将交流强电转化为弱电 12V，为控制板提供工作电源。

② 检测　在有电源的情况下检测电解电容两端是否有直流电压；检测 7805 的输入电压（＋12V）和输出电压（＋5V）是否正常。

（5）7805 稳压器

① 功能　将直流 12V 转为 5V，为控制板提供工作电源。

② 检测　检测 7805 的输入电压（＋12V）和输出电压（＋5V）是否正常。

（6）粉尘检测电路（36 系列产品中无此功能）

① 功能　连接粉尘检测传感器，将当前空气的洁净度发给主控芯片。

② 检测　X502-1 引脚为信号；X502-2 引脚为＋5V 电源；X502-3 引脚为 GND；检测 X502-2 引脚电源是否正常。

（7）温度传感器电路

① 功能　检测环境温度和盘管温度。

② 检测　检测接口连接是否良好；检测电源＋5V 是否正常。

（8）滑动门位置检测电路（36 系列产品中无此功能）

① 功能　检测滑动门运转的位置，为滑动门正常运转提供信号。

② 检测　检测接口连接是否良好；检测 X503、X504 的电源＋5V 是否正常。

（9）显示接口电路

① 功能　连接显示板，为显示板提供＋12V 电源，使显示板与控制板建立起通信连接。

② 检测　检测＋12V 电源是否正常；检测连接线是否连接良好。

（10）存储器电路

① 功能　存储整机运行时的关键参数。

② 检测　检测电源＋5V 是否正常。

（11）步进电机驱动电路

① 功能　为步进电机提供驱动脉冲电源；

② 检测　检测＋12V 电源是否正常；检测反向驱动器是否正常，前极为高电平，后极为低电平。

（12）除尘驱动电路（36 系列产品中无此功能）

① 功能　为除尘装置提供＋12V 电源。

② 检测　检测＋12V 电源是否正常。

（13）风扇电机驱动电路

① 功能　驱动室内风扇电机运转。

② 检测　电源是否正常；交流 220V 是否正常，＋12V 是否正常；继电器的绕组是否短路；接口端子接收是否良好。

（14）同步电机驱动电路

① 功能　驱动纵向风门同步电机。

② 检测　检测电源是否正常；检测继电器的绕组是否断路；检测输出电路有电后，同步电机是否运转。

（15）滑动门电机驱动电路（36 系列产品中无此功能）

① 功能　驱动上下运转滑动门同步电机。

② 检测　检测电源是否正常；检测 K103、K104 继电器的绕组是否断路；检测输出电路有电后，滑动门同步电机是否运转。

（16）电加热驱动电路

① 功能　驱动电加热器工作。

② 检测　检测电源是否正常；检测 K102 继电器的绕组是否断。

8.5.5　室外机电控技术解读

电控板外观实物图分解说明（关键电路的圈图说明），见文前彩图 8-9。主要硬件功能说明如下。

（1）压敏电阻

① 功能　交流电压过压保护。

② 检测　表面不应爆裂；上电后，压敏电阻管脚两端电压为交流输入电压值。

（2）电源滤波电路

① 功能　对进入控制板的交流电进行滤波，抑制干扰。

② 检测　滤波电路前后电压应该相同；滤波电路前后的 L-L 应该连通，N-N 应该连通，应短路；L-N 间应断路。

（3）热敏电阻

① 功能　电解电容充电限流保护。

② 检测　常温下，其两端电阻应为 47Ω 左右。

（4）主继电器

① 功能　室外交流电上电控制。

② 检测　主继电器吸合时，其输出与零线之间电压应为交流输入电压值且旁边的热敏电阻不发烫。

（5）保险管

① 功能　控制板电流过大时，切断主回路，起保护作用。

② 检测　测量保险管两端，应为通路。

（6）电源电路

① 功能　提供室外主控板的控制电源 5V、12V、15V。

② 检测　电源输入应该在 DC140V 以上；控制板上对应输出电压应为 5V、12V、15V。

（7）通信电路

① 功能　室内外数据通信。

② 检测　通信线上电压应为 0V-15V-24V 变换。

（8）风机控制

① 功能　室外双速风机控制。

② 检测点　风机继电器吸合时，其输出与零线之间电压应为交流输入电压值。

（9）四通阀控制

① 功能　四通阀控制。

② 检测　四通阀继电器吸合时，其输出与零线之间电压应为交流输入电压值。

（10）主控芯片

① 功能　控制室外机的整体功能，和室内、驱动通信，协调进行整机的运行。

② 检测　不便于现场检测，故障检测需借助示波器。有故障会报具体故障。

（11）电子膨胀阀

① 功能　电子膨胀阀驱动控制。

② 检测　电子膨胀阀电源应为 DC12V；室外上电后，电子膨胀阀有动作的声音。

（12）传感器检测电路

① 功能　温度检测电路。

② 检测　输入到芯片电压值应为传感器电阻与对应下拉电阻分压值。

（13）压机热保护检测电路

① 功能　压机热保护检测电路。

② 检测　压机不热保护时，输入到芯片口电压应为 5V；压机热保护时，输入到芯片口电压应为 0V。

（14）EE 电路

① 功能　数据存储。

② 检测点　EE 芯片的 1、8 脚应为 5V。

（15）三端稳压　7815 电路。

① 功能　为控制板提供稳定的 15V 电源。

② 检测点　7815 的输入应在 18V 左右，输出应为 15V。

（16）驱动芯片

① 功能　为 IPM 及 PFC 电路提供驱动控制及故障保护。

② 检测　不便于现场检测，故障检测需借助示波器。有故障会报驱动故障。

（17）压机相电流采样电路

① 功能　检测压缩机相电流。

② 检测　需借助示波器才能检测，相关故障可通过驱动故障显示。

（18）压缩机连接线

① 功能　为压缩机提供主控板到压缩机的电气连接。

② 检测　测量每根线的两端是否通路，若有一根不通，则连接线损坏。

（19）IPM 模块

① 功能　根据控制信号，驱动压缩机运转。

② 检测　将万用表打到二极管挡，将红色表笔放在模块 N 管脚上，再用黑色表笔分别接触模块 U、V、W 三个端子看电压是否在 0.35～0.7V，如果不正常则模块可能已经损坏。如果正常再将万用表的黑色表笔放在模块 P 管脚上，用黑色表笔分别接触模块 U、V、W 三个端子看电压是否在 0.35～0.7V，如果电压不正常则可能模块已经损坏。

（20）二极管

① 功能　PFC 电路重要元器件之一，IGBT 导通时，阻止后级电流流经 IGBT，IGBT 关断时，为电抗器续流功能。

② 检测　常见故障模式为击穿短路，可通过万用表或示波器量取两极间的电压，阻值为零则认为元器件已经损坏。

（21）IGBT

① 功能　PFC 电路重要元器件之一，通过其通断开关，控制整机电流波形。

② 检测　常见故障模式为短路，可通过三个引脚之间进行两两阻值测试，如果阻值接近于零，则说明该器件短路，需要更换。

（22）硅桥

① 功能　提供室外交流电流到直流电流的转换。

② 检测　注意硅桥在散热器上的装配是否可靠；常见故障模式为短路，可通过三个引脚之间进行两两阻值测试，如果阻值接近于零，则说明该器件短路，需要更换。

（23）电抗器连接线

① 功能　为电抗器提供主控板到电抗器的电气连接。

② 测量　每根线的两端是否通路，若有一根不通，则连接线损坏。

（24）整机电流检测

① 功能　检测室外经过整流硅桥的总直流电流大小。

② 检测　需借助示波器才能检测，该部分电路出现故障后，可通过驱动故障显示。

（25）维修时注意事项

① 在控制板的 IGBT 与二极管下各有一陶瓷垫片，更换新控制板时，确认两个垫片都在对应塑料框内，且无破裂。

② 更换新控制板时，功率器件 IPM、IGBT、二极管、硅桥的 5 个固定螺钉都要固定紧，缺一不可。

③ 因为电源采用热地设计，弱电地和强电地连接在一起，故弱电也是不安全的。因此控制板带电维修时，切不可用手触碰控制板的弱电。弱电控制板见图 8-10。

图 8-10　弱电控制板

8.5.6　电气接线图

室内机接线方法见图 8-11（注意不同电控方案的差异）。

室外机接线方法见图 8-12。

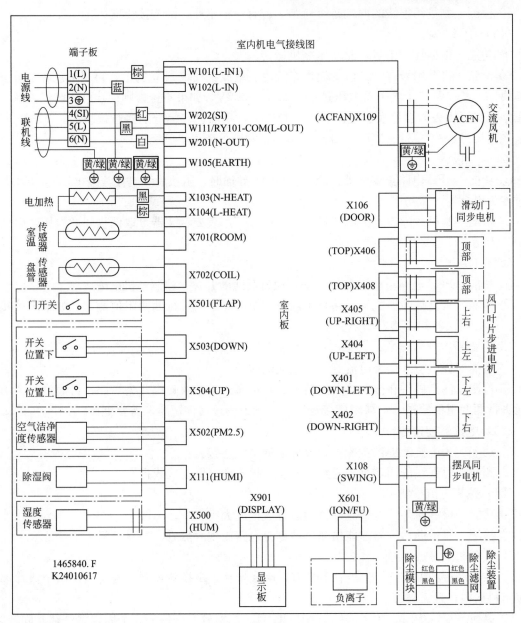

图 8-11　室内机接线方法

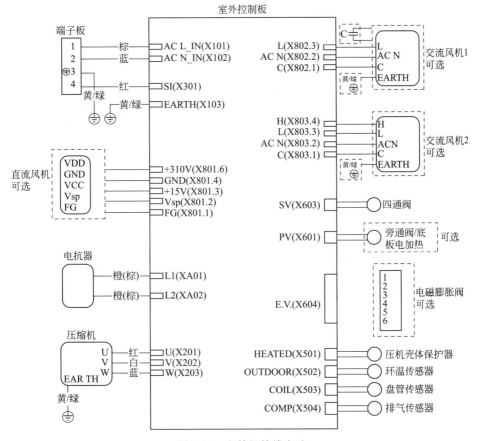

图 8-12　室外机接线方法

8.6　海信系列变频空调器维修

（1）机型：KFR-28GW/BP 变频空调器

【故障 1】　不制冷，外机风机压机启动一下，马上就停，十几分钟后又启动又停。无故障显示。

① 分析与检测　用万用表直流挡检测模块 PN 端直流电压发现在开机瞬间电压下跌很厉害，至 20～30V，甚至更低。分析原因可能是接线不牢，或者外板上功率继电器不能吸合故障。进一步检测发现 PTC 元件发热厉害，而功率继电器始终不能吸合，（线圈坏）导致故障。

② 维修方法　更换外板功率继电器，试机正常。

③ 经验与体会　PTC 主要作用是限制滤波电容过大的充电电流，当电容电压充到 95%时，与之并联的功率继电器触头应闭合，将 PTC 短接，否则就会出现上述故障现象。

【故障 2】　可以制冷，不能制热，并无故障显示。

① 分析与检测　从能制冷看，可以初步排除内、外板（也可能内外板阻容变质或四通阀驱动电路故障）、模块、压机、外机电源部分等。重点检测 T2 传感器、四通阀、环温传感器、外换制器传感器等。在检修时发现，遥控制热一开机，内风机就转，根本无防冷风控制过程，而此时外机根本还没有启动。因此判断是 T2 阻值变小，使内机 CPU 检测到虚假的过高温度而致故障。拆出 T2 测量其阻值只有 3.9kΩ 左右，正常温度 10℃时应为 115.6kΩ。

② 维修方法　更换内机传感器，试机正常。

③ 经验与体会　对变频机控制过程、各种保护功能主要元件参数等应了然于胸，这样才可以通过现象见其本质，快速查出故障原因。

（2）机型：KFR-32GWA/BP 变频空调器

【故障1】　开机后内风机便以最高风运转，且不可调。

① 分析与检测　32A/BP 空调内风机采用交流 PG 电机，其转速是由控制电路通过改变可控硅的导通角的大小来调整的，由后级电路向前级电路查起，测量可控硅良好，而测量反相驱动三极管，集电极和发射极短路，导致风机高风运行。

② 维修方法　更换内板工作正常。

③ 经验与体会　维修人员如遇类似故障时，只需先测量风机和风机电容是否正常，如正常换内板即可，不需再查电脑板。

【故障2】　制热状态下室内机处于防冷风，外机反复启动且每次启动后外风机工作 3min 左右，压缩机每次瞬间送电。

① 分析与检测　因机器无故障显示，测通信电压 24V 左右，300V 供电电压均正常。根据故障现象，外机启动但每一次外风机工作且 3min，压缩机瞬间送电这样反复且机器一直处于防冷风功能整机无保护显示。这样说明线路控制系统正常，模块输出电压有误，此时怀疑模块性能不良。

② 维修方法　换模块后正常。

【故障3】　开机十几分钟后保护。

① 分析与检测　上门检查发现故障故障显示为室内温度传感器异常，常温下测量其阻值仍在正常范围，30℃的在 46kΩ 左右，开机制冷时电流压力正常，但十几分钟后就出现保护。

② 维修方法　更换室内温度传感器后，试机正常。传感器位置见图 8-13。

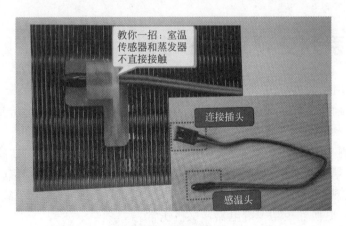

图 8-13　传感器位置

【故障4】　用户反映制热差，室内机防冷风一会吹热风，运行灯一会儿闪，一会亮，交替运行。

① 分析与检测　该机新买不久，夏天使用效果很好；经查该机频率升不上，电流只升至 6～6.3A 跳动，系统压力在 1.35MPa 左右，重点检测室外排气口温度传感器，室外盘管温度传感器及室外环温均为正常，更换了室外板，功率模块，故障依旧，怀疑系统缺少氟利昂，向系统加液，频度和压力均没有变化，查用户电压 210V，四周也没干扰，室内环温，管温正常，维

修进入停滞状态，向用户建议拆回检修。拆回后试机，一切正常，能升频、降频，最高电流10.8A，压力达2.4MPa多，出风口温度达到52度，说明用户电源线有故障，但用户不认可。

② 维修方法　最后自带电源线从用户电表直接拉线供空调使用，机器运转正常。

③ 经验与体会　此例故障告诉我们，变频空调虽电源正常，还要考虑到用户电源线路上的故障，让用户认可。

【故障 5】 制冷效果差，频率升不上。

① 分析与检测　室温30℃开机制冷，设定16℃，15min后电流仍只维持到3.2A，频率无法升上。查各感温头阻值均正常，将机器置于定频加制冷剂状态检查压力、电流，效果均正常，怀疑内板或外板传感器电路阻容变质导致温度检查偏差。试更换外板，试机正常。检查换下的外板，发现CNB插头环温检查电路E5电解电容（10μF）漏电严重，导致反映到CPU的环境温度偏低限频保护。

② 维修方法　更换电容，重新装上外机，试机正常。

【故障 6】 制热时室内风机有时运转，有时不运转，2min后，保护故障灯常亮，运行灯闪。

① 分析与检测　将其检测开关置于"关"、运行灯闪，故障灯、定时灯常亮。按照指示灯分析，AC输入电压过高或过低，但用户同时购买两台28ABP，另一台工作正常，且是同一电源。看来电源因素已经排除。又将该机置于通风、除湿、制冷分别试机，现象又是运行、故障灯常亮。将检测开关置于"关"位置，三灯同时常亮。分析为室内风扇电机绕组或霍尔元件异常。检测其绕组正常，确定为霍尔元件坏。之所以这样判断是因为CPU检测不到室内风扇电机的转速，造成保护。

② 维修方法　更换室内电机后正常。

③ 经验与体会　32ABP无E2PROM，检修时不能断电。每一个故障显示5s，每显示完一个故障，蜂鸣器鸣一声，故障全部输出完毕后，蜂鸣器鸣三声以示结束。以上检测还要根据实际情况灵活运用指示灯来帮助分析，切不可死搬硬套，否则，维修时会无所适从。

【故障 7】 开机，外机工作几秒后，立即停止，3min后，又工作几秒后又立即停止，室内无故障显示。

① 分析与检测　打开室外机，在外机工作时，发现室外板上的几个指示灯立即变暗，等外机停止后，立即又恢复正常。根据此现象可以分析出室外板上的上电继电器故障的可能性较大，因为变频机的工作方式是将220V交流电整流滤波形成一个270V的直流电源，再由逆变器产生出一个三相频率与电压均可变的等效交流电供给压缩机的。由于220V整流滤波所用的滤波电容较大，直接用继电器给外机上电会造成触头烧坏的故障，对电网的冲击也较大。因此变频机对室外上电采取的方法是在上电继电器的触头上并联一只PTC电阻，由这个PTC电阻先给电容冲电，等电容上的电压建立起来了，模块板上的开关电源便工作，输出12V与5V电压给外板，外板有了工作电压后，上电继电器才吸合，由此可知，如果上电继电器不能正常吸合的情况下，外板上先有+5V的电压使芯片能工作，从而输出压机驱动信号，压机工作回路中便串联了一只PTC电阻，造成270V电压迅速下降，从而使开关电源不能正常工作，断掉+5V与+12V电源，使芯片无压机驱动信号输出，压机又断电，270V电压又会开，使开关电源重新工作。因此。

② 维修方法　更换掉室外板，开机试机一切正常，测量上电继电器发现12V加上线圈后，测触点两端电阻仍为40Ω不变，说明上电继电器触头不良。

③ 经验与体会　在维修过程中我们应根据故障现象，空调器的工作原理进行分析，才能快速地解决故障。当然，有的原理我们不一定很清楚，但要虚心学习，找出故障所在，通过

图 8-14 变频板控制的电路

注：电源采用热地设计，弱电地和强电地连接在一起，故弱电也是不安全的。因此控制板带电维修时，切不可用手触碰控制板的弱电。

更换，就能快速有效地解决故障。

变频板控制电路见图 8-14。

【故障 8】 压缩机频繁启动，3min 停，频率在 30～55Hz，高频上不去，有时重新开机时好时坏。

① 分析与检测　发现此故障是由于室外机电控模块板上厚膜电路出现故障。

② 维修方法　遇此类故障，更换厚膜电路操作程序如下。

a. 用螺丝刀把室外板组件（钣金件）四颗固定螺钉取下，然后把组件向上翻。

b. 把固定电容的二颗螺钉取下，把电容向右移动或拿出。

c. 用螺丝刀把（有故障）的模块从散热片上取下，把整个模块换下。

d. 将新模块的散热面涂上专业硅脂后，装于散热器上，位置不变。

e. 将电容组件复位或装上，固定牢靠。

f. 将室外板组件（钣金件）复位，并固定。

教你一招：（1）拆装过程中应注意轻拿轻放，防止线插脱落。

（2）压缩机线复位时应保持原位置不变，不能插错。

（3）P、N 线不能插反。

（4）信号线接插应牢固，不能松动。

【故障 9】 制热开机后外机不启动或运行一段时间后不正常停机

① 分析与检测

a. 内机运行灯闪一段时间后故障灯闪，同时运行灯亮。

b. 外机板上三盏 LED 灯不亮或状态不正常。

② 维修方法

a. 如开机一段时间后，外机不启动或稍后不正常停机，内机故障灯和运行灯亮，测通信电压一般高于 14V，打开室外机，将外板上光耦旁边的滤波电容 C23、C23 换掉即可解决故障（前提是排除 IPM 功率模块故障），此故障极多，但该方法既可解决故障而又不用更换外板，服务人员应引起重视，加以推广，从而节约售后的开支和成本支出。

b. 如开机后外机不启动，或风机能启动，故障显示又一般为通信故障。通信电压高于 14V 的，排除外板故障后（可用第一种方法）一般都是 IPM 模块损坏引起的，直接更换 IPM 模块后机组一般都恢复正常，此情况出现频率稍低于第一种情况。

c. 如开机后外机不启动或运行一段时间后，显示通信故障，测通信电压低于 14V，一般都是由内机电控引起的，内机电控又以内机板坏居多。

d. 查内板上电解电容边上的 24V 稳压管（共两个，若一个是好的，则另一个可能是坏的）是否正常，若正常，则可能是边上的滤波电容坏引起的，更换即可。

③ 经验与体会　KFR-32GWA/BP 关于通信故障的情况一般为以上几种引起的，其中第一种情况居多，但解决的方法不应该局限于更换板子，如用户路途遥远，而服务人员又没有随身带板子的，维修方法 a 中涉及的方法和经验验证安全有效，维修人员不妨加以推广。

【故障 10】　外机噪声大

① 分析与检测　接经销商报，有多台外机噪声大，经询问经销商得知这几机从装好就有"嗡嗡"的噪声。上门检查，开机测试发现，无论是定频、变频测试，都会发出"嗡嗡"的噪声，由于该机型压缩机包有隔音棉，而且低频运行时也能听到"嗡嗡"声，初步判断这几台机子是在安装时排空不干净，装压力表检测，发现压力表指针晃动很大。

② 维修方法　排空制冷剂抽真空，重新加制冷剂，试机故障排除。

【故障 11】　制热效果差，频率升不上。

① 分析与检测　频率升不上通常与传感器感温及其他限频条件相关。在检修中发现其内机风量偏小，怀疑其风机电容值变小，使风机运转力矩变小，转速受限，导致内机盘管感温过高（>52℃）而降频保护，从而使制热效果变差。拆开检查风机容值，证实其容值偏小。

② 维修方法　更换风机电容，试机正常。

【故障 12】　故障显示通信异常。外机保险换上开机，内机一送电到外机就烧。

① 分析与检测　导致烧外机保险的主因是瞬间大电流冲击，而变频机中瞬间冲击大电流产生的原因不外乎：a. 短路电路；b. 电解电容充电电流。查 L、N 线间，对地、桥堆、电感、电容等皆无短路和接地。再检查外板上与 PTC 电阻并联的功率继电器触点，发现有黏接短路现象。从而使 PTC 充电电流缓冲电路失效，造成通电瞬间充电电流过大而烧断熔丝，并显示通信异常故障。

② 维修方法　更换功率继电器，试机正常。

（3）机型：KFR-32GW/BM（F）变频空调器

【故障 1】　遥控接收不良、接收角度小、距离短，同一指令要重复到 2～5 次才可生效。

① 分析与检测　换板换遥控器均未解决，因周围有大量计算机工作，怀疑是电磁干扰，导致遥控不工作。

② 维修方法　采用移动空调器位置加以解决。

【故障 2】　制冷模式开机运行 15min 外机停，自动开机；15min 后又停，3min 后又重新启动，周而复始，1h 后显示 4 个故障：

① 灭灭亮　电流峰值关断；

② 灭亮灭　IPM 模块保护（电流、温度）；

③ 灭亮亮　压机排气温度过高保护；

④ 灭灭闪　压机温度传感器异常。

使用条件：某宾馆高档套房卧室，20m²、窗户 9m²、电源电压 210V 室外环境温度 28℃、通风良好。

① 分析与检测　该机用户使用一年多，一直工作良好，近来出现故障灯亮报修，网点接受分公司指令后上门检修，先发现运转压力偏低，补制冷剂后故障灯亮时间延长到 1h，检修数次，未发现故障原因。分公司技术人员赴现场检测用户电压 210V、压力 0.5MPa、电流升频时困难（升频瞬间即又降频，不能维持）；考虑到升频故障一般与传感器有关，于是将各传感器放在 30℃时测得的数据与相关参数比较，未见异常；将传感器重新插回电路，故障依旧。换内外板无效，维修陷入误区；考虑到该型号机器在制热时曾多次出现过压缩机排气温度传感器变值的情况，于是重点将该传感器取下在常温下测试未见异常，取一杯 80℃ 的热水，将该传感器放入测试发现其阻值变化不明显（传感器已变值）；因用户为一宾馆，恰好有大批客人入住，宾馆负责人强烈要求机器务必正常运转；作为应急的办法，将压机排气温度传感器剪掉，把一个 15kΩ 的电阻焊上，试机正常运转 3h 不再停机。

② 维修方法　换一个新的压机排气管温传感器，故障解决，用户满意。

③ 经验与体会　变频机的电控复杂，保护众多；因机器故障造成各传感器采集的数据异常，而造成一些显示的故障信息有真有假。此时一定要冷静，分析出真故障与假故障；从理论角度分析其可能性，从而重点予以检查，快速找到故障原因。如果变频机出现升频升不上去，一般是电压偏低、电磁干扰或传感器异常。

（4）机型：新科 KFR-32GW/BP 变频空调器

【故障 1】　空调开机即总电源跳闸

① 分析与检测　该空调曾修过一次，现象是开机半小时后，显示保护（压缩机感温异常），当时适量加制冷剂后空调正常。服务人员上门检查，结果所有部件正常，进一步查外机，发现外机置于专放空调的平台，平台内出水孔堵住，室外机下部 3cm 浸在水中，室外机控制线破损泡在水中，造成空调跳闸。

② 维修方法　疏通出水孔，更换控制线后正常。

【故障 2】　首次开机制冷正常，当温度到了设定温度后，再次启动就出现通信故障。

① 分析与检测　出现故障后测量通信电压高于 14V，怀疑外主板有故障，更换外板故障依旧，后来发现只要空调一上电，通信电压始终有 20V。根据空调的工作原理，只要遥控不发工作指令，是不应该有这个电压的。因此怀疑内机有故障。

② 维修方法　打开内机后发现原来安装时安装员没有经过上电继电器，直接将火线短接，将"上电继电器"重新接好后，故障排除。

③ 经验与体会　通过这个案例，可以发现人为故障是最不可思议的故障，也最难考虑到，故在安装、维修时一定不要随便改动原电路设计，以免引起不必要的人为故障。

【故障 3】　开机几天，连续运行发生停机现象，自诊断通信故障。

维修方法：查通信连线无错误，通信供电源 24V 正常，换室内板后一切正常。发现室内板 LPC1010 光电耦合器坏。

（5）机型：KFR-36GW/BP 变频空调器

【故障】　制热状态下开机 3min 保护且自诊断为定时灯长亮。

① 分析与检测：根据故障显示判断为通信异常，测量零线与信号线之间电压大于 14V，故障缩小为室外机故障。经检查外机接线均完好，测量模块滤波输出无 300V 供电电压，再测量整流块输入端无 220V 交流电压，断电后断开室外板与整流滤波电路，插上电重新开机，测量整流块输入端有 220V，此时说明整流滤波回路有短路现象，经检测整流块与整流电源滤波电路，测量出有一电容短路。

② 维修方法　更换电源滤波板后机器正常。

（6）机型：KFR-28GW/BMF 变频空调器

【故障】　制热模式开机后，外风机转，但压机不工作。

① 工作环境　客厅 17m²，室外机朝西，电源电压 223V，室外环境温度 -6℃。

② 诊断显示　亮闪闪（四通阀切换异常）、亮亮亮（室内风扇电机运转异常）。

③ 测试分析　室内风机经测量确认无异常且四通阀经测量与强电测试也正常，断定显示故障为假故障，皆由压缩机不工作，传感器采样信号有误所致。

④ 维修方法　测内、外机通信电平、强电电压均无异常，于是逐个检查外板器件 PTC、整流桥、滤波电容及 35μF 电容、各传感器、IPM 模块、电抗器、压缩机均完好，于是，重新插接好，消除故障信息，重新开机但故障依旧。最后，在机组工作状态下，测各元器件各参考点工作电压，当测至 IPM 模块输出给压缩机电压时，没有任何电压。更换 IPM 模块后，

压缩机开始工作，试机一段时间后，机组工作正常。

⑤ 经验与体会　该机组原 IPM 模块在与新配件的 IPM 模块在测时与技术手册上参数相同（阻值），但不应就判断此 IPM 模块正常，还要进一步测量其输出电压（注意：输出电压为强高压！）是否正常来确定 IPM 模块的好坏。

（7）机型：KFR-28GW/BM 变频空调器

【故障】　制热效果差。压机启动 1min 左右停机，无故障显示。

① 分析与检测　开制热试机检查，外机尚未工作时，内风机已按设定风速送风。压缩机外风机启动后，1 分多钟后，就停。内外机均无故障指示，而内风机照常运转。5～6min 后，压缩机再启动，一会儿又停机。判断 T2 阻值变小，并且不稳定。导致在压缩机未启动时，其内机 CPU 检查到的盘管温度已高于 38℃。当压缩机启动后，盘管温度升高，使其阻值很快继续变小，并小于 62℃过热保护相对应的阻值。导致压缩机保护停机。拆开检查，T2 在室温 10℃左右测得其为 27kΩ 的阻值。证实了判断。

② 维修方法　更换内机传感器，试机正常。

（8）机型：KFR-36GW/BM 变频空调器

【故障】　制冷效果白天正常，晚上差。

① 分析与检测：据现象初步分析是用户电源电压故障。上门查看，发现用户住 7 楼，白天室内插座电压可达 210V 能正常使用空调，晚上检查一楼总闸进户电压可达 190V，测用户插座只得 165～180V。因此判断故障是电源电压偏低导致的低电压限频保护。

② 维修方法　建议用户拉 $4cm^2$ 铜芯专线。用户更换线路后，试机正常。

（9）机型：KFR-50LW/BM（F）变频空调器

【故障 1】　开机后，3min 左右出现保护灯亮，故障自诊断为保护"4"室内通信异常。

① 分析与检测　此机已使用一年之久，不可能为接线错误引起，用万用表测量信号线与零线之间电压，发现只有直流 8V 左右，因通信电源由内机提供且电压又低于 14V，确定把重点维修对象放在室内，经测量检查通信供电部分的一只整流二极管击穿，引起通信异常。

② 维修方法　更换电路板后正常。

【故障 2】　开机制冷，外机工作后，外风机工作，压缩机不工作，3min 后出现保护灯亮，自诊断无任何故障信息。

① 分析与检测　此机只有压缩机不工作，说明故障就在压缩机及压缩机供电部分范围内，断电测量压缩机各端阻值正常，测量 IPM 各端子正常，后又通电测量，测 IPM 模块有 300V 直供电输入，却没有交流输出，由此判断为 IPM 模块坏。

② 维修方法　更换后机器工作正常。

注意：在更换新控制板时，控制板的 IGBT 与二极管下各有一陶瓷垫片，确认两个垫片都在对应塑料框内，且无破裂。功率器件 IPM、IGBT、二极管、硅桥的 5 个固定螺钉都要固定紧，缺一不可。

③ 经验与体会　维修空调时，对元器件的测量不能一味地测量它本身的阻值变化，也要测其工作电压和输出电压是否正常，这样才不至于走弯路。

（10）机型：KFR-280GW 变频空调器

【故障】　制冷工作 10min 左右，显示故障为"压缩机驱动异常"，运行频率始终为低频。

① 分析与检测　空调能工作说明电控部分基本正常，有可能是系统及压缩机的故障，检查压缩机的阻值正常，当测量系统的静态平衡压力为 0.2MPa（气温 26℃），故怀疑空调的制冷剂漏掉，放掉部分制冷剂后，打压发现低压有裂纹。

② 维修方法　焊好低压管后，抽空、加制冷剂，空调器恢复正常。

③ 经验与体会　从这个案例可以看出，最基本的东西就是最重要的东西，这个空调先后被别人修过 2 次，每次都是怀疑电控部分，所有的电路板换完了，就是没有怀疑系统的故障，建议维修人员对变频空空调出现故障一定多分析。

KFR-280GW 变频空调器焊低压管方法见图 8-15。

图 8-15　KFR-280GW 变频空调器焊低压管方法

8.7　维修变频空调器电控板

变频空调器中的电控板一般都是低压供电，检修电控板控制系统的故障时，首先检测变压器的输出电压是否正常，而后开机观察其控制是否按规定程序进行。检测的原则一般是先室内，后室外；先两头，后中央；先风机，后压缩机。检测前应认真听取和询问用户故障产生原因，并结合随机电路图、控制原理图，做出准确的分析，切忌盲目拆卸电控部分，以免把故障扩大。

在检测室内机的电控板时，为了防止在不能确定故障部位的情况下损坏压缩机，最好先将室外机连接线切断，用万用表检测控制板上低压电源值是否正常。如果正常，可利用遥控器使空调器工作在通风状态并切换风速，看风机运转是否正常，听继电器是否有切换时的"嘀嗒"声。

若能听到切换声，则说明控制电路工作正常；若风机不转，应检测风扇电机的有关连线是否正确，启动电容器是否漏电等。若听不到继电器动作声音，应检查控制部分。风机运转正常后，将空调器转为制冷运行，并不断改变设定温度，观察压缩机继电器是否正常。若正常，可接上室外机看压缩机是否启动运行。

① 线路连接引起故障　可能发生连接线松脱、不牢或接插件接触不良，电路控制板上元器件脱焊、虚焊等，造成空调器工作不正常或部件不正常。

② 元器件质量差引起故障　电路控制板上个别元器件性能可能不好，参数达不到性能要求，造成空调器不能正常工作。

③ 干扰故障　使用环境不当，如果安装位置不正确，电网电压波动较大，电压偏低、偏高，以及有外界电磁干扰等，均可造成空调器工作不正常。应按顺序检测并分别排除。

第**9**章

长虹变频空调器电控板的维修

9.1 长虹 KFR-25GW/BQ、KFR-28GW/BQ、KFR-35GW/BQ、KFR-40GW/BQ 直流变频空调器电控板控制电路

长虹 KFR-25GW/BQ、KFR-28GW/BQ、KFR-35GW/BQ、KFR-40GW/BQ 直流变频空调器室内机电控板控制电路见图 9-1。

室内直流电机控制电路理论图见图 9-2。

室内机贯流风机是利用室内空气经蒸发器使室内空气的温度降低，而室内贯流风机控制电路是控制室内贯流风机风速依据环境条件或者设定风速而自动地调节风量，即贯流风机转速。

长虹 BQ 系列空调器室内贯流风机使用的是直流电动机。该直流电动机内置控制驱动，与主板的接口为 35V 驱动电源、5V 控制电源。室内风机不运行故障，用表电压挡测量风机插座电压，电压 95～170V 为正常，检查电机线圈阻值或启动电容，电压为 0V 则更换主板。

（1）电动机故障的检测

① 绕组开路　用万用表"$R \times 10$"挡测量风扇电动机接插件，任意两点之间电阻值为无穷大时，即表示内部绕组开路。

② 绕组短路　测量绕组电阻值为零，电动机已经完全不能工作。可判定绕组为短路。

③ 匝间短路　测量电阻值比正常阻值小，且电动机壳体发烫、工作电流偏大，可判定为绕组有匝间短路。短路严重时，电动机过热保护装置将起跳、断开主电路，以策安全。

（2）上电复位电路及故障检测

a. 作用。复位电路是为 CPU 的上电复位（复位：将 CPU 内程序初始化，重新开始执行 CPU 内程序）及监视电源而设的。主要作用是：（a）上电延时复位，防止因电源的波动而造成 CPU 的频繁复位。（b）在 CPU 工作过程中实时监测其工作电源（+5V），一旦工作电源低于 4.6V，复位电路的输出端便触发一低电平，使 CPU 停止工作，待再次上电时重新复位。

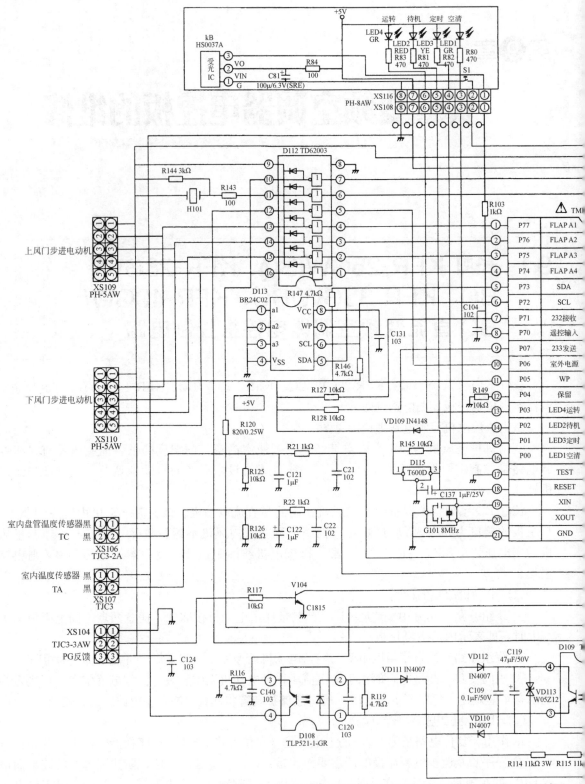

图 9-1　长虹 KFR-25GW/BQ、KFR-28GW/BQ、KFR-35GW/BQ、

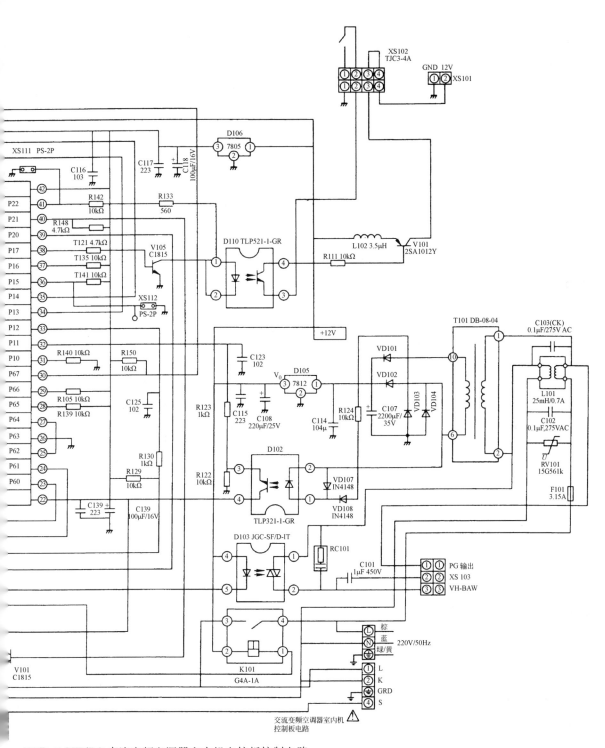

KFR-40GW/BQ 直流变频空调器室内机电控板控制电路

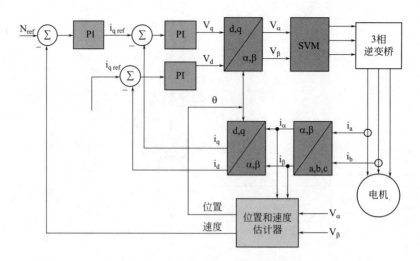

图 9-2   室内直流电机控制电路理论图

b. 电控板故障检修方法。本电路的关键性器件为复位电路。在检修时一般不易检测复位电路的延时信号，可用万用表检测各脚在上电稳定后能否达到规定的电压要求，如复位电路损坏，现象为压缩机不启动，或者室外机不工作。

(3) 时钟电路及故障检测   时钟电路，为系统提供一个基准的时钟序列。时钟信号犹如人的心脏，使单片机程序能够运行以及指令能够执行，以保证系统正常、准确地工作。

① 原理分析   单片机 TMP87CM40AF 的时钟信号由 19、20 脚及外围 8MHz 晶体振荡器组成。为单片机提供一个 8MHz 的稳定时钟频率。

当接通电源时，单片机 19、20 脚内部电路与外接的 8MHz 晶体振荡器产生 8MHz 的时钟信号，为单片机提供一个固定的时钟脉冲信号，使单片机根据这一脉冲信号进行工作。

② 电控板故障检修方法   振荡电路的检修，除用示波器观察其两点的波形之外，一般用万用表检测其两点的电压也可解决。通电时，检测单片机 19、20 脚的电压来判断，若振荡电路有故障，会导致空调器不能正常工作，不能遥控开机或使用应急开头可能会有反应等。

(4) 过零检测电路及电控板故障检修方法

① 过零检测电路在控制系统中为室内外通信提供时序基准信号。

② 故障检修：在没有示波器的情况下检修零检测信号，可以使用万用表检测光耦合器的电压，正常时为 0.3V。如果过零检测信号有故障，空调器会出现室内外通信故障。

(5) 温度检测电路及故障检修方法   温度检测电路通过单片机外围元器件对各种参数进行采集，将模拟信号的变化转化为电压的变化，此电压将作为单片机内部比较电压，从而输出控制指令。室内机有室内环境温度、辅助蒸发器温度和盘管温度 3 个温度传感器，均为负温度系数热敏电阻。室温环境传感器安装在进风格栅下面，用于感知室内温度；辅助蒸发器温度传感器和盘管温度传感器安装在室内热交换器的小 U 形管处，用于制冷时感知蒸发温度或制热时感知冷凝温度，对压缩频率、室外电子膨胀阀进行控制，对系统进行相关保护。

① 温度检测电路原理分析   温度传感器为 TA、TC 元件，随着温度变化，温度传感器的阻值随之变化，经 R21、R22 分压取样，通过 C121、C21、C122、C22 滤波，给单片机 23、24 提供一个随温度变化的电平值，供芯片内部 A/D 采样。

② 电控板故障检修方法　在检修时，首先确认温度传感器的 5V 电源电压是否正常，再检查传感器的提供给单片机的电平值是否正常。温度传感器可用固定电阻替代。

（6）EEPROM 电路、显示驱动电路故障检修方法

① EEPROM 电路　EEPROM 内记录着系统运行时的一些状态参数，如压缩机的 V/F 曲线、风速的设定，步进电动机的摆动角度、温度、故障代码、压缩机的频率等，并通过 EEPROM 与单片机和显示电路进行数据交换。遥控接收电路接收遥控器发出的指令，指示空调按用户的要求工作，同时和显示电路结合检查故障代码。

应急按键电路接收紧急情况下开、关机及强制制冷指令。EEPROM、显示驱动以及遥控接收电路如图 9-3 所示。

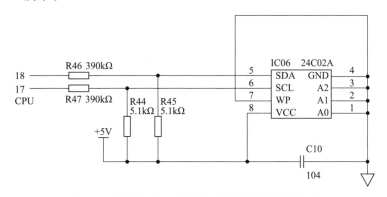

图 9-3　EEPROM、显示驱动以及遥控接收电路

原理分析：EEPROM 通过两条数据线 SDA 和 SCL 与主芯片进行数据交换。EEPROM 中存储了设定的风速、制冷制热选择等信息。

检修方法，正常情况下 EEPROM 的引脚为 5V。有时 EEPROM 内程序由于受外界干扰被损坏，引起故障。现象为压缩机二次启动，即初次开机室外风机转动但压缩机不启动，将压机过热保护插头（THERMO）拔起，然后再插入端口，此时压机启动，此即为 EEPROM 故障。该故障在日常维修中较为常见。另外 EEPROM 损坏有时也可能导致压机启动复位或不启动。

② 显示驱动电路　将空调运行的状态（如空清、定时、空清检查、健康除湿、运行状态），传输给显示屏显示出来，空调有故障时也通过其检查代码。

③ 电控板故障检修方法　维修人员实际维修应用中，故障代码除了用来显示故障部位或原因外，还有以下三种作用：显示非故障停机保护的原因，例如交流电源电压过低或过高时的保护，因外界电磁干扰造成的室内、外机间通信异常的保护等，这时显然空调器并无故障；显示变频空调器限频运行的原因；显示空调器的某些正常运行状态，如化霜/防冷风运行、正常待机等。

维修人员不要一见到故障代码，就仓促地判定空调器有故障，而应弄清楚此故障代码代表的真正含义，以免引起误判。

④ 遥控接收电路及电控板故障检修方法

a. 遥控接收电路。遥控接收电路在空调器中的主要作用是接收遥控器所发出的各种运转设定指令，再把这些指令传送给电脑板主芯片控制整机的运行。

b. 遥控接收电路的工作原理。光电二极管接收到遥控器发出的红外脉冲信号后将光信号转为电信号，再经自动增益控制（AGC）、滤波、解码等电路将电脉冲信号传输到主芯片

处理。

遥控器发出的指令通过显示板上的遥控接收头解码后传送给单片机，经 R103 输入的芯片的 8 引脚（遥控接收）。

c. 遥控接收器的检测。遥控接收器在空调器中的主要作用是接收遥控器所发出的各种运转设定指令，再把这些指令传送给电脑板主芯片控制整机的运行。

一般可用万用表对该电路进行检测，如果接收器接收到信号时，1 端与 2 端间电压低于 5V，无信号时 1 端与 2 端电压为 5V，则可认为电路工作正常。后对电容进行放电，确定无电荷后，再测量。

⑤ 开关电源电路及电控板故障检修方法

a. 开关电源电路分析。该开关电源为反激式开关电源，二次侧相当于开路，负载的整流二极管正向偏置而导通，一次绕组向二次绕组释放能量。二次侧在开关管截止时获得能量。这样，电网的干扰就不能经开头变压器直接耦合给二次侧，具有较好的抗干扰能力。

b. 电控板故障检修方法。开关电源电路故障率较高，许多故障都是由电源电路元器件损坏引起的，因此要熟悉电源电路中关键元器件：压敏电阻、保险熔丝管、变压器、集成稳压电路。此开关电源电路主板保险熔丝管为 3.15A，在主板负载有过流故障时熔断保护；压敏电阻是一次性元件，烧坏（即击穿）后应及时更换，若取下压敏电阻而只换保险管就开始使用变频空调器，那么电压再次过高时会烧坏主板上的其他元器件。压敏电阻常见故障为电网电压过高时将其击穿，测量时使用万用表电阻挡。

对电源电路的检修可以按照电源的走向来检测或者逆向来检测。在实际检修中可用万用表测量开关变压器一次、二次绕组是否有 DC5V、7V、12V、35V，F02、F03 及 D02～D04 是否击穿及 IC01（②、③）是否击穿。

⑥ 步进电动机控制电路及电控板故障检修方法

a. 步进电动机控制电路。步进电动机在控制系统中主要是用来改变室内机风的方向，以便吹遍房间尽可能大的空间或定位于某一个方向吹风。控制风门叶片的两个步进电动机为独立控制。

b. 步进电动机的控制分析。步进电动机的控制信号经单片机的 1～4 脚输出，再经驱动器 D112、D113（TD62003）驱动输出，分别控制两个步进电动机的摆动。

c. 电控板故障检修方法

（a）控制电路的测量。将步进电动机插件插到控制板上，测量步进电动机电源电压（+12V）及各相之间的相电压（4.2V 左右）。若电源电压或相电压异常，说明控制电路损坏。如果反射驱动器出现故障，可导致其后级所带负载不能正常工作，本部分电路的关键性器件是反相驱动器 D112、D113。如果步进电动机工作不正常，可以用万用表直流电压挡测试该芯片各脚电压来判断。

（b）绕组测量。拔下步进电动机插件，用万用表测量每相绕组的电阻值（200～380Ω）。若某相电阻太大或太小，说明该步进电动机已损坏。

⑦ 通信电路原理分析与检修及电控板故障检修方法

a. 通信电路。通信电路的主要作用是使室内、外基板互通信息以便使室内、外协同工作。

b. 电路原理分析。通信电路采用 AC220V 交流电载波方式，具有抗干扰能力强的特点。由于采用交流载波，所以需要过零电路产生交流电的过零信号。室内单片机 40 脚为通信发送脚，室内单片机 39 脚为通信接收脚。

　　室外机组单片机，通过串行通信电路来接收室内机单片机发送来的工作指令后，根据指令的内容输出相应的控制信号，使压缩机、室外风机等部件均按程序正常运转。在空调器正常运转的同时，室外机组单片机把室外机组的信息（室外环境温度、室外盘管温度压缩机排气温度等）通过串行通信电路发送回室内机，便于室内机单片机进行相应的处理。

　　c. 故障检修方法。检查通信电路的输入输出信号是否正常；信号线和零线之间的电压是否在 AC 0～220V 变化。也可用万用表测试其零线与信号线之间的直流电压是否在有规律地波动，以确认室内机信号发送正常。然后再确认室外机是否向室内机发送信号。

　　应注意的是：室内外通信电路为串行通信，载波信号由室外的火线滤波整流输出，最后与室内零线构成回路。故在系统连线时应注意室内外火零线应保持一致。

　　⑧ 室内机电控板维修　长虹 KFR-25GW/BQ、KFR-28 GW/BQ、KFR-35 GW/BQ、KFR-40 GW/BQ 直流变频空调器室内机电控板控制电路 CPU 的引脚为 64 脚。发现故障主板后，不要急于上电维修，应按以下步骤进行。

　　a. 仔细检查主板有无明显的烧件痕迹，是否有虚焊、开路、短路、缺件情况，如有立即维修。单面主板最容易出现虚焊和元器件脱落现象，这一点大家在维修时要注意。用万用表仔细检查一遍，确认无开路、短路等阻值异常情况。

　　b. 通电后主要检测直流 12V、5V 是否正常，如有示波器可检测过零检测信号、风机反馈信号、风机驱动、晶振波形等。遥控接收、内风机、主继电器、步进电机工作正常。

　　⑨ 室内机蒸发器制冷剂泄漏的维修　室内机蒸发器制冷剂泄漏的现象为室内机蒸发器结满霜，见图 9-4。室内机用氮气打压连接方法，见图 9-5。室内机用氮气打压后检漏方法见图 9-6。室内机漏点焊接方法见图 9-7。室内机漏点光滑见图 9-8。调整室内机蒸发器管路方法见图 9-9。

图 9-4　室内机蒸发器制冷剂泄漏的现象
　　　　为室内机蒸发器结满霜

图 9-5　室内机用氮气打压连接方法

图 9-6　室内机用氮气打压后检漏方法

图 9-7　室内机漏点焊接方法

图 9-8　室内机漏点光滑

图 9-9　调整室内机蒸发器管路方法

室内机蒸发器管路拐弯处加橡皮泥方法见图 9-10。

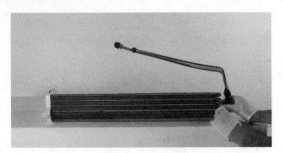

图 9-10　室内机蒸发器管路拐弯处加橡皮泥方法

9.2　长虹 KFR-25GW/BQ、KFR-28GW/BQ、KFR-35GW/BQ、KFR-40GW/BQ 直流变频空调器室外机控制板电路的分析

9.2.1　室外机电控板控制电路及电源整流电路分析

（1）室外机电控板控制电路

长虹 KFR-25GW/BQ、KFR-28GW/BQ、KFR-35GW/BQ、KFR-40GW/BQ 直流变频空调器室外机电控板控制电路如图 9-11 所示。

（2）电源整流电路分析

室外机电源电路板上的滤波及保护电路的主要功能是吸收电网中各种干扰，并抵制电控器本身对电网的电磁干扰，以及提供过电压保护和防雷保护。AC 220V 经 EMI 电路滤除干扰后，其交流电压一路送到后级功率因数校正电路。另一路送到电磁四通阀控制继电器。

9.2.2　室外直流轴流风机控制电路及电控板故障检修方法

室外直流轴流风机控制电路是用来控制空调器的室外直流风机启动运行，调节室外机轴流风机的风速。

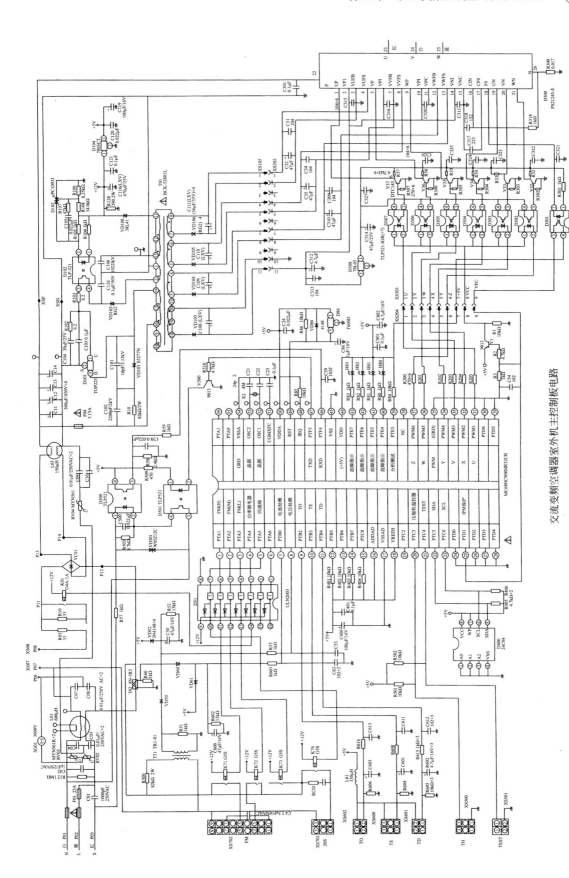

图 9-11　长虹 KFR-25GW/BQ、KFR-28GW/BQ、KFR-35GW/BQ、KFR-40GW/BQ 直流变频空调器室外机电控制电路

① 原理分析　直流风机控制电路由驱动及自举电路、转速反馈、换相电路等组成。

转速反馈和换相电路：直流风机内置一个霍尔元件，电动机每转一圈输出一个脉冲给单片机，由单片机判断电动机的转速，并判断何时换相，控制驱动电路的六个高速光耦合器工作时序。

② 电控板故障检修方法　室外直流轴流风机控制电路的主要作用是通过芯片控制信号的小电流驱动室外风机。以调节室外风机的风速及制冷、制热的切换。

本部分电路的关键性器件是反向驱动器、各继电器。该电路出现的故障现象多为风速不切换。继电器驱动电路分为三个逻辑章来检测分析，第一部分是单片机输出脚的电平，如在设定的运行状态室外风机应该是哪一个风速，相对应的单片机的输出脚应是高电平还是低电平，进行比较分析；第二部分是驱动器电路，在提供了正确的输入之后看其输出是否正常（可将7805的5V输出引出加在反向器前级，然后测其后级对应脚是否为低电平），最后看继电器是否能够正常吸合。

9.2.3　室外噪声故障检修方法

室外噪声故障很多是由管路之间碰撞产生的，见图9-12。室外管路之间碰撞产生噪声实物见文前彩插图9-13。

图9-12　室外管路之间碰撞产生噪声实物图（一）

图9-13　室外管路之间碰撞产生噪声实物图（二）

室外管路之间碰撞产生噪声实物见图9-14。

9.2.4　四通阀控制电路及电控板故障检修方法

四通阀在制热或除霜时工作，控制制热、制冷时冷媒的方向，实现制热、制冷的目的。

（1）原理分析　空调器制热运行时，单片机5脚输出低电平，反相器D51的10脚输出高电平，继电K74线圈中有电流流过，触点闭合，接通交流220V电压电路，使四通阀处于工作状态，改变制冷剂的流向而达到制热的目的。四通阀在热泵空调器上的应用见图9-15。

图9-14　室外管路之间碰撞产生噪声实物图（三）

图9-15　四通阀在热泵空调器上的应用

（2）电控板及四通阀故障检修　首先确认 AC 220V 是否正常，其次测试直流电平值是否正常。四通阀能制冷而不能制热，热泵型空调器能制冷而不能制热，多数是属于换向阀本身故障。需着重由倾听换向阀换向声是否正常来确定。

① 空调器制冷时，控制阀芯将右方的毛细管与中间的公共毛细管的通道关闭，左方毛细管与中间的公共毛细管通道连接，中间公共毛细管与换向阀低压吸气管相连。由于系统中有杂质或冷冻油变质产生的炭化物把毛细管堵塞，使控制阀尼龙滑块换向困难，堵在制冷通道处。

② 空调器在制热时，电磁线圈得电，控制阀塞在电磁吸引力的作用下向右移动，关闭了左侧毛细管与公共毛细管的通道，打开了右侧毛细管与公共毛细管的通道。由于系统中有杂质或冷冻油变质，把毛细管堵塞。使控制尼龙滑块不换向，堵在制热通道处。

排除的方法是：用一个 220V 插座引到空调器室外机上侧，拔下空调器电源插头及换向阀的两根端子线，用两手拿住与两根导线的绝缘部位，把导体部分插入 220V 电源内，用 220V 市电直接对换向阀加电。目的是利用强冲击去推动阀芯移动，反复 4~5 次后通断，当能听到"嗒嗒"的声音时，说明阀芯滑块产生移位。采用这种电压刺激法，也可用空调器室外机接线端子的电源，方法是用遥控器开机，设定制冷状态，3min 后室外机接线端子有电，利用室外机接线端子上的 220V 市电，直接对换向阀加电。采用此方法时，身体距带电体应保持 30cm 以上距离，并注意安全。

若采用了电压刺激法，换向阀由于变形仍卡在制冷通道处，在征得用户同意后，可采用把换向阀去掉的方法，具体步骤如下：

用气焊先焊下四通阀上端铜管，再分别焊下下面 3 根铜管的焊口，用两个"U"形管分别和压缩机的吸气管连接，经过打压、检漏、抽空、加制冷剂，空调器恢复制冷。采取这种方法改装的管路，空调器制冷量不受任何影响，只不过失去了制热功能，但这对修理价值较低的空调器也是一个再利用的方法，见图 9-16。

若换向阀内的尼龙滑块变形损坏，采取改装的方法用户有异议，则必须更换四通阀，方法是：卸下换向阀线圈，并把换向阀的 4 根管的位置摆正到位，保持水平状态，见图 9-17。

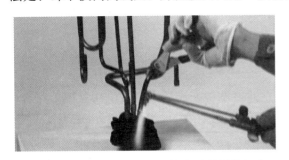

图 9-16　热泵空调器，改装单冷再利用的方法

图 9-17　把换向阀的 4 根管位置摆正到位，保持水平状态

方向和角度与原来一样，管路不得有扭曲现象。焊接时，要用中性火焰，先焊四通换向阀上端的高压管焊口，并用湿毛巾把换向阀外部包裹，待焊好高压管，再焊下面 3 根管中间的吸气管。在焊接底侧管时有一定的难度，火焰要掌握好，看准焊口，手法要快，争取先焊铜管的 3/5，并迅速给换向阀外部更换湿毛巾降温，以防止热传递把阀芯尼龙滑块烘烤变形。

此时注意毛巾不要过于湿，以免水滴通过未焊接的左右接口而进入制冷系统。待换向阀冷却后，再焊余下的 2/5 焊口，焊完后立刻回烤整个焊口，以保证焊接牢固不漏气。待中间低压吸气管焊口冷却后，再焊剩下的冷凝器进口和蒸发器的出口焊口。焊接整个过程最好在 15min 内完成。对初学者争取焊接一根成功一根，避免 4 根铜管焊完，试压 4 根焊口都有漏点的结果。反复补焊极容易把尼龙阀芯烘烤变形，造成试机后四通阀滑块串气。这要靠初学者边学习，边体会，边总结。

9.2.5　电子膨胀阀控制电路及电控板故障检修方法

（1）电子膨胀阀控制电路　电子膨胀阀是 20 世纪末我国在空调领域新开发的产品，它能适用高效制冷剂流量的快速变化，弥补了毛细管节流不能调节制冷剂的缺点，主要应用在变频空调器中。

电动式电子膨胀阀工作时，控制脉冲电压，按规定的逻辑关系作用到电子膨胀阀各相绕组上，使步进电动机带动针阀上升或下降，以控制制冷剂的流量。

电子膨胀阀是由两个传感器控制的，一个贴在蒸发器的出口管道上，另一个贴在蒸发器进口管道上。这两个传感器将温度信息转换为电信号送到微电脑进行处理，然后由微电脑主芯片发出适当的控制信号给电子膨胀阀，以调节阀门开度。

（2）电控板故障检修方法　电子膨胀阀不工作，首先检查 12V 电源。然后检查电子膨胀阀的控制信号，若控制信号正常，说明电子膨胀阀本身故障。

9.2.6　电流检测电路及电控板故障检修方法

（1）过电流检测电路　过电流检测电路的主要作用是检测室外机的供电电流也即提供给压缩机的电流。在电流过大时进行保护，防止因电流过大而损坏压缩机甚至空调器。当 CPU 的过流检测脚电压大于 3.75V，过流保护，压缩机 3min 后启动。应注意的是当检测电路开路时，使电流为 0，不会进行故障判断。电流互感器的一次侧串联在通往整流硅桥的 AC220V 上（注意与电压互感器区别）。

（2）电控板故障检修方法　该部分电路的关键部件是电流互感器。电路中通常电流互感器较易出现故障，正常情况下，电流互感器在路测二次侧线圈阻值约为 540Ω。出现故障多为互感器一次侧或二次侧线圈断路。

9.2.7　过零检测电路及电控板故障检修方法

（1）过零检测电路　过零检测电路工作原理是通过电源变压器或通过电压互感器采样，检测电源频率，获得一个与电源同频率的方波过零信号，该信号被送入 CPU 主芯片，进行过零控制。当电源过零时控制双向晶闸管触发角（导通角），双向晶闸管串联在风机回路里。当 CPU 检测不到过零信号时，将会使室内风机工作不正常，出现整机不工作现象。另外，当电源过零时激励双向晶闸管可以减少电路噪声干扰，此信号作为 CPU 主芯片计数或时钟之用。

（2）电控板故障检修方法　电路中的关键器件是双向光耦合器。在空调器的实际维修中常常发现双向光耦合器容易损坏，从而导致空调器室内风机不能正常工作。

9.2.8　温度信号采集电路及电控板故障检修方法

（1）温度信号采集电路　温度信号采集电路通过将热敏电阻在不同温度下对应的不同阻值转化成不同的电压信号传至芯片对应脚，以实时检测室外工作的各种温度状态，为芯片模糊控制提供参考数据。温度信号采集电路是用来检测室外的环境温度、系统的盘管温度、压缩机的排气温度以及压缩机的吸气温度，为单片机提供一个判断和控制的依据。

（2）电控板故障检修方法　如果温度信号采集电路出现故障，在检修时，首先确认温度传感器的5V电源是否正常，再检查传感器提供给单片机的电平值是否正常。温度信号采集电路出现故障，现象多为压缩机不启动、启动后立即停止且室外风机风速不能转换。另外压缩机过热保护电路出现的故障多为三极管损坏而引起的室外机无反应。

9.2.9　瞬时掉电保护电路

瞬时掉电保护电路的主要作用是检测室外机提供的交流电源是否正常。是针对由于各种原因造成的瞬时掉电立即采取保护措施，防止由此造成的来电后压缩机频繁启停，对压缩机造成损坏。

虽然过欠压保护电路也能检测到电源的掉电，但因7805后级有电解电容存在，在电源突然断掉时电解电容还存留一些电荷，导致芯片不能立即停止工作，瞬时掉电保护电路一旦检测到没有室外交流电源时，芯片会立即停止工作。

9.2.10　IPM驱动电路及电控板故障检修方法

（1）IPM驱动电路　该电路主要作用是通过芯片发给IPM控制命令，采用PWM（脉宽调制）改变各路控制脉冲占空比。调节三相互换从而使压缩机实现变频。

（2）电控板故障检修方法　在电路检修时，常遇到的一个故障是IPM驱动电路及位置反馈电路的故障，主要现象是压缩机不启动。

功率模块好坏的简易的判断方法是：切断空调器电源，先把主电源滤波器电容放电，再拔下功率模块上的所有连线。用万用表测U、V、W任意两端间电阻应为无穷大，且P或N端对U、V、W端均符合二极管正、反向特性。

9.3　长虹变频空调器不制冷，室外机低压气体截止阀结冰现场

此故障说明制冷系统有漏点，找到漏点修复后，再加制冷剂。空调器不制冷，室外机低压气体截止阀结冰见图9-18。空调器不制冷，室外机低压气体截止阀结冰陀见图9-19。内六角扳手关室外机低压气体截止阀方法见图9-20。

图9-18　空调器不制冷，室外机低压
气体截止阀结冰

图9-19　空调器不制冷，室外机低压
气体截止阀结冰陀

教你一招： 关闭低压截止阀扳手要查到位，防止把截止阀拧滑扣。

用割刀切管路方法见文前彩图 9-21。

图 9-20　内六角扳手关室外机低压
气体截止阀方法

教你一招： 割刀切割铜管时，进度要慢、请勿把铜管割瘪。

用割刀切管路方法见文前彩图 9-22。

教你一招： 铜管恰在割刀滚轮中。

用割刀切管路方法见文前彩图 9-23。

教你一招： 割刀在切割铜管时、双手相互配合、进度要慢。

制作喇叭口方法见文前彩图 9-24。

教你一招： 割出的铜管圆整、平滑。

制作喇叭口方法见文前彩图 9-25。

教你一招： 用胀管器专用工具把铜管夹住。

制作喇叭口方法见文前彩图 9-26。

教你一招： 用右手把住胀管器，左手旋转螺杆胀管锥头手柄，力矩掌握均匀缓慢。

喇叭口对正低压截止阀螺栓方法见文前彩图 9-27。

教你一招： 制作的喇叭口圆正，上螺母时对准，避免滑扣。

喇叭口对正低压截止阀螺栓方法见文前彩图 9-28。

教你一招： 在上螺母时，如手感觉吃力，要拧回验证螺母与螺丝扣距是否一样。

喇叭口对正低压截止阀螺栓方法见文前彩图 9-29。

教你一招： 螺母有公制、英制之分，在制作喇叭口前，一定先确定螺母与螺丝是否匹配。

第**10**章

科龙变频空调器电控板的维修

10.1 科龙 KFR-35GW/BP 变频空调器主要特点

① 空调器采用单转子式交流变频压缩机，频率变化范围 30～100Hz。

② 大面积的冷凝器、三段式蒸发器，空调器的能力变化范围较宽；低频时输出能力可以很小，维持室温恒定。

③ 外观采用全新设计思路，采用清晰明亮的线条轮廓，使整机显得简洁、时尚。

海信 KFR-35GW/11BP 变频空调器技术特点如下。

（1）电路方面特点

① 压缩机驱动采用单电源低成本 IPM 模块；

② 压缩机驱动电路采用无光耦直接驱动；

③ 室外开关电源采用新型电路，减小电磁干扰。

（2）系统方面特点　转子式交流变频压缩机，输出功率 1300W，频率变化范围 30～100Hz，与大面积的冷凝器、三段式蒸发器相匹配，空调器的能力变化范围较宽，能够实现快速制冷、制热。低频时输出能力可以很小，维持室温恒定。

（3）结构方面特点　室内机在外观设计上采用全新设计思路，采用清晰明亮的线条轮廓，使整机显得简洁、时尚。对风道进行优化设计，实现了风扇和风道的最佳匹配，扩大了进风面积，使空调器运转更加平稳，不仅风量大，而且噪声更小，低至 33dB。

（4）科龙 KFR-35GW/BP 变频空调器技术参数（表 10-1）

（5）科龙 KFR-35GW/BP 变频空调器主要功能

① 环绕立体风。

② 速冷速热。变频范围 30～100Hz，根据温差空调刚启动时高输出运转，迅速提升或降低房间温度，实现快速制冷制热。

③ 超低噪声。室内机采用大直径斜齿贯流风扇，优化风道设计，安静运转噪声仅为 30dB（A）。

④ 附加功能。经济运行，降低空调器输入功能范围；压缩机工作状态指示；静音运行。

表 10-1　技术参数

整机型号、名称		KFR-35GW/BP　分体热泵型挂壁式变频房间空调器				
额定电源电压/频率	AC 220V/50Hz		电源相数	单相	气候类型	T1
适用电源电压范围	AC 175～250V		接线方式	单相	防水等级	IP24
项目		单位	数据			备注
制冷	额定制冷量（最小/中间/最大）	kW	3.5（1.3/1.7/4.0）			风门位置 5
	额定输入功率（最小/中间/最大）	kW	1.25（0.45/0.55/1.80）			
	额定运行频率（最小/中间/最大）	Hz	84（30/38/100）			
	运行频率范围：最小～最大	Hz	30～100			
	额定输入电流/最大输入电流	A	6.2/9.0			
	SEER/能效等级	W/W	3.56/—			
	除湿量	L/h	1.6			
	循环风量	m³/h	600			
	室内风扇转速：低/中/高	r/min	950/1100/1250			
	室外风扇转速：低/高	r/min	—/780			
制热	额定制热量（最小/中间/最大）	kW	4.5（1.2/2.2/6.1）			风门位置 5
	额定输入功率（最小/中间/最大）	kW	1.60（0.45/0.67/2.20）			
	额定运行频率（最小/中间/最大）	Hz	98（30/47/110）			
	运行频率范围：最小～最大	Hz	30～110			
	额定低温制热量/额定低温制热输入功率	kW	4.5/1.95			风门位置 5
	额定输入电流/最大输入电流	A	7.9/10.0			
	HSPF	W/W	2.54			
	循环风量	m³/h	660			
	室内风扇转速：低/中/高	r/min	950/1100/1250			
	室外风扇转速：低/高	r/min	—/780			
	电加热功率	kW	—			
其他	APF	W/W	2.74			
	适用温度范围	℃	−7～43			
	主回路熔断电流	A	20			
	制冷剂/用量	kg	R22/1.10			
	室内机噪声：最小/最大	dB（A）	32/42			
	室外机噪声：最小/最大	dB（A）	42/52			
	室内机质量：净质量/毛质量	kg	10.0/14.0			
	室外机质量：净质量/毛质量	kg	40.0/43.0			
	室内机外形尺寸（长×宽×高）	cm	81×22×28			
	室外机外形尺寸（长×宽×高）	cm	80×26×57			
	室内机外包装尺寸（长×宽×高）	cm	86×35×28			
	室外机外包装尺寸（长×宽×高）	cm	94×36×61			
	压缩机厂家/型号/结构形式	—	上海日立/FGZ20DG2UYA/单转子			

项目		单位	数据	备注
其他	联机线：线径×数量	mm²	1.5×4	
	连接管：粗管管径/细管管径	mm	12.7/6.35	
	联机配管：随机附件长度/最大允许使用长度	m	3.5/15	
	节流方式	—	毛细管	
	联机配件箱号	—	43#	
	室外机安装支架组件代号	—	RZA-0-1040-015-XX-0	

⑤ 健康空调。新一代健康设计：三重防御＋抗菌材料＋多元光触媒＋负离子。a. 三重防御有效过滤灰尘，清新空气；b. 多元光触媒采用多种催化技术，可强力吸附并催化分解因居室装修过程中使用的各种材料挥发的大量的甲醛等有害气体；还可高效去除剩余饭菜、香烟味、宠物味等异味；多元光触媒在紫外线下除将光能转化为化学能外，还能促进有毒物质分解，保持除味地高效性，并可长期使用，十分有效。

(6) 科龙 KFR-35GW/BP 变频空调器电控功能

① 显示面板。LED 显示方式（本机型使用）：四个 LED 灯分别指示电源、运行、定时、高效功能状态。电源指示灯在空调接通电源后点亮，表示空调处于上电状态，对操作维护起警示作用；运行指示灯在空调开启运行后点亮，关闭空调后熄灭；如果有定时设定功能时，定时指示灯点亮，在定时功能完成后熄灭；空调处于高效运行状态时，高效指示灯点亮，其他情况高效指示灯熄灭。

② 应急开关

a. 按动应急开关一次为开机，再按一次为关机；按自动模式工作，室内控制温度设定为 24℃，室内风速设定为自动，风门扫掠。

b. 空调器通电后（关机状态下）按住应急开关停留 5s 以上，蜂鸣器响三声，控制器进入试运行。试运行为强制制冷，室内风速设定为高速，风门扫掠，空调运行与室温无关。

c. 应急运转中，如接收到遥控信号，则按遥控信号命令运转。

③ 定时功能

a. 定时开机。通过遥控器设定定时开机后，空调器进入定时开机状态，设定时间到达后，空调器收到遥控器的信号后按照设定状态开机运行；如果达到设定时间后，空调器仍未收到遥控器发送的信号，空调器自动按照设定状态开机运行。

b. 定时关机。通过遥控器设定定时关机后，空调器进入定时关机状态，设定时间到达后，空调器收到遥控器的信号后关机；如果达到设定时间后，空调器仍未收到遥控器发送的信号，空调器自动关机。

c. 开关机操作不能取消定时器功能（某些遥控器上具有 1h 便捷定时关机，此操作除外）。

④ 并用节电功能（本机型没有此功能）

a. 按动遥控器并用节电键，进入节电运行状态，再按动一次该键，功能解除。

b. 进入并用节电后，通过调节压缩机运转频率，限制压缩机运转的最大电流，使电流不超过 5A（此值随机型不同而调整）。

c. 开关机操作不能取消并用节电功能。

⑤ 睡眠

a. 在制热、制冷或除湿方式下，按动遥控器上睡眠键，可以依次启动或取消睡眠功能。同时显示屏上的睡眠图标相应点亮或熄灭。

b. 制热方式下：启动睡眠功能后设定温度在 1h 后降低 3℃，再运行 2h 后降低再降低 4℃（单冷机除外）。

c. 制冷方式下：启动睡眠功能后设定温度在 1h 后升高 1℃。

d. 默认设定状态为取消睡眠功能，关机操作后取消睡眠功能。

e. 睡眠功能有效期为 8h，8h 后空调器自动关机并取消睡眠功能。

⑥ 高效运行功能。在制热（单冷机除外）、制冷或除湿方式下可设定高效运行，室内风速转为高速风，压缩机以尽可能高的频率运行，如果显示屏可显示频率，显示屏上的频率显示到最大。运转 15min 后自动恢复原运行状态。

⑦ 自动运行模式。开机后如果没有人机对话功能，室内风机先在"微风"状态下运转 20s 后，再确定运转模式；在此期间检测室内温度，为确定运转模式作准备。

首次运行：

a. 当 $T_{室内}-T_{设定}>3℃$ 时，进入制冷运转模式；

b. 当 $-3℃≤T_{室内}-T_{设定}≤3℃$ 时，进入通风运转模式；

c. 当 $T_{室内}-T_{设定}<-3℃$ 时，进入制热运转模式（单冷机为通风运转模式）。

首次运行进入制冷或制热模式后，按照以下说明进行模式切换：

a. 当 $T_{室内}-T_{设定}>3℃$ 时，转为制冷运转模式；

b. 当 $T_{室内}-T_{设定}<-3℃$ 时，转为制热运转模式（单冷机为制冷运转模式）；

c. 不满足以上条件则保持先前的运行状态。

当设定温度改变后，按照以上说明重新进行模式判断；当压缩机停止运行 10min 后，重新进行模式判断。

（7）制冷剂系统　制冷剂系统如图 10-1 所示。

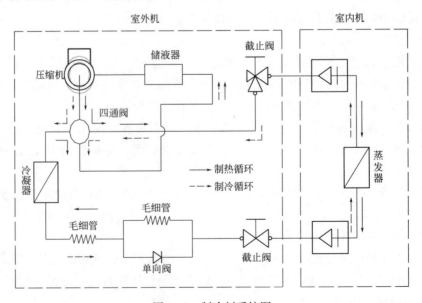

图 10-1　制冷剂系统图

（8）科龙 KFR-35GW/BP 变频空调器控制电气原理　室内机接线如图 10-2 所示。
室外机接线如图 10-3 所示。

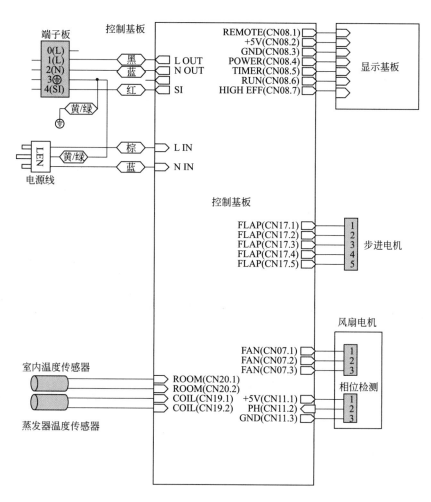

图 10-2　室内机接线图

（9）科龙 KFR-35GW/BP 变频空调器室内机、室外机微电脑板控制电气原理

① 室内微电脑板控制电气原理如图 10-4 所示。

② 室外微电脑板控制电气原理如图 10-5 所示。

③ PCB 板布局图　室内机控制板 PCB 板布局如图 10-6 所示，IPM 板布局如图 10-7 所示，室外控制板布局如图 10-8 所示。

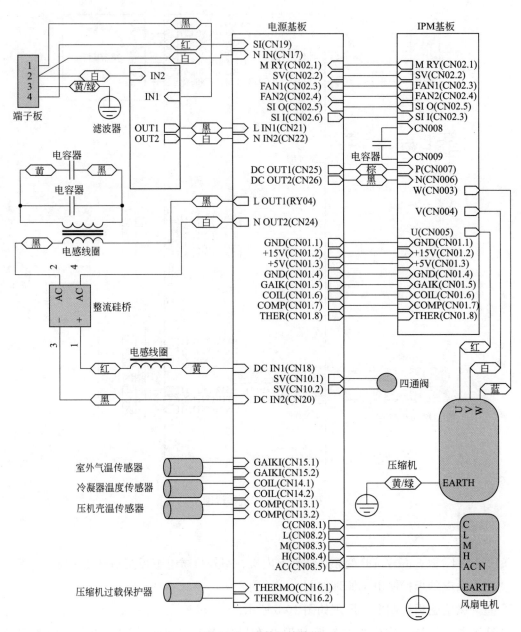

图 10-3　室外机接线图

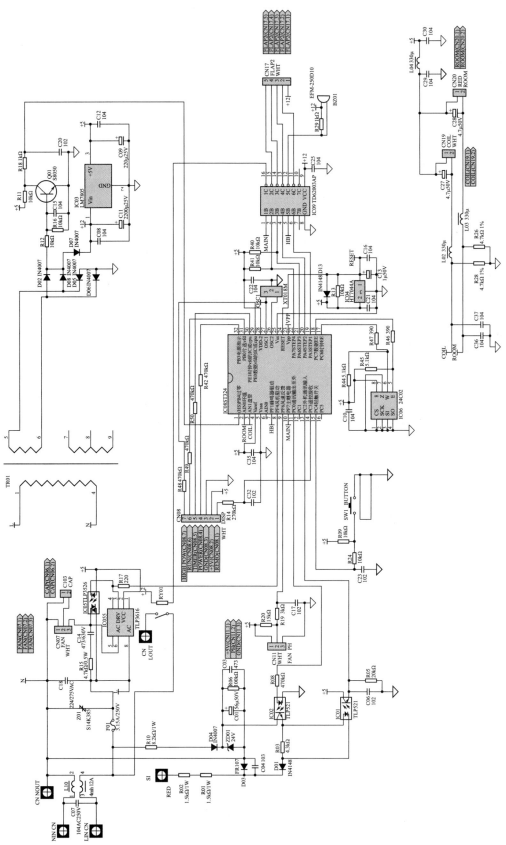

图 10-4 室内微电脑板控制电气原理图

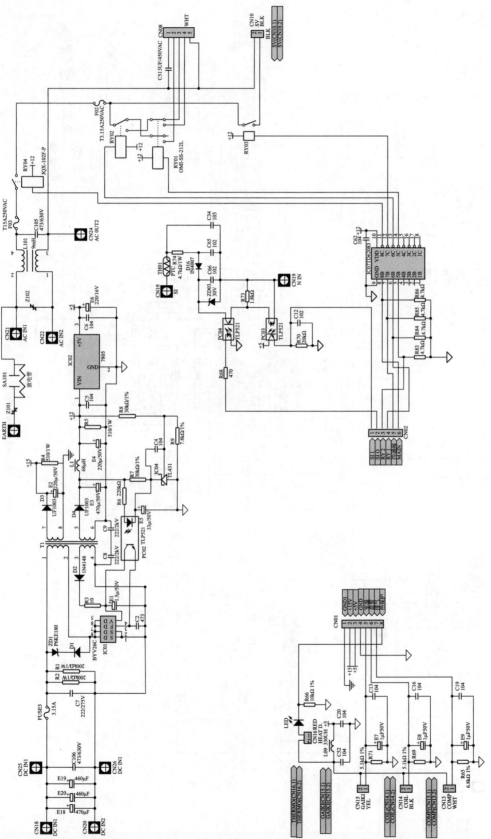

图 10-5　室外微电脑控制电气原理图

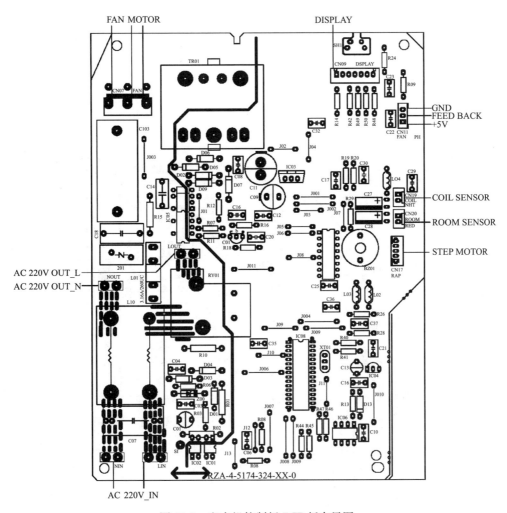

图 10-6　室内机控制板 PCB 板布局图

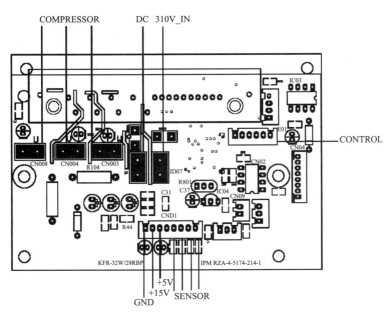

图 10-7　IPM 板布局图

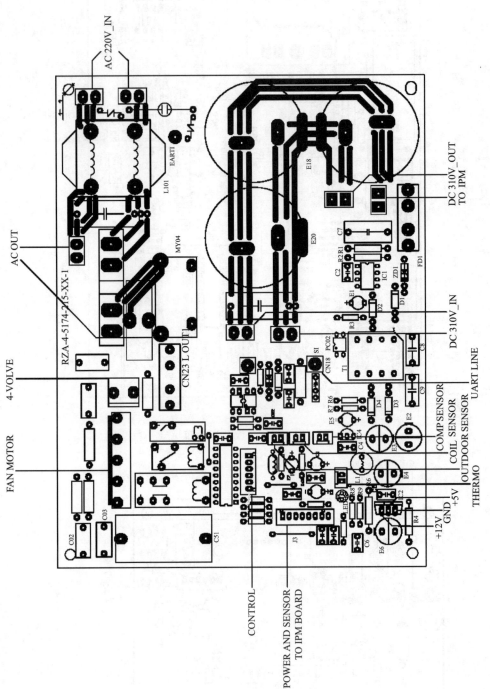

图 10-8 室外控制板布局图

10.2　科龙 KFR-35BPB 变频空调器室内机微电脑板控制电路

（1）电源电路

① 电源电路原理如图 10-9 所示。

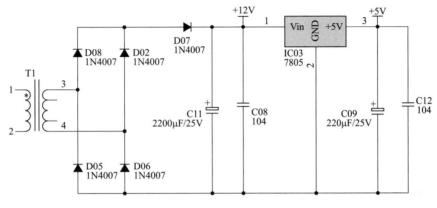

图 10-9　电源电路原理图

② 电源电路原理分析　电源电路是交流电源 220V 经电源变压器的 1、2 脚和 3、4 脚降压输出 AC12V，经过 D02、D05、D06、D08 二极管桥式整流后，经 D07，通过 C08 高频滤波、电解电容 C11 平滑滤波后得到一较平滑的直流电 DC12V（此电压为 ULN2003 驱动集成块及蜂鸣器提供工作电源），再经 7805 稳压及 C09、C12 滤波后，便得到了一稳定的 5V 直流电（此电压为电脑板及一些控制检测电路提供工作电源）。

（2）上电复位电路

① 上电复位电路原理如图 10-10 所示。

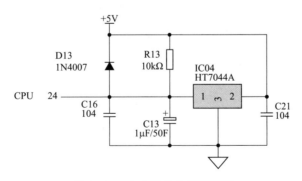

图 10-10　上电复位电路原理图

② 上电复位电路原理分析　5V 电源通过 HT7044A 的 2 脚输入，1 脚便可输出一个上升沿，触发芯片的复位脚。电解电容 C13 是调节复位延时时间的。

（3）过零检测电路

① 过零检测电路原理如图 10-11 所示。

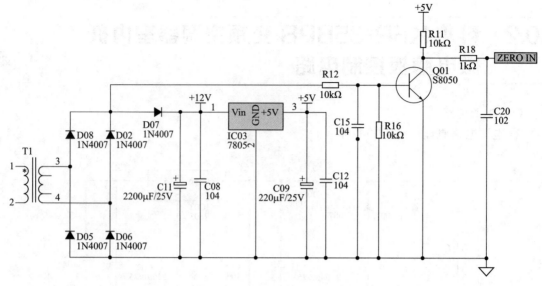

图 10-11　过零检测电路原理图

② 过零检测电路分析　电源变压器输出 AC12V，经 D02、D05、D06、D08 桥式整流输出一脉动的直流电，经 R12 和 R16 分压提供给 Q1，当 Q1 的基极电压小于 0.7V 时，Q1 不导通；而当 Q1 的基极电压大于 0.7V 时，Q1 导通。这样便可得到一个过零触发的信号。

（4）室内风机控制电路

① 室内风机控制原理如图 10-12 所示。

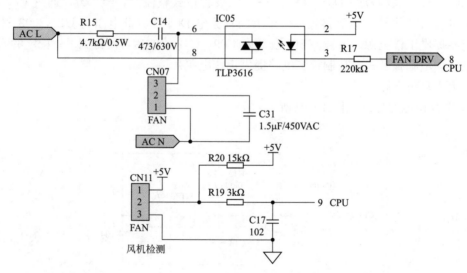

图 10-12　室内风机控制原理图

② 室内风机控制电路分析　通过交流电零点的检测，风机驱动（即芯片的 8 脚）延时输出一脉冲，延时的长短决定了室内风机的风速。

通过风机转速的反馈（即芯片 9 脚）检测风机运转的状态，以便准确地控制室内风机的风速。

（5）EEPROM 电路

① EEPROM 电路原理如图 10-13 所示。

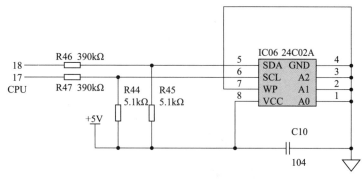

图 10-13　EEPROM 电路原理

② 原理分析　EEPROM 通过两条数据线 SDA 和 SCL 与主芯片进行数据交换。EEPROM 中存储了设定的风速、制冷制热选择等信息。

（6）室外机微电脑板电路

KFR-35GW/Bp 空调器室外机部分可分为如下电路：开关电源电路、晶振电路、电压检测电路、电流检测电路、温度传感器电路、EEPROM 和运行指示电路、通信电路等。分为 2 块控制板，大板为电源板，提供室外机运行需要的各种电压、传感器量值、电流检测值等。IPM 板为控制板，CPU 在 IPM 板上，收集压缩机、传感器、电流、电压等信息控制室外机运行。

① 开关电源电路

a. 开关电源原理如图 10-14 所示。

b. 开关电源电路原理分析。本电路为反激式开关电源，其稳压方式采用脉宽度调制方式，其特点是内置振荡器，固定开关频率为 60Hz，通过改变脉冲宽度来调整占空比。因为开关频率固定，因此为其设计滤波电路相对方便一些，但是受功率开关管最小导通时间限制，对输出电压不能做宽范围调节；另外输出端一般要接预负载，防止空载时输出电压升高。

开关反激振荡电路：交流 220V 经整流硅桥整流、电解电容滤波输出的约 300V 的峰值电压分两路送至开关振荡电路：一路经开关变压器的绕组加到开关管的漏极 D 上；另一路接开关管源极 S。由于高频开关变压器 T1 一次侧绕组与二次侧绕组、反馈绕组极性相反，开关管 IC01 导通时，能量全部存储在开关变压器的一次侧，二次侧整流二极管 D3、D4 未能导通，二次侧相当于开路；当开关管截止时，一次侧绕组反极性，二次侧绕组同样也反极性使二次侧的整流二极管正向偏置而导通，一次侧绕组向二次侧绕组释放能量。二次侧在开关管截止时获得能量，开关变压器的二次侧便得到所需的高频脉冲电压，经脉冲整流、滤波、稳压后送给负载。一次侧副绕组经二极管 D2、电阻 R3、电容 E1 滤波后接开关管 IC1 的电源脚，为开关管提供电源。二次侧反馈采用由 TL431 组成的精密反馈电路，＋12V 电源经 R8、R9 分压后的取样电压，与 TL431 中的 2.5V 基准电压进行比较后产生误差电压，再经光耦去控制反馈电流，改变功率开关管的输出占空比，来维持输出的＋12V 稳定，从而达到稳压目的。

由于采用这种反激式开关方式，电网的干扰就不能经开关变压器直接耦合给二次侧，具有较好的抗干扰能力。

此外，开关电源电路还有一些保护的电路：由于开关管在关断的时候，由高频变压器漏感产生的尖峰电压会叠加至电源上，损坏功率开关管。因此，在开关变压器一次侧绕组上增加钳位保护电路，由稳压二极管 ZD1 和快速二极管 D1 组成了缓冲电路。

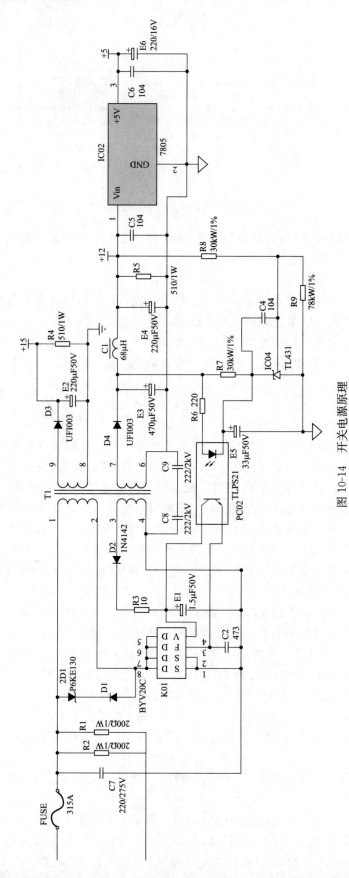

图 10-14 开关电源原理

② 电压检测电路

a. 电压检测电路原理如图 10-15 所示。

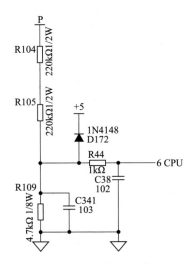

图 10-15　电压检测电路原理

b. 电压检测电路原理分析。室外交流 220V 电压硅桥整流、滤波电路滤波后输出到 IPM 模块的 P、N 端，电压检测电路从直流母线的 P 端通过电阻进行分压，检测直流电压进而对交流供电电压进行判断。

③ 电流检测电路

a. 电流检测电路原理如图 10-16 所示。

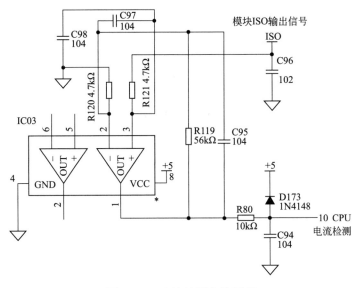

图 10-16　电流检测电路原理

b. 电流检测电路原理分析。通过模块内电阻取样，将电流信号转化为电压信号输入放大器，将电压信号进行放大（放大倍数由 R119、R120 决定），送到 CPU 的 A/D 口进行转化，计算出电流值。

$$V_{ct} = I \times 0.02 \times 13$$

④ PWM 电路

a. PWM 驱动电路接线。本机是由 CPU 的 I/O 口直接连接到 IPM 的六路 IGBT 驱动口。

b. PWM 驱动电路检测方法。用示波器观测每一路信号的波形，正确的波形为 PWM 波。如图 10-17 所示。

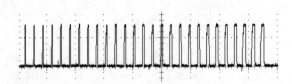

图 10-17　PWM 驱动电路用示波器观测每一路信号的波形

（7）室内外机电脑板管脚定义　室内机微电脑采用型号为 ST72F324K4B6 的 8 位电脑板；室外机微电脑采用型号为富士通的 16 位 MB90F462APFM-G（64 个引脚）芯片。室内机微电脑芯片管脚定义，见表 10-2。

表 10-2　室内机电脑板管脚

引脚	引脚功能	备注
1	过零检测	脉冲电压
2	室内环境温度传感器	模拟信号
3	盘管温度检测	模拟信号
4	电源	
5	地	
6	地	
7	蜂鸣器	方波
8	风机驱动	方波脉冲
9	风机反馈	方波脉冲
10	主继电器控制	
11、13	通信	
12	未用	
14	遥控接收	
15	应急开关	
16	未用、上拉	
17、18	EEPROM	
19～22	步进电机	
23	未用	
25	地	
26、27	陶振	振荡频率 8MHz
28	电源	
29	高效指示灯	
30	定时指示灯	
31	运行指示灯	
32	电源指示灯	

室外机各管脚定义见表 10-3。

表 10-3　室外机各管脚定义

引脚	引脚功能	备注
1	空	
2	压缩机过热保护	
3～5	指示灯	
6	电压检测	模拟信号
7	室外温度检测	模拟信号
8	盘管温度	模拟信号
9	排气温度	模拟信号
10	电流检测	
11、12、20、56	电源	
13、17、18、21、25～30、36、41～44、58、59、62～64	空	
14、15	通信	
16	强制启动	
19	复位	
22、23	晶振	
24、49	接地	
31、32、37～40	检测工装控制	脉冲电压
33	F0 口	
34、35	EEPROM	
45～48	风扇电机控制	脉冲电压
50～55	IPM 信号	
57	接滤波电容	
60、61	FLASH	

（8）故障显示

① 室外机显示　在压缩机停止运转时，室外的 LED 用于显示故障的内容，见表 10-4。

表 10-4　室外机显示

记号说明：★：亮	O：闪	×：灭		
故障码	LED1	LED2	LED3	故障内容
1	×	×	×	正常
2	×	×	★	室内温度传感器短路、开路或相应检测电路故障
3	×	★	×	室内热交换器温度传感器短路、开路或相应检测电路故障
4	★	×	×	压缩机温度传感器短路、开路或相应检测电路故障
5	★	×	★	室外热交换器温度传感器短路、开路或相应检测电路故障
6	★	★	×	外气温度传感器短路、开路或相应检测电路故障
7	O	★	×	CT（互感线圈）短路、开路或相应检测电路故障
8	O	×	★	室外变压器短路、开路或相应检测电路故障
9	×	×	O	信号通信异常（室内～室外）
10	×	O	×	功率模块（IPM）保护

故障码	LED1	LED2	LED3	故障内容
11	★	O	★	最大电流保护
12	★	O	×	电流过载保护
13	×	O	★	压缩机排气温度过高
14	★	★	O	过、欠压保护
15	★	O	O	
16	×	★	★	
17	O	★	★	
18	×	★	O	压缩机壳体温度过高
19	★	★	★	室外存储器故障
20	×	O	O	

② 室内机显示见表10-5。

表 10-5 室内机显示

故障码	电源	定时	运行	高效	记号说明：★：亮　　　O：闪亮　　　×：灭
	1	2	3	4	诊断内容
33	O	×	×	★	室内环境温度传感器异常
34	O	×	★	×	室内热交换器温度传感器异常
35	O	★	×	×	室内排水泵故障
36	O	★	×	★	室内通信异常（内～外）
37	O	★	★	×	室内与线控器通信异常
38	O	★	★	★	室内 E²PROM 故障
39	O	×	★	★	室内风扇电机运转异常
1	×	O	×	×	室外热交换器温度传感器异常
2	×	O	★	×	压缩机温度传感器异常
3	×	O	×	★	室外变压器异常
4	×	O	★	★	CT（互感线圈）异常
5	★	O	×	×	IPM 模块保护（电流、温度）
6	★	O	×	★	AC 输入电压异常（过欠压保护）
7	★	O	★	×	室外通信异常（内～外）
8	★	O	★	★	电流过载保护
9	×	×	O	×	最大电流保护
10	×	×	O	★	四通阀切换异常
11	×	★	O	×	室外 E²PROM 故障
12	×	★	O	★	室外环境温度过低保护
13	★	×	O	×	压缩机排气温度过高保护
14	★	×	O	★	室外环境温度传感器异常
15	★	★	O	×	压缩机壳体温度保护

续表

故障码	电源	定时	运行	高效	记号说明：★：亮　　○：闪亮　　×：灭	
	1	2	3	4	诊断内容	
40	○	×	×	×	格栅保护状态报警（柜机）	
41	★	★	○	★	室内过零检测故障	

（9）技术参数规格

① 室外风机的技术规格（YDK29-6I）　绕线电阻（20℃）见表 10-6。电气接线如图 10-18 所示。

表 10-6　绕线电阻

线圈	电阻/Ω	容许范围
白-粉	171	±15%
白-棕	178	±15%

② 室内风机（型号：YYW16-4-415）　线圈电阻（20℃），见表 10-7。室内风机电气接线如图 10-19 所示。

表 10-7　线圈电阻

线圈	主/Ω	辅/Ω
电阻	350±15%	400±15%

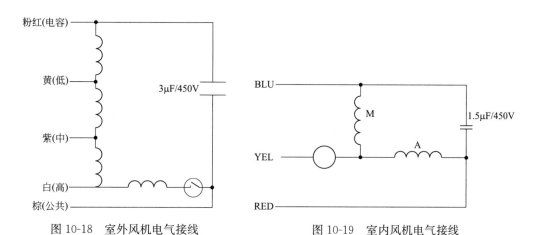

图 10-18　室外风机电气接线　　　　　图 10-19　室内风机电气接线

③ 变压器（型号：BCY-4-01FA）。电气性能见表 10-8。

表 10-8　电气性能

项目	内容
直流电阻	一次侧线圈 1000±20% Ω 二次侧线圈＜3.5Ω
空载特性	一次侧输入 220V、50Hz，I_o≤15mA　U_o=13.5V
负载特性	U_f=12.0V

④ 传感器的阻值特性　压缩机排气温度传感器阻值见表 10-9。

表 10-9 压缩机排气温度传感器阻值

$T/℃$	$R/Ω$	V/V	$T/℃$	$R/Ω$	V/V	$T/℃$	$R/Ω$	V/V
−30	966.1	0.1014	17	82.85	0.97	64	12.4	3.09023
−29	910.3	0.1075	18	79.16	1.01	65	11.9	3.13185
−28	858	0.1139	19	75.65	1.05	66	11.5	3.1736
−27	809	0.1206	20	72.32	1.08	67	11.1	3.2144
−26	763.1	0.1277	21	69.15	1.12	68	10.7	3.25415
−25	720	0.1351	22	66.13	1.16	69	10.4	3.29381
−24	679.6	0.1429	23	63.27	1.2	70	10	3.33333
−23	641.7	0.1511	24	60.54	1.24	71	9.66	3.37166
−22	606.1	0.1597	25	57.94	1.28	72	9.33	3.40936
−21	572.7	0.1687	26	55.46	1.33	73	9.02	3.44637
−20	541.3	0.1782	27	53.11	1.37	74	8.71	3.48286
−19	511.7	0.1881	28	50.86	1.41	75	8.42	3.51853
−18	484	0.1984	29	48.72	1.46	76	8.14	3.55366
−17	457.9	0.2092	30	46.68	1.5	77	7.87	3.58822
−16	433.3	0.2206	31	44.74	1.54	78	7.61	3.62201
−15	410.2	0.2325	32	42.89	1.59	79	7.36	3.6551
−14	388.5	0.2448	33	41.13	1.64	80	7.12	3.68759
−13	368	0.2577	34	39.44	1.68	81	6.89	3.71955
−12	348.7	0.2712	35	37.84	1.73	82	6.66	3.75066
−11	330.5	0.2853	36	36.3	1.78	83	6.45	3.78129
−10	313.4	0.2999	37	34.84	1.82	84	6.24	3.81112
−9	297.2	0.3153	38	33.44	1.87	85	6.04	3.84039
−8	281.9	0.3312	39	32.11	1.92	86	5.85	3.86907
−7	267.5	0.3478	40	30.83	1.97	87	5.66	3.89696
−6	253.9	0.3651	41	29.61	2.02	88	5.48	3.92434
−5	241.1	0.383	42	28.45	2.06	89	5.31	3.95116
−4	229	0.4016	43	27.34	2.11	90	5.14	3.97725
−3	217.6	0.4209	44	26.27	2.16	91	4.98	4.00288
−2	206.8	0.4409	45	25.25	2.21	92	4.83	4.02787
−1	196.6	0.4617	46	24.28	2.26	93	4.68	4.05219
0	186.9	0.4833	47	23.35	2.31	94	4.53	4.07598
1	177.8	0.5056	48	22.46	2.36	95	4.4	4.0992
2	169.2	0.5285	49	21.6	2.4	96	4.26	4.12184
3	161	0.5525	50	20.79	2.45	97	4.13	4.14388
4	153.3	0.577	51	20.01	2.5	98	4.01	4.16545
5	146	0.6024	52	19.26	2.55	99	3.89	4.18655
6	139	0.6289	53	18.54	2.59	100	3.77	4.20698
7	132.5	0.6557	54	17.85	2.64	101	3.66	4.2269
8	126.3	0.6835	55	17.19	2.69	102	3.55	4.24646
9	120.4	0.7123	56	16.56	2.74	103	3.44	4.26548
10	114.8	0.7418	57	15.96	2.78	104	3.34	4.28394
11	109.5	0.7722	58	15.38	2.83	105	3.15	4.31965
12	104.4	0.8039	59	14.82	2.87	106	3.06	4.3367
13	99.66	0.8357	60	14.29	2.92	107	2.97	4.3535
14	95.13	0.8686	61	13.78	2.96	108	2.88	4.36987
15	90.82	0.9024	62	13.28	3	109	2.8	4.38558
16	86.74	0.9369	63	12.81	3.05	110	2.72	4.40121

环境、盘管温度传感器阻值见表 10-10。

表 10-10　环境、盘管温度传感器阻值

T/℃	R/kΩ	V/V	T/℃	R/kΩ	V/V	T/℃	R/kΩ	V/V
−30	67.94	0.324	17	7.249	1.967	64	1.379	3.87
−29	64.25	0.341	18	6.962	2.02	65	1.337	3.89
−28	60.79	0.359	19	6.688	2.06	66	1.297	3.919
−27	57.53	0.378	20	6.427	2.11	67	1.258	3.944
−26	54.48	0.397	21	6.178	2.16	68	1.22	3.97
−25	51.6	0.417	22	5.939	2.21	69	1.184	3.994
−24	48.9	0.438	23	5.712	2.26	70	1.149	4.018
−23	46.35	0.46	24	5.494	2.31	71	1.116	4.041
−22	43.96	0.483	25	5.286	2.35	72	1.083	4.064
−21	41.7	0.506	26	5.086	2.4	73	1.051	4.086
−20	39.58	0.531	27	4.896	2.45	74	1.021	4.108
−19	37.58	0.556	28	4.714	2.5	75	0.991	4.129
−18	35.69	0.582	29	4.539	2.54	76	0.963	4.15
−17	33.91	0.609	30	4.372	2.59	77	0.935	4.17
−16	32.23	0.636	31	4.212	2.64	78	0.909	4.19
−15	30.65	0.665	32	4.059	2.68	79	0.883	4.209
−14	29.15	0.694	33	3.912	2.73	80	0.858	4.228
−13	27.74	0.724	34	3.772	2.77	81	0.834	4.246
−12	26.4	0.756	35	3.637	2.82	82	0.811	4.264
−11	25.14	0.788	36	3.508	2.86	83	0.788	4.282
−10	23.95	0.82	37	3.384	2.91	84	0.767	4.299
−9	22.82	0.854	38	3.265	2.95	85	0.746	4.315
−8	21.75	0.888	39	3.151	2.99	86	0.725	4.332
−7	20.74	0.924	40	3.041	3.04	87	0.705	4.348
−6	19.79	0.96	41	2.936	3.08	88	0.686	4.363
−5	18.88	0.997	42	2.835	3.12	89	0.668	4.378
−4	18.02	1.034	43	2.739	3.16	90	0.65	4.393
−3	17.2	1.073	44	2.646	3.2	91	0.632	4.407
−2	16.43	1.112	45	2.556	3.24	92	0.616	4.421
−1	15.7	1.152	46	2.471	3.28	93	0.599	4.435
0	15	1.193	47	2.388	3.32	94	0.584	4.448
1	14.34	1.234	48	2.309	3.35	95	0.568	4.461
2	13.71	1.276	49	2.233	3.39	96	0.554	4.473
3	13.11	1.319	50	2.159	3.43	97	0.539	4.486
4	12.55	1.362	51	2.089	3.46	98	0.525	4.498
5	12.01	1.406	52	2.021	3.5	99	0.512	4.509
6	11.5	1.451	53	1.956	3.53	100	0.498	4.521
7	11.01	1.496	54	1.893	3.56	101	0.486	4.532
8	10.55	1.541	55	1.832	3.6	102	0.473	4.543
9	10.1	1.588	56	1.774	3.63	103	0.461	4.553
10	9.684	1.634	57	1.718	3.66	104	0.449	4.564
11	9.284	1.68	58	1.664	3.69	105	0.438	4.574
12	8.903	1.728	59	1.612	3.72	106	0.427	4.584
13	8.54	1.775	60	1.562	3.75	107	0.416	4.593
14	8.194	1.823	61	1.513	3.78	108	0.406	4.603
15	7.864	1.87	62	1.467	3.81	109	0.395	4.612
16	7.549	1.919	63	1.422	3.84	110	0.385	4.621

10.3　科龙 KFR-35GW/BP 变频空调器维修

（1）机型：KFR-35GW/BP 变频空调器

【故障 1】一开机红灯保护，经诊断故障为室外通信故障。

① 分析与检测　经查室外机 P、N 两端无 300V 电压，外板指示灯不亮，检查外机接线柱有 220V 电源、保险丝、桥堆、电容正常，最后发现电抗器有开路现象。

② 维修方法　更换电抗器，试机正常。

③ 经验与体会　室外板指示灯不亮，首先要检查外机有无 220V 电压，重点检查电抗器，因为电抗器在底盘下方，容易出现跳电、开路现象。

【故障 2】外机不工作。

① 分析与检测　由特约部上门维修多次，外板已换过不能解决故障，后更换内板还是不能解决故障。后经分公司人员上门检查，故障显示为通信故障，测信号与零线之间的电压为 26V。内外板已换过，可能是信号线接触不良；经检查发现连接线接触不良，重新接好后，开机可以启动运行，但 5min 过后又出现停机，检查又发现维修工在更换外板时未将电流互感器上的电流检测线串过，造成电流保护停机。

② 维修方法　重新连接后，试机正常工作。

③ 经验与体会

a. 在实际维修中不能盲目地更换配件，应注意分析。

b. 在维修过程中一定要做到五到：看、摸、听、测、析。

c. 更换配件时要注意接线的准确性，必要时在拆旧配件时做好接线标记，避免接错。

【故障 3】制热效果差，化霜不完全。

① 分析与检测　网点接报上门将怀疑的部件都检查换过，但就是不能解决故障。接报后上门查看，留意到外机安装位置正对北面，并且处于巷子风口处，检查压力、外机工作电流都正常，判断为外机排风受阻，使外热交换不良，从而导致化霜不完全，制热效果差。

② 维修方法　订制外机风口导风板，改排风方向往上（也可改装外机位置，避免排风方向朝北）。试机正常。

③ 经验与体会　当机器本身故障在彻查排除时，就应该多从其他环境因素去考虑，避免走弯路。

【故障 4】用户反映制热差

① 分析与检测　经检查发现该机能正常工作，出风口温度为 40℃，只是设定温度为 25℃，但机器在 19℃就停机，通过分析该机无大故障，可能温控电器有误差，测定内封传感器，阻值正常。

② 维修方法　把传感器往下移，调试工作正常。

③ 经验与体会　在维修空调时，如有用户反映空调制热效果差时，而出风口温度正常，只是达不到设定温度，那首先考虑空调的安装高度，再移一下传感器就可解决故障。

【故障 5】新安装机试机保护。

① 分析与检测　检查连接线及外插件均正常，信号线与 N 脚间电压小于 14V，由于是新装机，用户不愿更换电路板，拨动演示开关，机器正常工作，再拨回原位置，试机机器恢复正常工作。

② 经验与体会　此机由于手动开关接触不良或误操作，造成机器保护。

（2）机型：KFR-32GW/BP 变频空调器

【故障】制热时内机风机直接启动，无防冷风保护。

① 分析与检测　初步考虑到该无防冷风保护，可能是内机板系统控制紊乱所致。更换内机板后故障依旧，仔细检查后得知防冷风电路的工作是由内机盘管传感器控制的，当室内盘管温度达到一定温度时，内风机开始工作，该机在外机压缩机未启动的情况下内风机工作可能是由于盘管温度阻值变质，从而误判使内风机工作。

② 维修方法　更换内机盘管传感器后正常。

（3）机型：KFR-35GWA/BP 变频空调器

【故障 1】开机后内风机无法调试（高速运转）。

① 分析与检测　内风机电机采用交流 PG 电机，是由可控硅控制的，而测量反相驱动电路是由三极管控制的。经查可控硅良好，发现三极管的集电极与发射极短路，导致风速无法控制。

② 维修方法　更换三极管，故障排除。

【故障 2】开机后室外机不启动，5min 后故障灯亮。故障记忆：定时灯和故障灯常亮。

① 分析与检测　初步分析为模块坏，经仔细检查模块是好的，经查信号线直流电压为19V，初步判为室外机故障。发现开机模块上三个输出端子全部带电。表明其他地方交流短路，发现整流桥接线错误存在短路。

② 维修方法　正确连接整流桥接线，故障排除。

【故障 3】制热时外风机工作，但压缩机一启动就停下来。

① 分析与检测　由于室外机指示灯处于正常待机状态，说明室内、室外通信良好，针对这类故障，首先排除排气口温度传感器、功率模块、室外板及实芯线，最后就考虑换压缩机。

② 维修方法　更换压缩机后正常。

第11章

美的变频空调器电控板的维修

11.1 KFR-32GW/BPY 分体式变频空调器室内机微电脑控制电路

　　美的 KFR-26GW/BPY、KFR-28GW/BPY、KFR-32GW/BPY、KFR-36GW/BPY、KFR-48GW/BPY 分体式变频空调器控制原理基本相同，下面以美的 KFR-32GW/BPY 分体式变频空调器为例，教你怎样分析控制原理，教你怎样修电控板。美的 KFR-32GW/BPY 分体式变频空调器，频率在 30～120Hz 变化，转速在 1800～7200r/min 变化，变化范围宽。其控制方法是室内机微电脑控制板根据遥控器发射的工作信号，驱动室内贯流风机运转，并将工作命令、信号、制冷、抽湿、压缩机工作频率等传送到室外机微电脑控制板，室外机微电脑控制板接收到室内控制板传送来的信号，控制四通换向阀等，并通过控制施加到压缩机电动机上的电压的频率，从而改变压缩机电动机的转速，同时也将室外机运行状态的有关信息反馈给室内机微电脑控制板。

11.1.1 室内机指示灯的含义

　　① 工作指示灯　复合时 0.5s 灭灯闪烁，空调器开机后此灯为常亮状态，空调器用遥控器关机后，此灯灭。

　　② 自动指示灯　空调器工作在自动模式时，自动指示灯亮。

　　③ 定时指示灯　空调器设置定时过程中，此灯亮。

　　④ 化霜及预热灯　空调器在制热时，防冷风期间此灯亮，化霜期间此灯亮。

11.1.2 室内外机通信方式

　　室内外机采用异步串行通信方式，以室内机控制板为主，室外机控制板为辅，连续两次收到完全相同的信息时才有效。若连续 120s 不通信或接收信号错误，室内机发出故障报警，同时停止室外压缩机、室内贯流风机工作。通信电路的主要作用是使室内机控制板、室外机控制板互通信息，以便使室内、外机协同工作，共同完成制冷、制热的目的。

11.1.3　室内机动作方式

室内机的动作方式有制热方式、制冷方式、抽湿方式、自动方式、满负荷制冷工作方式、满负荷制热工作方式和强制工作方式。

（1）制热方式　风机没有高、中、低、自动工作方式，可与温度无关，随时用遥控器切换。有防冷风功能，防冷风期间，压缩机工作而室内贯流风机停转，化霜灯亮。随着室温逐渐接近设定温度，压缩机也逐渐降速，室温等于设定温度时，压缩机工作频率为零。当室内吸冷器温度大于等于 60℃时，压缩机频率逐渐降低，直到室内吸冷器温度小于 60℃为止。当室内吸冷器温度小于 50℃时，压缩机工作频率不再降低并恢复正常运转。

（2）制冷方式　风机设有高、中、低、自动工作方式，可与温度无关，随时用遥控器切换。随着室温逐渐接近设定温度，压缩机频率也会逐渐降低，当室温等于设定温度时，压缩机的工作频率为零。当室内吸热器温度小于 0℃时，压缩机的工作频率逐渐降低，直到吸热器温度大于 0℃为止。当蒸发温度大于 4℃时，压缩机工作频率不再降低并恢复正常工作。

（3）抽湿方式　空调器设定抽湿状态时，室内机为微风，压缩机工作频率为 60Hz，当温度小于 10℃时，压缩机停止工作，室内风机仍以微风状态工作，当室温升到 12℃以上时，压缩机运转。

11.1.4　室外机动作方式

（1）压缩机及室外风机动作方式　压缩机启动工作时，频率从 0Hz 开始，以 10Hz/s 速度上升，当升到 60Hz 时，保持运转 60s，而后再以 2Hz/s 速度上升或下降，直到达到要求频率。压缩机频率下降，在大于 60Hz 频率时以 3Hz/s 速度下降，到 60Hz 频率时，以 2Hz/s 速度下降，直到要求频率。室外风机和压缩机同时启动运转，但室外风机滞后于压缩机 30s 停止。

（2）室外机保护方式　当变频模块超温或有其他故障时，先停止压缩机运转，30s 后停止室外风机运转。150s 后，室外压缩机及风机再次启动，连续 4 次启动后，30s 内变频器保护检测口又为低电平，则判断该机异常，立即关机并不再启动，并发送室外机保护信号到室内机，室内机有故障显示。室外机电流检测口检测到电流高于 15A 时，室外压缩机、风机、四通换向阀同时停止工作，但 150s 后再次启动工作。若压缩机连续 4 次启动后 30s 内电流再次高于 15A 时，则判断该机异常，立即关机并不再启动，并发送室外机保护信号到室内机，室内机有故障显示。当压缩机温度超过设定值时，压缩机停止工作，30s 后室外风机停止工作，但都和室内机保持通信。每次通信均发送室外机保护信号到室内机控制器上，当压缩机高温保护解除时，空调器按室内机主芯片控制信号继续工作。

11.1.5　室内机微电脑控制电路分析

室内机微电脑控制电路如图 11-1 所示。室内机主芯片采用东芝产品 UPD75028。主芯片 1、2、3、26、27、28、31 脚为对地端。

① 电源电路　工作时，交流 220V 电压经 FS1 熔丝管、压敏电阻、变压器输出交流 14V 电压，交流 14V 电压再经桥式整流和 7812、7805 降压，输出直流 +12V、+5V 电压供主芯片及执行电路使用。

② 蜂鸣器电路　5 脚为蜂鸣器驱动信号，输出低电平有效。

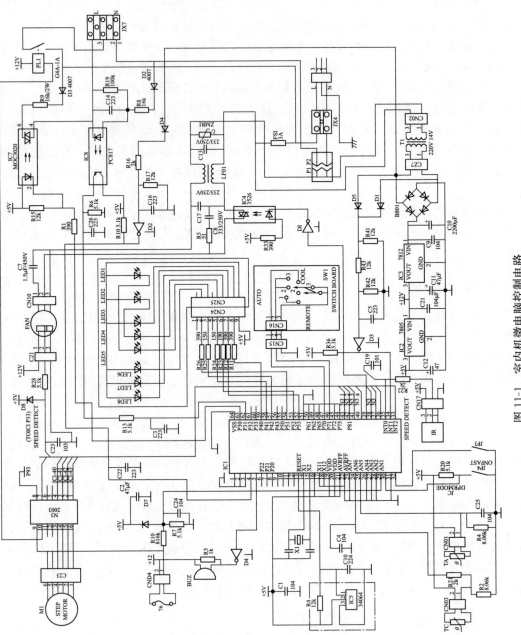

图 11-1 室内机微电脑控制电路

③ 复位电路　13 脚为复位电压检测脚，低电平时复位有效，正常工作时为高电平。

④ 晶振电路　14、15 脚与 X1 晶体振荡器产生 4.19MHz 的主频率信号，用示波器测量 14 脚可以看到 4.19MHz 的正弦波图。

⑤ 温度检测电路　24、25 脚温度传感器接口，当室内温度改变时，传感器 TC、TA 阻值也随之改变，通过电阻 R2、R4 分压后输入 IC1，这时 24 脚 25 脚电压也随之改变，从而完成由温度信号向电压信号转变，实现温度的检测。

⑥ 室内贯流风机转速检测电路　33 脚为室内贯流风机转速检测接口，当主芯片接收到控制风速信号后，39 脚相应输出控制低、中、高风的信号电平，经过晶体管 D1 的导通或截止，控制 IC4 内部发光二极管，从而控制 IC4 内部双向晶闸管的导通角，控制输入电动机的电压，从而控制室内风机的风速。

⑦ 电路过零检测电路　主芯片 39 脚控制信号，给出同步比较的是过零检测电路，检测到的是交流电的过零点。另外，贯流风机内置霍尔检测元件，当贯流风机每转一圈，经该元件就检测到一个脉冲信号，经过内部处理，由 CN10 第 2 脚，经 R28 输入到主芯片 33 脚，根据风机运转状态来随时调整内风机的转速。

⑧ 步进电动机驱动电路　40～43 脚为步进电动机驱动信号，通过反相驱动器为步进电动机 M1 提供信号，当它得到 +12V 电压时，带动导风板工作，从而改变送风方向。

⑨ 指示灯电路　52、53、54、57、58 脚为发光二极管驱动脚，输出低电平有效，其中 52 脚为自动指示灯，53 脚为定时指示灯，54 脚为化霜指示灯，55 脚为经济运行指示灯，57、58 脚为运行指示灯。电路上的 N3 为集成驱动模块，当每一驱动输入端为低电平时，相应的输出端与地之间处于截止状态，当输入端为高电平时，相应的输出端对地之间处于导通状态。

11.2　美的 KFR-32GW/BPY 分体式变频空调器室外机微电脑控制电路

11.2.1　室外机微电脑控制电路

美的 KFR-32GW/BPY 分体式变频空调器室外机微电脑控制电路如图 11-2 所示。

室外机微电脑控制电路主要分为 8 个部分：①交流电源滤波及保护部分；②变频器高压直流供电部分；③变频压缩机驱动部分；④室外其他执行部分；⑤主控部分；⑥传感器检测部分；⑦通信部分；⑧低压直流温压部分。这 8 个部分相互配合相互作用，共同完成制冷任务。

工作时，交流 220V 电压经变压器 T3，桥式整流器 D83 输出直流 +12V 电压，经 IC7、IC8、IC12 温压后向中心片执行电路及功率模块供电。主芯片 4、12 脚为温度传感器接口，TR 指室内环测传感器，TC 指蒸发器管温传感器。当温度改变时，TR、TC 温度传感器阻值也随之改变，通过电阻 R46、R47 分压后输入主芯片 4 脚、12 脚的电压也随之改变，从而完成由温度信号向电压信号转变的过程，实现温度的检测，使主芯片感知室外空气温度。17、18 脚为外部晶体振荡器接口，晶体振荡器由两个电容组成，其作用为主芯片提供时钟频率使其工作。20、23 脚为延时输入低电平有效。19 脚为复位端口，其作用：一是上电延时复位以

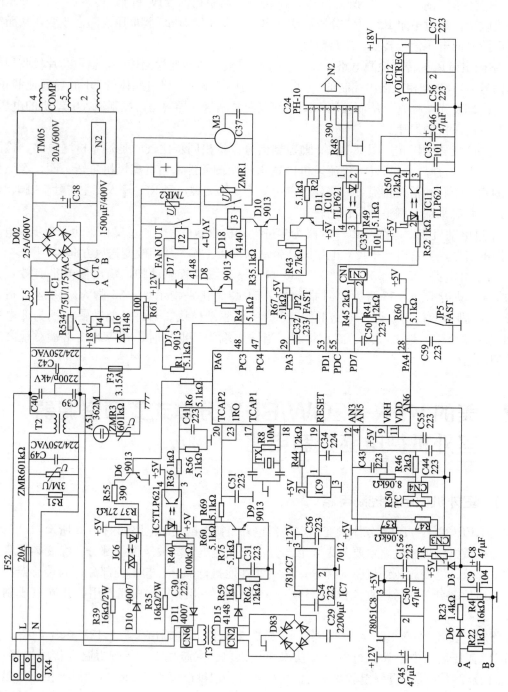

图 11-2 室外机微电脑控制电路

防止因电源的波动从而造成主芯片频繁复位，具体延时的大小由电容 C34 决定；二是在主芯片工作过程中，实时监测其工作电源（+5V），一旦工作电源低于 4.6V，复位电路的输出端 1 脚便触发低电平，使主芯片停止工作，待再次上电时重新复位。复位电路的工作原理：电源电压 +5V 通过复位电路 2 脚与复位电路内部一电平值作比较，当电源电压小于 4.6V 时，1 脚电位被强行拉低，芯片不能复位，当电源电压大于 4.6V 时，电源给电容 C34 充电从而使 1 脚电位逐渐上升，在芯片对应脚产生一上升沿触发芯片复位工作。IC5 为通信信号光耦合器。55 脚向功率模块提供电源开关信号。AN6 为电源检测输入接口，它通过 CT 感应出压缩机工作状态，电源经 D6 整流 C8 滤波向 AN6 提供电流检测信号。J2 为四通换向阀继电器。J3 为室外风机继电器。

11.2.2 压缩机分析与检测

（1）压缩机故障检测 正常涡旋压缩机处于冷态状态下，相端子之间的电阻大致相等，为 $2 \sim 5\Omega$；各端子与地之间的电阻均为无穷大（一般大于 $10M\Omega$，即认为是无穷大）。若三相端子之间出现电阻为无穷大或端子与地之间电阻很小，即认为此压缩机已经烧毁。

压缩机烧毁的常见表象有压缩机运转声音异常、无排气温度和排气压力、接触器主触头烧熔粘连、压缩机启动时电源空开跳闸等。

（2）压缩机缺油与润滑不足分析与检测 压缩机在工作时，大量制冷剂气体在被排出的同时也夹带走一小部分润滑油。压缩机短时间缺油会使得压缩机内部各相关部件异常磨损，导致振动、噪声大；长时间缺油会使得内部各相关部件过热，导致轴承烧结、抱轴。

故障表现：压缩机内置保护、排气或顶部温度保护、过电流保护、电源空开跳闸、压缩机运转声音异常、压缩机腔体温度过高等。

可能原因如下。

① 压缩机长期频繁启停：静态时油和冷媒沉积于压机腔体内，突然启动时油随冷媒一起被排出压缩机；运转时间不长又立即停止，油不能及时回到压缩机。如此反复，压缩机最终因缺油而烧毁。

② 系统含空气或水分，压缩机长时间高温高压运行时，润滑油开始酸化及热化最终变成胶状物质，造成压缩机卡住。

③ 系统回液或制冷剂迁移可能稀释润滑油，不利于油膜的形成，导致润滑不足。如多联室内机未统一供电，突然断电的室内机的 EXV 阀仍保持一定的开度，造成系统的大量回液。

④ 压缩机反转（如相序错），使得压机内部压差无法建立，导致润滑油无法输送到各摩擦表面。

⑤ 系统制冷剂泄漏时同时也可能造成润滑油泄漏，使得压缩机润滑油偏少。

⑥ 系统中存在其他化学物质，与润滑油发生化学反应后使得润滑油变质。如以前市场普遍使用四氯化碳（或其他清洗液）清洗空调管路系统，系统管内壁遗留的四氯化碳与冷媒及润滑油一起，在高温高压环境下发生化学反应，使润滑油开始酸化及热化最终变成胶状物质。

（3）压缩机液击分析与检测 压缩机大量回液时，压缩过程中液滴会对涡盘产生极大冲力，可能打碎涡盘。含有大量液态冷媒的润滑油黏度低，在摩擦表面不能形成足够的油膜，导致压缩机内部运动件的快速磨损。另外，润滑油中的冷媒在输送过程中遇热会沸腾，影响润滑油的正常输送。

故障表现如下。

① 液击后的涡旋盘碎片掉在线圈上，破坏线圈绝缘层，可能出现电流保护或压缩机内置保护（若电机浸在液态冷媒中，电机上的过载保护器可能不会动作）。

② 压缩机能运转，但无排气、无高压、电流小、声音异常（数码压缩机卸载阀常开状态下也有可能出现此现象）。

③ 压缩机运转声音异常或压缩机转轴卡住，一开机即出现电流保护或空开跳闸。

可能导致原因如下。

① 制冷剂追加过多，导致系统大量回液（低温环境小负荷制冷和低温制热更容易出现）。

② 内机风机不转、风量较小、风道堵塞、滤网或换热器脏，导致冷媒蒸发不完全。

③ 多联室内机未统一供电，突然断电的室内机的 EXV 阀仍保持一定的开度，造成系统的大量回液。

④ 油量追加过多，导致系统油击（此种情况很少出现），对低压腔压缩机，如果油面过高，高速旋转的部件（如转子），会频繁撞击油面，引起润滑油大量飞溅；飞溅的润滑油一旦窜入气缸，就有可能引起液击（油击）。对高压腔压缩机，润滑油太多会导致电机转动阻力增大，输入功率增大，并使电机散热变差；如果系统清洁度不好时，还容易导致电机绝缘不良，甚至短路，烧毁电机。

（4）压缩机高温烧毁分析与检测　压缩机长时间高温过热，不仅会降低电机绝缘性能和可靠性，缩短电机寿命；而且还会降低润滑油的润滑能力，甚至引起润滑油碳化和酸解。酸解后的润滑油会引起镀铜现象，镀铜后磨损产生的细小金属屑夹杂于润滑油中，一方面削弱了润滑油的润滑作用；另一方面，细小的金属屑由于磁性而聚集于电机绕组中，构成导电回路，引起局部放电或线圈短路。

故障表现：排气或顶部温度保护、压机腔体温度过高、高压保护（系统有堵时）、电流保护或空开跳闸等。

可能原因如下。

① 制冷剂追加过少或制冷剂泄漏，导致排回气温度过高。

② 系统脏堵或冰堵（冰堵主要指回气管），导致排气或顶部温度过高。

③ 系统真空度不够，压缩机压缩空气，压比过大，温度过高。

④ 系统运行环境恶劣，风道受阻、回风不良、换热器脏等，造成冷凝压力高，排气温度持续上升。

⑤ 连接配管过长或管径过小，系统阻力增大，导致排气温度、压力升高。

（5）压缩机电机损坏分析与检测　电机的损坏主要表现为定子绕组绝缘层破坏（短路）和断路等，绕组烧毁后，掩盖了一些导致烧毁的现象或直接原因，使得事后分析和原因调查比较困难。

故障表现：接触器频繁吸合或烧毁、过电流保护或压缩机内置保护、电源开关跳闸、压缩机腔体温度过高等。

可能原因如下。

① 上述所有原因导致的压缩机异常磨，都有可能使磨损后的金属屑破坏线圈的绝损缘层而烧毁电机。

② 接触器触点的烧熔或异常（如缺相、偏相）将直接影能响压缩机的电机。

③ 电源缺相或电压异常：电源电压的变化范围不能超过额定电压的±10％，三相间（380V）的电压不平衡率不能超过 3％；电压不平衡时负载电流是正常运转时的 4～10 倍。

④ 电机冷却不足：制冷剂大量泄漏或蒸发压力过低时会造成系统质量流量减小使得电机无法得到良好的冷却，电机过热后会出现频繁保护。

（6）压缩机更换及注意事项

① 依次焊出压缩机的排回气管、气平衡管、油平衡管（数码压缩机还有卸载排气管）。

注：a. 油平衡管最后焊住，否则会有大量冷冻机油喷出；

b. 焊出油平衡管后，高出油平衡管的油让其流出，以方便下次连接油平衡管。

② 取出压缩机，方法参考：卸下压缩机底脚螺钉后，用绳子系住压缩机吊耳；一人站在外（风）机之上拉绳子吊起压缩机，一人站在下面端起压缩机。

③ 检查烧毁压缩机的油质，若系统油已经变质，已经烧毁的压缩机进行更换外，还应注意：

a. 倒空系统内所有未损毁的压缩机里的变质油；

b. 同时也要对系统中的低压储液罐进行更换，因为此时低压储液罐内部储存了系统中的部分变质油；

c. 用高压氮气对系统进行高压吹污油，使得整个制冷系统中污油清除干净；

d. 清除完系统中的变质油后，对系统进行相应的油量追加。

④ 焊接压缩机

a. 在装上压缩机之前，必须先安装压缩机接线，分别对应压缩机上的四个接孔，四个螺钉都必须打紧。

b. 安装压缩机：可参照卸取压缩机的方法。

c. 依次焊接压缩机的油平衡管、排气管、气平衡管（数码压缩机还有卸载排气管）。

⑤ 从回气管追加冷冻机油后，再焊接压缩机回气管。

美的变频压缩机内部结构见图 11-3。

11.2.3　电控板分析与检测

（1）过流　过流是变频器报警最为频繁的现象。

① 重新启动时，一升速就跳闸。这是过电流十分严重的现象。主要原因有负载短路、机械部位有卡住、逆变模块损坏、电动机的转矩过小等。

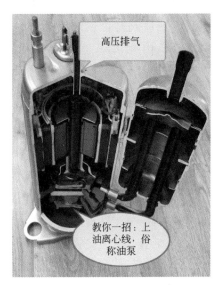

图 11-3　美的变频压缩机内部结构

② 上电就跳，这种现象一般不能复位，主要原因有模块坏、驱动电路坏、电流上限设置太小、转矩补偿（V/F）设定较高。

③ 重新启动时并不立即跳闸而是在加速时跳闸，主要原因有加速时间设置太短、电流上限设置太小、转矩补偿（V/F）设定较高。

（2）过压　过电压报警一般是出现在停机的时候，高电压时断电停机有短时报警，软硬件参数设计裕量不足。

（3）欠压　欠压也是我们在使用中经常碰到的故障。主要是因为主回路电压太低（220V系列低于200V），主要原因：整流桥某一路损坏或晶闸管三路中有工作不正常的都有可能导致欠压故障的出现，其次主回路接触器损坏，导致直流母线电压损耗在充电电阻上面有可能导致欠压，还有就是电压检测电路发生故障而出现欠压故障。

（4）过热 过热也是一种比较常见的故障，主要原因：周围温度过高、风机堵转、温度传感器性能不良、压机过热——模块保护。

（5）输出不平衡 输出不平衡一般表现为马达抖动，转速不稳，主要原因：模块坏、驱动电路坏、电抗器坏等。

11.3 美的系列变频空调器故障维修

（1）机型：KFR-28GW/BP 变频空调器

【故障 1】 开机后故障指示灯亮，因本机自诊断显示 2 号灯亮，1、3 号灯灭，室内机运转正常，室外机不工作。首先测量其电源电压处于正常使用范围。本着由简及繁的维修方法，先看其信号连接可靠，安装无误，再由此机是新机推断，压缩机卡轴及磨耗可能性不大，最后打开室外机盖，发现其 IPM 模块输出端 L 端的连线开路。

维修方法：将其线与 IPM 模块的 U 端连接、检查其他端线连接可靠，安装完毕，开机一切正常。

【故障 2】 制冷开机后，故障灯亮，自诊断内容为四通阀异常。

① 分析与检测 制冷时四通阀不应该动作，但为什么会出现四通阀异常呢，根据理论推理，四通阀是否正常是根据室内盘管温度 T2 判断的，用万用表测量 T2 阻值几乎处于短路状态。由此可知，只因 T2 阻值变小，而 CPU 采样为 T2 温度过高，从而误判四通阀异常。

② 维修方法 更换 T2 传感器后，空调恢复正常运行。

【故障 3】 制热时内机高风运转，外机不工作，过一会儿灯闪保护。

① 分析与检测 就此现象可判断故障在：a. 内管温阻值变值；b. 内机主控板温度检测电路电容漏电成 CPU 故障；c. 内机主控板风机驱动电路异常。

用排除法首先打到通风模式开机，机器工作正常，且风速可调，可排除风机及驱动电路故障，测主控板温度检测电路供电电压+5V 正常，测内管温供电电压低，故判断为主板电容漏电或短路，CPU 检测为温度过高而保护性外机停。

② 维修方法 更换主板，故障排除。

③ 经验与体会 从最可能的故障查起。

【故障 4】 室外机启动后，立即停机，故障灯亮，自诊断故障显示为 1、3 号灯亮，2 号灯闪，故障内容为电流控制异常。

① 分析与检测 此故障一般为强电部分概率较高，因是外机启动后停机，故应把维修重点放在室外，测量室外直流 300V 正常，说明滤波电路以前无异常故障，故障大概出现在 IPM 模块和压缩机部分，然后断开电源，测量 IPM 模块端子阻值正常，压缩机 U、V 两端值偏大，在 50 多欧姆，正常阻值为 1~3Ω，故判为压缩机线圈烧坏引起电流偏大，导致空调不工作。

② 维修方法 更换压缩机空调不工作故障排除。

③ 经验与体会 变频压缩机检测方法见图 11-4。

定频压缩机检测方法见图 11-5。

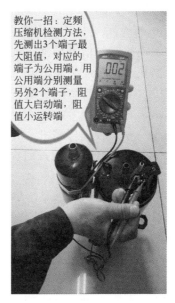

图 11-4 变频压缩机检测方法　　　　　　图 11-5 定频压缩机检测方法

（2）机型：KFR-36GWA/BP 变频空调器

【故障】 制热开机后，室外机风扇工作，压缩机不工作。10s 后故障灯亮。

① 分析与检测　外机风机在 7～10s 就保护性停机，此现象可知故障为：a. 外机主板没有压缩机信号电压输出；b. IPM 模块没有给压缩机输出电压；c. 压缩机卡缸，短路过电流保护。

② 维修方法　检测压缩机过流，更换后故障排除。

（3）机型：KFR-32GW/BP 变频空调器

【故障 1】 开机后，室外机不工作，一启动继电器，运行指示灯闪亮，打开故障判断功能 1 号灯亮，2、3 号灯灭。

① 分析与检测　检查信号线安装良好，按故障内容一一检查，均未发现异常，换板无效，换机后，将故障机室内部分与另一室外机进行连接（电气回路与系统回路），一切正常。由此判断为室内机连线有故障，测其通断电，一切良好，最后判断连接线不牢，造成 220V 加不到室外机。

② 维修方法　重新安装连接后故障排除。

③ 经验与体会　在空调安装时一定要将其电源连接线紧固牢靠，以避免不必要的麻烦。

【故障 2】 制冷效果差。

① 分析与检测　开机测量工作电压、工作电流，管路压力均正常，进风口与出风口温差只有 6℃，怀疑机器频率没升上去，用万用表 AC 电压挡测 U、V、W 三相电压，发现也能升频。看来用仪表是不能发现故障了，用手摸气管很凉，打开室内进风栅，用手摸蒸发器，发现上半部分很凉，下半部分却不凉，仔细分析蒸发器回路（是一进二出的回路）可能下段蒸发器焊堵。

② 维修方法　换掉蒸发器，结果机器正常，出风口温度只有 9℃，进出风温差达到 17℃，效果很好。

③ 经验与体会　维修过程中，不能单靠仪表来解决故障，我们还应多听、多看、多摸，还要仔细询问用户机器出现故障时，出现过一些什么现象，从而帮助我们快速诊断故障部位。

【故障3】 空调制热开机，外机压缩机不工作，外风机工作 2～3min 后整机保护。

① 分析与检测　由现象故障应在外机压缩机（短路、卡缸），功率模块（短路）过流保护及功率模块驱动信号异常。现场检测模阻值正常，说明模块的续流二极管正常，再上电开机测模块 U、V、W 输出电压，70V 左右且三相比较均行，说明驱动信号正常，则故障为压缩机，测压缩机绕阻阻值正常，说明压缩机卡缸造成过流反馈给模块，CPU 判断过流保护。

② 维修方法　换新压缩机，故障排除。

【故障4】 机器升频到 11A 时突然跌落到 1A，又继续升频至 11A，这样交替运行，最后停机保护。

① 分析与检测　该机器是最早产品，检查用户电源线 220V 正常，并且重新拉电源，坚固了机器所有接插件，模块也更换过了，故障一样，P、N 两端有 300V 左右电压，为什么当频率升至 11A 就突然跌落，然后又继续升频呢？考虑到该机器均加长过铜管，信号线也有松动。

② 维修方法　重新用铬铁点焊牢固，试机正常。

③ 经验与体会　此例故障告诉我们，在加长信号线连接线时，建议安装工或维修工用铬铁点焊牢固。

【故障5】 开机保护（不制热）。

① 分析与检测　上门检测发现 N 与信号线之间电压小于 14V，根据故障手册，应是室内出现故障，检测内机电压正常，传感器也正常，更换内板故障仍与维修前一样。测量连线正常，后将信号线与接地线对换，机器恢复正常工作。

② 经验与体会　可能是由于信号线连接接触不良造成机器保护，对于串行信号控制机器在加长连线时应防止接头连接处由于受潮而造成机器保护。

（4）机型：KFR-32BWA/BP 变频空调器

【故障】 外机不工作，内机有自然风吹出，无故障显示。

① 使用条件　卧室 20 m，窗户玻璃连阳台 18 m、室外机朝北，通风良好，电源电压 218V，室外环境温度 37℃。

② 分析与检测　用户反映该机冬天制热良好，但夏天却出现不制冷，网点上门维修 3 次未果，上门后测得：平衡压力 1.1MPa，室内、外 14V 通信信号良好。网点反映维修过程中更换过内外机电路板，但情况依旧；重点查各传感器，外机 T3、T4、T5 及热保护均未见异常，当查至室内 T1、T2 时发现 T2 传感器在环境温度下的数值参数正常，但在其他温度情况下数值异常。

③ 维修方法　更换后，外机开始工作，故障解决。

（5）机型：KFR-32GWA/BP 变频空调器

【故障1】 开机保护（不制热）。

① 分析与检测　上门检测发现 N 与信号线之间电压小于 14V，根据故障手册，应是室内出现故障，检测内机电压正常，传感器也正常，更换内板故障仍与维修前一样。测量连线正常。

② 维修方法　将信号线与接地线对换，机器恢复正常工作。

③ 经验与体会　可能是由于信号线连接接触不良造成机器保护，对于串行信号控制机器在加长连线时应防止接头连接处由于受潮而造成机器保护。

【故障2】 开机后，一会儿出现红灯闪，让机型自诊断为通信异常。

① 分析与检测　检查室内外连接线，若正常，再测量通信电压，高于 14V 有摆动，测量室外机接线柱上棕、蓝二线上无 220V，进一步检查到室内板上的上电继电器线圈已开路，并发现其形体上的变形。

② 维修方法　更换配件后，此空调器工作正常。

③ 经验与体会　在维修实际工作中，要理论联系实际，不能完全相信故障指示，而要根据故障指示分析可能存在的故障，从而使我们的维修服务工作做到快速、准确。像此例中，我们不能因为是新装机而老是去查安装故障，也不能因为通信线电压高于 14V 就认定故障一定在室外机。

（6）机型：KFR-36GW/BP 变频空调器

【故障 1】开机外机不工作，过了一会儿红灯闪，将拨动开关拨至关的位置，机器出现黄灯（定时灯）常亮的故障代码，也就是判定"通信异常"的故障。

① 分析与检测　因为机器判定通信故障，则故障范围较大，内机、外机或内外机连接线都有可能，因此，我们准备先打开室外机右端盖，准备测量通信线与零线上的电压。经测量，在高于 14V 较多的位置并摆动，因此估计是室外的故障，因此拆下室外机顶盖，发现室外板左上角的 315V 电源指示灯不亮，就测量电容板上的 315V 直流电压，发现很低，仅 30～40V，再测室外接线柱上的 220V 输入电压正常，因此检查到室外机的整流桥堆开路机损坏，换上整流桥堆后，室内、外机均工作，制冷也正常。在准备装上外机顶盖时，突然听到外机里有"哗吧"的放电声，遂再拆开室外机的前面框，仔细倾听声音来源，最后发现电抗器对外壳放电。

② 维修方法　更换电抗器后，整机工作正常。

③ 经验与体会　变频机出现通信故障后涉及的电路往往比较广泛，因为其通信采用串行闭合电流环通信，采取一定的通信协议来完成工作的，其首先主要电流环回路正常，其次要求室内、外 CPU 均要正常工作才能完成通信，像此例故障中由于室外的 3.5V 直流不正常，导致室外模块板上的开关电源不工作，从而不能提供＋5V 电源给室外板，室外板上的 CPU 就不能工作，而室内板上迟迟接收不到室外的信号，从而判定通信故障。另外在检修后，要对机器作仔细的监测，包括输入电压、工作电流、系统压力、出风口温度及噪声等方面的检查，像此例中，如果不将损坏的电抗器换掉的话，则很快将会再次出现原先的故障现象，造成二次甚至多次上门维修，从而引起用户的不满意。

【故障 2】反映为 IPM 模块保护，通信异常。

① 分析与检测　经检查，并根据故障信息判断，造成 IPM 模块保护的原因有 IPM 不良，信号线连接器接触不良，室外机板不良，室外风机不运转，室外热交换器堵塞，等等。在众多原因中，我们一一检查排除，从最容易出现的原因到最不容易出现的原因。最后发现是由于室外机板与功率模块之间的信号线被外机隔板卡被老鼠咬断 3 根。

② 维修方法　重新连接后试机正常。

（7）机型：KFR-36GW/BM 变频空调器

【故障】外机不工作。

① 分析与检测　打开外机发现电路板强电部分已烧断，测外机供电电源有短路现象，后用排除法直接供电一步步除去，发现抗感线圈短路，可能是雨水造成的。换好外机板上电，无电源显示，测得整流桥一组损坏，全部更换试机，整机运行大约 3min 后停机，再次仔细检查一边电路发现维修工未将电源线从电流互感线圈中穿过，造成 AC 电源故障。

② 维修方法　按技术要求装好测试空调器工作正常。

③ 经验与体会　维修过程中，可能有许多故障并存；我们在维修中不要慌张，要胆大心细——解决。

（8）机型：KFR-32GW/BPF 变频空调器

【故障】用户报修反映制热差、内机噪声大。

① 分析与检测　经检查机器压力比正常略高 1～2kg，噪声是由压缩机传到室内的，由于用户才安装 2 个月，未补过制冷剂不可能出现制冷剂氟利昂过多，因此怀疑是系统节流造成噪声过大和制热效果差，经仔细检查管路发现粗管出墙后一个隐蔽处有折扁的地方。

② 维修方法　截掉折扁管路，焊接处理后试机正常，噪声也消失。

③ 经验与体会　通过检测此用户，我觉得在以后的维修中必须仔细观察、分析造成故障的原因，才能更快、更好地为用户解决故障。

（9）机型：KFR-50LW/BM（F）变频空调器

【故障】用户反映制冷效果差，经常停机。

① 分析与检测　经检查发现该机蒸发器结霜，外机低压管结霜，低压压力 0.3kg，加制冷剂压力不变，怀疑系统堵。打开内机，检查管路，整个蒸发器背面很脏。

② 维修方法　清洗后出风口风量正常、蒸发器化霜、低压压力正常。

③ 经验与体会　维修过程中，对于某一故障的原因可能有多条，我们一定要多了解、观察、分析，根据自己的学识确定原因后对症下药，从而少走弯路。

第12章

格力凯迪斯系列变频空调器电控板的维修

12.1 格力凯迪斯系列变频空调器室内外机技术参数

格力凯迪斯系列变频空调器室内机技术参数见表12-1。

表 12-1 格力凯迪斯系列变频空调器室内机技术参数

型号		单位	KFR-50LW/（50568）FNEa-4	KFR-72LW/（72568）FNEa-4
电源	额定电压	V	220～	220～
	额定频率	Hz	50	50
	相		1	1
供电方式			内机供电	内机供电
制冷量		W	5200	7250
制热量		W	6850	9150
制冷功率		W	1840	2900
制热功率		W	2400	3400
制冷运行电流		A	8.8	13.78
制热运行电流		A	11.48	16.27
最大输入功率		W	2600（4400）	3650（5750）
最大电流		A	20.4	26.67
风量		m³/h	1000	1200
除湿量		L/h	1.8	2.5
额定制冷能效比		W/W	2.83	2.5
额定之热能能效比		W/W	2.85	2.69
SEER 制冷季节能效比		W/W	3.50	3.26
HSPF 制冷季节能效比		W/W	3	2.93
适用面积		m²	23～34	32～50

续表

型号		单位	KFR-50LW/（50568）FNEa-4	KFR-72LW/（72568）FNEa-4
室内机	内机型号		KFR-50L（50568）FNEa-4	KFR-72L（72568）FNEa-4
	风机型号		LN40W	LN90X
	风叶类型		离心风叶	离心风叶
	直径/长度	mm	ϕ350/130	ϕ350/160
	制冷风机转速（超高/高/中/低）	r/min	455/415/370/330	530/460/420/390
	制热风机转速（超高/高/中/低）	r/min	455/415/370/330	530/460/420/390
	风机功率	W	50	64
	风机额定运行电流	A	0.23	0.29
	风机电容	μF	4.5μF/450（V）	4.5μF/450（V）
	辅助电加热功率	W	1800	2100
	蒸发器形式		铝箔翅片铜管式	铝箔翅片铜管式
	蒸发器铜管管径	mm	ϕ7	ϕ7
	蒸发器排数-片距		2-1.3	2-1.3
	换热器展开尺寸（长/厚/宽）	mm	392/1047/25.4	410/647.7/30.4
	扫风电机型号		MP35AA	MP35AA
	扫风电机功率	W	2.5	2.5
	熔断器电流大小	A	T3.15AL 250V	T3.15AL 250V
	噪声（声压级）（超高/高/中/低）	dB（A）	36/39/42/45	38/40/43/47
	噪声（声功率级）（超高/高/中/低）	dB（A）	46/49/52/55	48/50/53/57
	外形尺寸（宽/高/深）	mm	500/1772/302	520/1800/337
	包装箱尺寸（长/宽/高）	mm	630/435/1940	660/467/1990
	包装尺寸	mm	633/438/1955	663/470/1205
	净重	kg	39	46
	毛重	kg	59	66

格力凯迪斯系列变频空调器室外机技术参数见表12-2。

表12-2 格力凯迪斯系列变频空调器室外机技术参数

室外机型号		单位	KFR-50W/FNC01-4	KFR-72W/FN凯迪斯01-4
室外机	压缩机制造商/商标		沈阳华润三洋压缩机	三菱电机（广州）压缩机
	压缩机型号		C-6RZ146H1A	TNB220FLHMC
	压缩机油		FV50S	PVE
	压缩机类型		旋转式	旋转式
	压缩机运转电流	A	8.38	9.7
	压缩机输入功率	W	1630	2200
	压缩机过载好好		1NT11L-3979	CS01F272H01

续表

室外机型号	单位	KFR-50W/FNC01-4	KFR-72W/FN 凯迪斯 01-4
节流方式	单位	毛细管	毛细管
运行温度范围	℃	16～30	16～30
制冷运行环境温度范围	℃	18～43	18～43
制热运行环境温度范围	℃	−7～26	−7～26
冷凝器		铝箔翅片铜管式	铝箔翅片铜管式
铜管外径	mm	$\phi 7$	$\phi 7$
冷凝器排数-片距		2-1.4	2-1.4
换热器展开尺寸（长/宽/高）	mm	780/550/38	861/660/38
风机转速	r/min	880	780
风机输出功率	W	60	85
风机运转电流	A	0.27	0.39
风机电容	μF	3.5	4.5
室外机风量	m³/h	2400	3200
风叶类型		轴流风叶	轴流风叶
风叶直径	mm	445	520
化霜方式		自动	自动
气候类型		T1	T1
防护类别		凯迪斯	凯迪斯
防护等级		凯迪斯 P×4	凯迪斯 P×4
排气侧最高工作压力	MPa	3.8	3.8
吸气侧最高工作压力	MPa	1.2	1.2
噪声（声压级）	dB（A）	54	56
噪声（声功率级）	dB（A）	64	66
外形尺寸（宽/高/深）	mm	899/596/378	955/700/396
包装箱尺寸（长/宽/高）	mm	945/417/630	1030/460/735
包装尺寸	mm	948/420/645	1033/463/750
净重	kg	41	56
毛重	kg	46	61
制冷剂		R410A	R410A
灌注量	kg	1.1	1.60
链接管长度	m	4	4
额外增加连接管以后所需补充的冷媒量	g/m	30	50
液管外径	mm	$\phi 6$	$\phi 6$
气管外径	mm	$\phi 9.52$	$\phi 12$
最大高度差	m	25	25
最大长度	m	10	10

（室外机／连接管）

12.2　格力凯迪斯系列变频空调器室内外机外形结构

格力凯迪斯系列变频空调器室内外机外形结构见图 12-1。

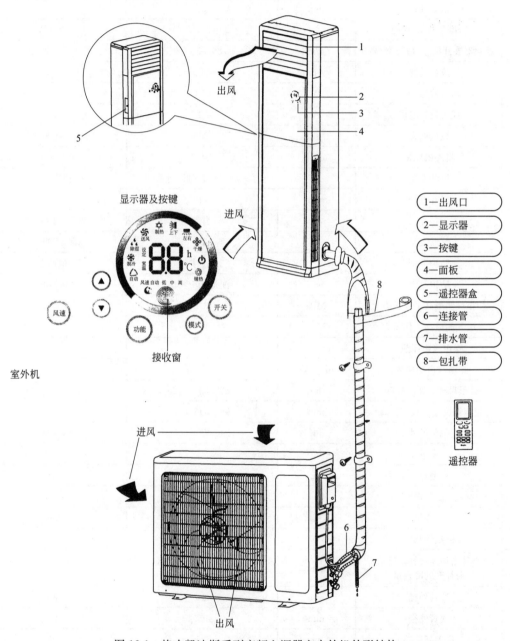

| 1—出风口 |
| 2—显示器 |
| 3—按键 |
| 4—面板 |
| 5—遥控器盒 |
| 6—连接管 |
| 7—排水管 |
| 8—包扎带 |

图 12-1　格力凯迪斯系列变频空调器室内外机外形结构

格力凯迪斯系列变频空调器室内机控制板布控图见图 12-2。

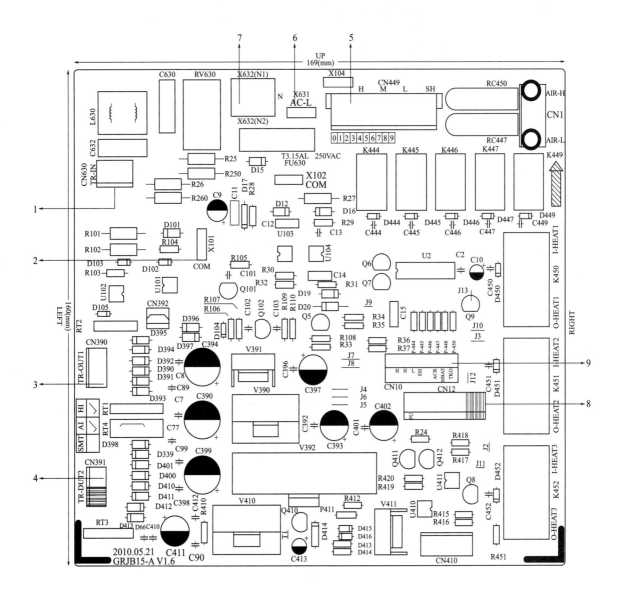

序号	接口名称	序号	接口名称
1	变压器初级输入	6	火线接口
2	通讯接口(与外机通讯接口)	7	零线接口
3	变压器次级输出1	8	与显示板接口1
4	变压器次级输出2	9	与显示板接口2
5	内风机接口		

图 12-2　格力凯迪斯系列变频空调器室内机控制板布控图

12.3　格力凯迪斯系列变频空调器室内外机控制系统及维修

12.3.1　睡眠

① 如控制器处于制冷或除湿模式时，在开始睡眠运行，预先设定的 $T_{设}$ 被升高，最高不超过 3℃，然后按升高后的温度运行。

② 如控制器处于制热模式时，在开始睡眠运行，预先设定的 $T_{设}$ 被升高，最高不超过 3℃，然后按降低后的温度运行。

12.3.2　蜂鸣器

控制器刚上电、接收到有效按键信号时，蜂鸣器会响起数字和弦声。

12.3.3　显示方法

① 功能部分　选择上下扫风、左右扫风、干燥、辅热、定时、换气、睡眠、健康、设定、室温、清洗、静音、超强功能时，显示模块上相对应的图标会闪烁，功能一旦开启或关闭后，图标即不再闪烁，显示开启的功能（低档机无换气、健康功能）。

② 中间数字部分

a. 有故障保护时，显示故障代码。

b. 正常运行时，如果有按键或遥控信号设定温度或定时，则显示相应设定 5s 后显示设定的温度显示（设定或室温）。

③ 模式部分　自动、制冷、降湿、送风、制热模式，选中哪个模式就哪个亮，没选中的不亮。亮的文字和图标同时显示，自动模式下同时显示自动和实际运行的模式。

④ 指示灯控制　开机时运行指示灯亮。

⑤ 按键显示　上电待机状态下开关按键亮，其他按键不亮；此时触摸开关按键直接开机，触摸到其他任意按键时所有按键亮。开机后，除开关按键外的按键和其他显示图案一样受遥控器灯光键控制，关闭灯光时，触摸到开关按键外的任意一个按键，所有按键显示。按键隐藏后，轻触按键区域，所有按键显示；按键显示时可以进行相应的操作，如果没有任何按键操作，按键显示 10s 后隐藏。

12.3.4　室外机过负荷保护功能

① 制冷、抽湿模式下过负荷保护功能。若 $6.5℃ \leqslant T_{外管}$ 时，则制冷过负荷保护停机；若 $T_{外管} < 55℃$，且压缩机停机已达 3min，整机才允许恢复运行。

② 制冷、抽湿模式下若 $55℃ < T_{外管}$ 时，将出现压缩机运行频率下降或压缩机运行频率停止上升的现象。

③ 制热模式下过负荷保护功能。若 $64℃ \leqslant T_{内管}$ 时，则制热过负荷保护停机；若 $T_{内管} < 54℃$，且压缩机停机已达 3min，整机才允许恢复运行。

④ 制热模式下若 $54℃ \leqslant T_{内管}$ 时，将出现压缩机运行频率下降或压缩机运行频率停止上升的现象。

⑤ 若连续出现 6 次过负荷保护停机，则不可自动恢复运行，故障持续显示，需要按开/关

键才可以恢复。运行过程中，若压缩机运行时间超过 10min，则过负荷保护停机次数清零重计。关机、送风或转制模式立即清除故障和故障次数（故障不可恢复后转模式下不能清除故障）。

12.3.5　室外机化霜控制（制热模式）方法

① 满足判断进入化霜的时间条件后，若连续 3min 检测满足进入化霜的温度条件，则进入化霜；

② 化霜开始，压缩机停机，延时 55s 再启动；

③ 化霜结束：压缩机停止，延时 55s 压缩机开启；

④ 除霜结束条件满足以下任意条件即可退出除霜运行；

⑤ $T_{外管} \geqslant 12℃$；

⑥ $T_{外环} < -5℃$，且 $T_{外管} \geqslant 6℃$ 持续时间超过 80s；

⑦ 化霜持续运行时间达到 8min。

12.3.6　室外机外风机控制方法

① 遥控关机、保护性停机、达到温度点停机时，压缩机停止后延时 1min 外风机停止；

② 送风模式下：外风机停止；

③ 化霜开始：进入压缩机停止 50s 后外风机停止；

④ 化霜结束：退出化霜压缩机重新制热，外风机提前 5s 开启运行。

12.3.7　室外机四通阀控制方法

① 制冷、除湿、送风模式四通阀状态：关闭；

② 开机制热运行，四通阀随即得电；

③ 制热关机、制热转其他模式时压缩机停 2min 后四通阀断电；

④ 各种保护停机后四通阀延时 4min 断电；

⑤ 化霜开始：进入化霜压缩机停机 50s 后，四通阀掉电；

⑥ 化霜结束：退出化霜压缩机停止 50s 后，四通阀得电。

12.3.8　室外机防冻结保护方法

① 在制冷、抽湿模式下，若连续 3min 检测到 $T_{内管} < 0℃$ 时，则执行防冻结保护停机。若 $6℃ < T_{内管}$，且压缩机停机已达 3min，整机才允许恢复运行；

② 在制冷、抽湿模式下，若 $T_{内管} < 6℃$ 时，可能出现压缩机运行频率下降或压缩机运行频率停止上升的现象；

③ 若连续出现 6 次防冻结保护停机，则不可自动恢复运行，故障持续显示，需要按开/关键才可以恢复。运行过程中，若压缩机运行时间超过 10min，则防冻结保护停机次数清零重计。关机或转送风/制热模式立即清除故障和故障次数（故障不可恢复后转模式下不能清除故障）。

12.3.9　室外机压缩机排气温度保护功能

① 若 $115℃ \leqslant T_{排气}$，则排气保护停机；若 $T_{排气} < 97℃$，且压缩机停机已达 3min，整机才允许恢复运行；

② 若 $97℃ \leqslant T_{排气}$，将出现压缩机运行频率下降或压缩机运行频率停止上升的现象；

③ 若连续出现 6 次压缩机排气温度保护停机，则不可自动恢复运行，需要按开/关键才可以恢复。运行过程中，若压缩机运行时间超过 10min，则排气保护停机次数清零重计。关

机或围着风模式立即清除故障次数（故障不可恢复后转模式不能清除故障）。

12.3.10 室外机电流保护功能

① 若 12A≤凯迪斯交流电流，将出现压缩机运行频率下降或压缩机运行频率上升的现象；

② 若 17A≤凯迪斯交流电流时，系统执行过流保护停机；压缩机停机达 3min 后，整机才允许恢复运行；

③ 若连续出现 6 次过流保护停机，则不可自动恢复运行，需要按开/关键才可以恢复。运行过程中，若压缩机运行时间超过 10min，则过流保护停机次数清零重计。

12.3.11 室外机电压跌落保护

压缩机运行过程中，若电压出现了快速的向下波动，则可能导致系统停机，并报电压跌落故障，3min 恢复后自动重新启动。

12.3.12 空调器通信故障

当连续 3min 没有接收到内机正确信号，则通信故障保护停机；若通信故障恢复且压缩机停够 3min 后，整机才允许恢复运行。

12.3.13 模块过热保护

① 若 80℃≤$T_{模块}$，则将出现压缩机运行频率下降或停止上升的现象；

② 若 95℃≤$T_{模块}$，则系统将保护停机；若 $T_{模块}$<87℃，且压缩机停机已达 3min，整机才允许恢复运行；

③ 若连续出现 6 次压缩机模块过热保护停机，则不可自动恢复运行，需要按开/关才可以恢复，运行过程中，若压缩机运行时间超过 10min，则模块过热保护停机次数清零重计。关机或送风模式立即清除故障次数（故障不可恢复后转模式下不能清除故障）。

格力凯迪斯系列变频空调器室外机凯迪斯模块过热保护排查方法见图 12-3。

12.3.14 室外机凯迪斯 PM 模块保护

在压缩机开机后，若由于一些异常原因导致凯迪斯 PM 模块出现过流或控制电压过低，则凯迪斯 PM 会产生模块保护信号。主芯片在开机后立即检测模块保护信号，一旦检测到模块保护信号，立即保护停机；若模块保护恢复，且压缩机已达 3min，整机才允许恢复运行。

若连续出现 3 次模块保护停机，则不可自动恢复运行，需要按开/关键才可以恢复；若压缩机连续运行时间超过 10min，则模块保护停机次数清零重计。

12.3.15 压缩机控制方法

① 压缩机频率根据环境温度与设定温度的关系和环境温度的改变速度对压缩机频率进行模糊控制；

② 制冷、制热、除湿开机，外风机开启 5s 后压缩机再开启；

③ 关机、保护停机、转送风模式时，压缩机立即停止；

④ 在各模式下：压缩机一旦启动，运行 7min 后才允许停止（注：包括达到温度点停机的情况，不包括故障保护、遥控关机、模式转换等需要停压缩机的情况）；

⑤ 在各模式下：压缩机一旦停止，须延迟 3min 后才允许再次开启（注：内机带断电记忆功能机型遥控关机后，重新上电后可以两次开机启动，不必延时）。

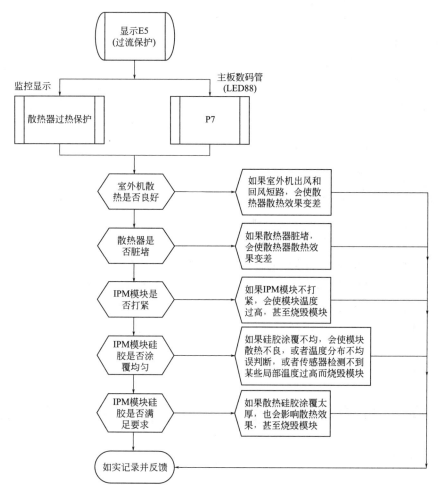

图 12-3　格力凯迪斯系列变频空调器室外机凯迪斯模块过热保护排查方法

12. 3. 16　压缩机过载保护方法

① 若连续 3s 检测到压缩机过载开关断开时，则系统将保护停机。

② 若检测到过载保护恢复，且压缩机停机已达 3min，整机才允许恢复运行。

③ 若连续出现 3 次压缩机过载保护停机，则不可自动恢复运行，需要按开/关键才可以恢复；压缩机运行 30min 后清除压缩机过载保护次数。

故障诊断请按照表 12-3 所示流程进行（确认点请按照后面的故障诊断流程图里面来进行）。

表 12-3　故障诊断

步骤	故障诊断过程
1	确认故障
2	读取内/外机故障指示代码并对应查出故障名称
3	根据提供的确认步骤进行故障排除和检修

注意：在外机的主控板上有大容量的电解电容，因此即使将电源切断后，电容里面仍然有相当高的电压（在直流 280～380V，跟输入电源的电压有关），该电压需要 20min 以上才能降到安全值。如果电源切断后 20min 内触摸到电解电容，将会产生电击现象。因此断电后如果需要进行维修，必须按照以下方式对电解电容进行放电。

④ 电解电容放电方法

a. 揭开外机电气盒盖。

b. 将放电电阻（大约 100Ω、$20W$）或电烙铁的插头分别接触到放电位置的两个点（刚接触时会有火花产生），保持 $30s$，以对电解电容进行放电。放电完成后进行维修前，请用万用表直流挡测试放电位置两个点间的电压，以确认放电完成，防止由于放电速度慢或者接触不良导致未完全放电，产生意外的电击。若该两点间的电压小于 $20V$，则可以安全进行维修操作。严禁不加电阻直接用导电的物体对电解电容进行放电！

12.3.17 电控板故障维修

变频空调器中的电控板一般都是低压供电，检修电控板控制系统的故障时，首先检测变压器的输出电压是否正常，而后开机观察其控制是否按规定程序进行。检测的原则一般是先室内，后室外；先两头，后中央；先风机，后压缩机。检测前应认真听取和询问用户故障产生原因，并结合随机电路图、控制原理图，做出准确的解析，切忌盲目拆卸电控部分，以免把故障扩大。

在检测室内机的电控板时，为了防止在不能确定故障部位的情况下损坏压缩机，最好先将室外机连接线切断，用万用表检测控制板上低压电源值是否正常。如果正常，可利用遥控器使空调器工作在通风状态并切换风速，看风机运转是否正常，听继电器是否有切换时的"嘀嗒"声。若能听到切换声，则说明控制电路工作正常；若风机不转，应检测风扇电机的有关连线是否正确。

12.4 格力凯迪斯系列变频空调器故障代码及排查 ┈┈┈

12.4.1 室内机故障代码含义

见表 12-4。

表 12-4 格力凯迪斯系列变频空调器室内机故障代码含义

编号	故障名称	室内机显示方式				空调状态	故障可能原因
		代码显示	指示灯显示（指示灯闪烁时亮 0.5s 灭 0.5s）				
			运行指示灯	制冷指示灯	制热指示灯		
1	室内环境感温包开、短路	F1	亮	灭 3s 闪烁 1 次	灭 3s 闪烁 1 次	按达到温度点停机处理。制冷、抽湿：内风机运行，其余负载停止；制热：整机停止	① 内环境感温包与控制板的链接端子松脱或接触不良 ② 控制板上有器件卧倒导致短路 ③ 室内环境感温包损坏（请参考感温包阻值表检查） ④ 主板坏
2	室内蒸发器感温包开、短路	F2	亮	灭 3s 闪烁 2 次	灭 3s 闪烁 2 次	按达到温度点停机处理。制冷、抽湿：内风机运行，其余负载停止；制热：整机停止	① 室内蒸发器感温包与控制板的连接端子松脱或接触不良 ② 控制板上有器件卧倒导致短路 ③ 室内蒸发器感温包损坏（请参考感温包阻值表检查） ④ 主板坏

编号	故障名称	室内机显示方式				空调状态	故障可能原因
		代码显示	指示灯显示（指示灯闪烁时亮 0.5s 灭 0.5s）				
			运行指示灯	制冷指示灯	制热指示灯		
3	室外环境感温包开、短路	F3	亮	灭 3s 闪烁 3 次	灭 3s 闪烁 3 次	按达到温度点停机处理。制冷、抽湿：压缩机停止，内风机工作。制热：全停	① 室外环境感温包与控制板的连接端子松脱或接触不良 ② 控制板上有器件卧倒导致短路 ③ 室外环境感温包损坏（请参考感温包阻值表检查） ④ 主板坏
4	室外冷凝器感温包开、短路	F4	亮	灭 3s 闪烁 4 次	灭 3s 闪烁 4 次	按达到温度点停机处理。制冷、抽湿：压缩机停止，内风机工作。制热：全停	① 室外冷凝器感温包与控制板的连接端子松脱或接触不良 ② 控制板上有器件卧倒导致短路 ③ 室外冷凝器感温包损坏（请参考感温包阻值表检查） ④ 主板坏
5	室外排气感温包开、短路	F5	亮	灭 3s 闪烁 5 次	灭 3s 闪烁 5 次	按达到温度点停机处理。制冷、抽湿：压缩机停止，内风机工作。制热：全停	① 室外排气感温包与控制板的连接端子松脱或接触不良 ② 控制板上有器件卧倒导致短路 ③ 室外排气感温包损坏（请参考感温包阻值表检查） ④ 主板坏
6	系统高压保护	E1	灭 3s 闪烁 1 次（变频机）运行灯闪烁（定频柜机）其他机子参考具体的功能要求			制冷、抽湿：除内风机运转外所有停止。制热：全停（变频机）关闭所有负载，遥控和按键均无反应（定频柜机）	① 检查主板和显示板连接是否准确 ② 检查主板上 OVC 端子与整机上的高压开关是否接触良好 ③ 高压开关的线路是否有接线脱落，高压开关是否坏了或者接触不良 ④ 冷媒过量 ⑤ 机组热交换差（包括换热器脏和机组散热环境不好） ⑥ 环境温度过高（检查冷凝器周边环境，检查冷凝器翅片是否过脏） ⑦ 检查电源电压是否正常 ⑧ 检查室内、室外换热器进出风是否顺利，是否有空气循环短路 ⑨ 检查室内外机过滤网或换热翅片是否有脏堵 ⑩ 系统管路有堵塞 ⑪ 检查室外机大小阀门是否完全打开 ⑫ 检查 OVC 输入是否为高电平

续表

编号	故障名称	室内机显示方式				空调状态	故障可能原因
		代码显示	指示灯显示（指示灯闪烁时亮 0.5s 灭 0.5s）				
			运行指示灯	制冷指示灯	制热指示灯		
7	防冻结保护	E2	灭 3s 闪烁 2 次（变频机）运行灯闪烁（定额柜机）其他机子参考具体的功能要求			制冷、抽湿：压缩机、外风机停上，内风机工作	① 内机回风不良 ② 风机转速异常 ③ 蒸发器脏 ④ 系统正常，但室内管感温包阻值异常，或者没有接好
8	压缩机低压保护	E3	灭 3s 闪烁 3 次（变频机）运行灯闪烁（定频柜机）其他机子参考具体的功能要求			整机停、压缩机停止、内风机停止、外风机停止	① 检查主板和显示板连接是否正确 ② 检查主板上 LPP 端子与整机上的高压开关是否接触良好 ③ 高压开关的线路是否有接线松脱，高压开关是否坏了或者接触不良 ④ 冷媒不足或者是漏光了 ⑤ 检查 LPP 输入是否为高电平
9	压缩机排气高温保护	E4	灭 3s 闪烁 4 次（变频机）运行灯闪烁（定频柜机）其他机子参考具体的功能要求			制冷、抽湿：压缩机、外风机停止，内风机工作。制热：全停	① 系统异常（如：堵等） ② 室外电机转速异常（制冷） ③ 室外进风异常（制冷） ④ 系统正常，但压缩机排气感温包阻值异常或者接触不良
10	过流保护	E5	灭 3s 闪烁 5 次（变频机）运行灯闪烁（定频柜机）其他机子参考具体的功能要求			制冷、抽湿：压缩机、外风机停止，内风机工作，制热：全停	① 电源电压不稳定，波动过大。正常为铭牌额定电压的 10% 范围内 ② 电源电压过低。负荷过大 ③ 使用电流钳表测试主板上火线的电流，如果电流没有大于过流保护值，则需进一步查控制器 ④ 室内外热交换器是否脏，或进出风口被堵 ⑤ 风扇电机是否运转风速运转不正常，风速过低或者不转 ⑥ 压缩机是否运转正常，是否有漏油、壳体温度过高等现象 ⑦ 系统内部堵塞（脏堵、冰堵、油堵、角阀未开全）

续表

编号	故障名称	代码显示	室内机显示方式			空调状态	故障可能原因
			指示灯显示（指示灯闪烁时亮 0.5s 灭 0.5s）				
			运行指示灯	制冷指示灯	制热指示灯		
11	通信故障	E6	灭 3s 闪烁 6 次（变频机）运行灯闪烁（定频柜机）其他机子参考具体的功能要求			制冷：压缩机停止，内风机工作。制热：全停	① 通信线有无可靠接触，有无松动或者接触不良，任何一条线接触不良都有可能导致通信故障 ② 主板和显示板匹配是否有误，内外机板是否匹配有误 ③ 有无接错线 ④ 控制板坏

12.4.2 遥控器故障代码显示含义

见表 12-5。

表 12-5　格力凯迪斯系列变频空调器遥控器故障代码显示含义

序号	故障名称	代码	显示方式	序号	故障名称	代码	显示方式
1	系统高压保护	E1	直接显示	11	压缩机失步故障	H7	遥控调
2	防冻结保护	E2	遥控调	12	管温过高降频	FA	遥控调
3	系统低压保护	E3	直接显示	13	防冻结降频	FH	遥控调
4	排气保护	E4	直接显示	14	室内环境感温包开、短路	F1	直接显示
5	低电压过流保护	E5	直接显示	15	室内蒸发器感温包开、短路	F2	直接显示
6	通信故障	E6	直接显示	16	室外环境感温包开、短路	F3	直接显示
7	压缩机过载保护	H3	遥控调	17	室外冷凝器感温包开、短路	F4	直接显示
8	系统异常	H4	遥控调	18	排气感温包开、短路	F5	直接显示
9	模块保护	H5	直接显示	19	电流过大降频	F8	遥控调
10	PFC 保护	HC	直接显示	20	排气过高降频	F9	遥控调

12.4.3 疑难故障排查方法

格力凯迪斯变频空调器 PFC 故障排查方法见图 12-4。格力凯迪斯变频空调器过电压保护排查方法见图 12-5。格力凯迪斯变频空调器充电回路故障排查方法见图 12-6。格力凯迪斯变频空调器跳闸故障排查方法见图 12-7。

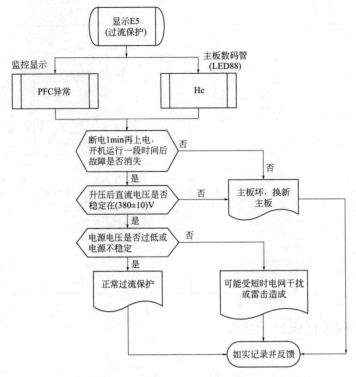

图 12-4 格力凯迪斯变频空调器 PFC 故障排查方法

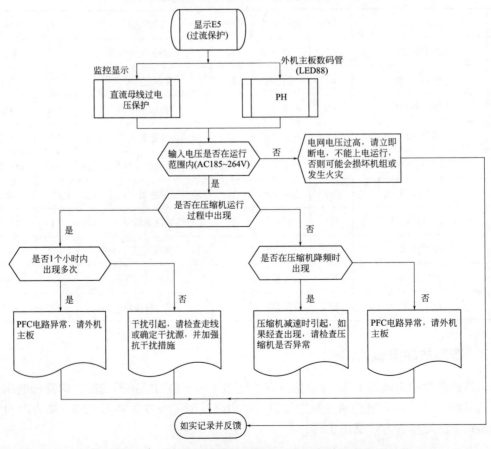

图 12-5 格力凯迪斯变频空调器过电压保护排查方法

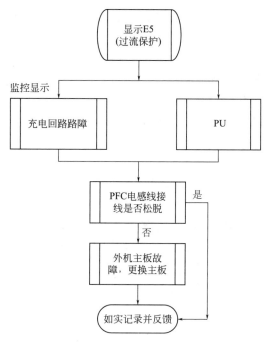

图 12-6 格力凯迪斯变频空调器充电回路故障排查方法

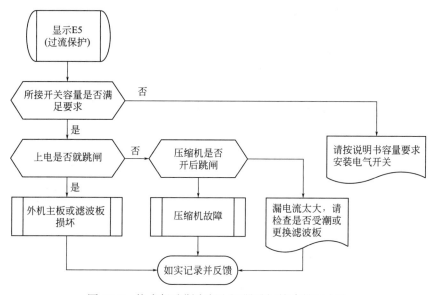

图 12-7 格力凯迪斯变频空调器跳闸故障排查方法

12.4.4 空调器常见故障解析

（1）过流 过流是变频器报警最为频繁的现象。

① 重新启动时，一升速就跳闸。这是过电流十分严重的现象。主要原因有负载短路、机械部位有卡住、逆变模块损坏、电动机的转矩过小等。

② 上电就跳，这种现象一般不能复位，主要原因有模块坏、驱动电路坏、电流上限设置太小、转矩补偿（V/F）设定较高。

③ 重新启动时并不立即跳闸而是在加速时，主要原因有加速时间设置太短、电流上限设置太小、转矩补偿（V/F）设定较高。

（2）过压　过电压报警一般是出现在停机的时候，高电压时断电停机有短时报警，软硬件参数设计裕量不足。

（3）欠压　欠压也是我们在使用中经常碰到的故障。主要是因为主回路电压太低（220V系列低于200V，380V系列低于360V），主要原因：整流桥某一路损坏或可控硅三路中有工作不正常的都有可能导致欠压故障的出现，其次主回路接触器损坏，导致直流母线电压损耗在充电电阻上面有可能导致欠压，还有就是电压检测电路发生故障而出现欠压故障。

（4）过热　过热也是一种比较常见的故障，主要原因：周围温度过高、风机堵转、温度传感器性能不良、压机过热模块保护。

（5）输出不平衡　输出不平衡一般表现为马达抖动，转速不稳，主要原因：模块坏、驱动电路坏、电抗器坏等。

（6）过载　过载也是变频器跳动比较频繁的故障之一，平时看到过载现象我们其实首先应该解析一下到底是马达过载还是变频器自身过载，一般来讲马达由于过载能力较强，只要变频器参数设置得当，一般不大会出现马达过载，而变频器本身由于过载能力较差很容易出现过载报警，我们可以检测变频器输出电压来判断。

（7）开关电源损坏　这是众多变频器最常见的故障，通常是由于开关电源的负载发生短路造成的，当发生无显示，说明控制端子无电压。

（8）失步　即控制芯片判断压机实际运行的速度和软件输出的速度差值在设计范围之外，即判断为失步，其主要表现在恶劣工况运行下。

（9）退磁　退磁表现是压机的运行电流大，恶劣工况运行频繁保护，造成退磁的原因主要为高温时大电流冲击和频繁启动。

12.5　格力凯迪斯变频空调器室内外机拆卸方法

格力凯迪斯变频空调器室内机拆卸方法见图12-8。格力凯迪斯变频空调器室外机拆卸方法见图12-9。

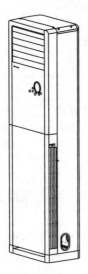

① 室内机外形轴测图

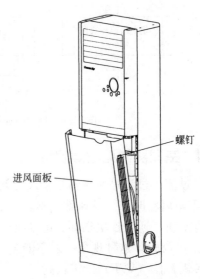

② 拆进风面板：卸去螺钉挡块，拆除进风面板固定螺钉后，在进风面板上端往外拉

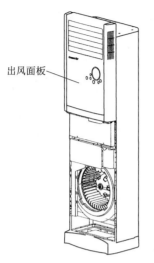

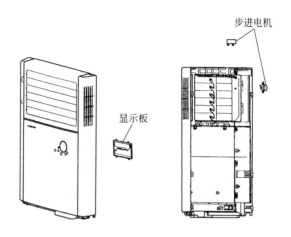

③ 拆出风面板：卸去出风面板顶部及下部固定螺钉后，稍微将出风面板往上推，即可拆除出风面板

④ 拆显示板及导风、扫风电机：卸去控制器盒固定螺钉，然后拆除控制器盒盖，即可拆出显示板；在出风面板组件中，卸除固定电机的螺钉，即可分别拆出导风电机及扫风电机

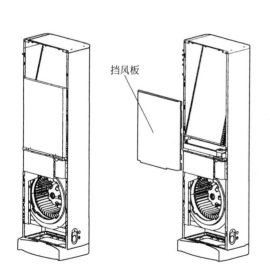

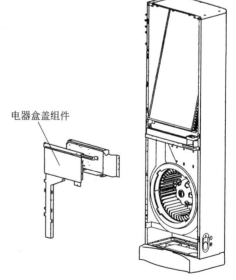

⑤ 拆挡风板：卸除挡风板固定螺钉后，往外拉挡风板

⑥ 拆电器盒部件：卸除电器盒盖固定螺钉，拆除电器盒盖；拔开里面各元器件的接线端子，此时可根据需要拆卸相关电气元器件；卸除电器盒固定螺钉，往外提拉电器盒，可将整个电器盒部件拆出

图 12-8

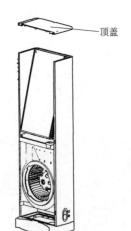

⑦ 拆顶盖：卸去顶盖固定螺钉，往上拉顶盖

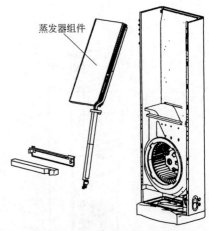

⑧ 拆蒸发器部件：卸去蒸发器顶部连接板及下部连接板的固定螺钉，将左右侧板稍微往外拉，将蒸发器与挡水板、接水盘一并取出；蒸发器取出后，可拆除蒸发器上面左右挡风板及挡水盘

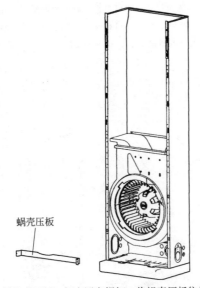

⑨ 拆蜗壳压板：卸去固定螺钉，将蜗壳压板往外拉

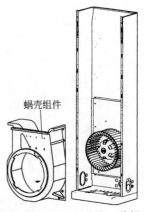

⑩ 拆蜗壳组件：卸去蜗壳固定螺钉，将蜗壳往外拉

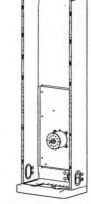

⑪ 拆离心风叶：卸去固定离心风叶的螺母，将风叶外拉

图 12-8　格力凯迪斯变频空调器室内机拆卸方法

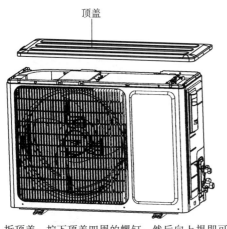

1. 拆顶盖：拧下顶盖四周的螺钉，然后向上提即可取下顶盖

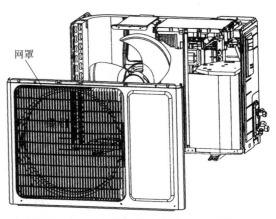

2. 拆网罩：拧下外罩四周螺钉往外拉，即可取下外罩

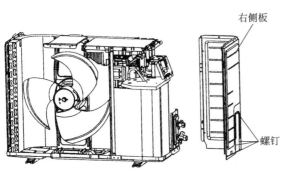

3. 拆右侧板：拧开固定右侧板的固定螺钉，即可取下右侧板

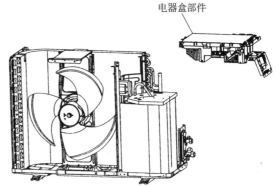

4. 拆电器盒部件：拔下电机、压缩机、感温包的连接线，拧开侧面接线板上的底线螺钉和固定电器盒的螺钉，然后拔掉与电抗器的连接线即可取下电器盒部件

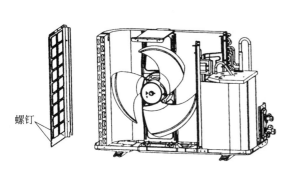

5. 拆左侧板：拧下固定左侧板的螺钉，即可取下左侧板

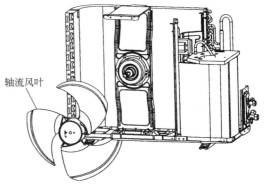

6. 拆轴流风叶：用扳手松开固定轴流风叶的紧固螺母，依次取出螺母、垫片，即可抽出轴流风叶

图 12-9

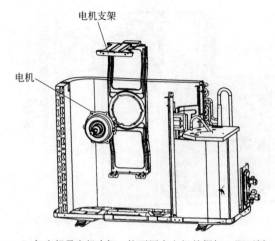

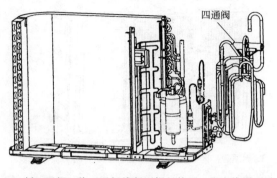

7. 卸电机及电机支架：拧下固定电机的螺钉，即可拆下电机。拧下固定电机支架的螺钉，向上提，即可卸下电机支架

8. 拆四通阀：将四通阀线紧固螺母拧下，取出线圈，用湿润的纱布包住四通阀，将连接到四通阀的焊点焊开，取下四通阀。

焊接的过程尽量要快，并且保证纱布的一直湿润，注意焊焰不要烧坏压缩机引线等

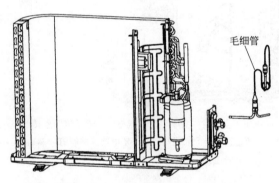

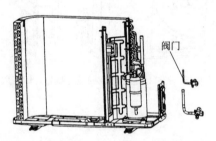

9. 拆毛细管组件或电子膨胀阀：焊开毛细管组件或电子膨胀阀的各个焊点取下毛细管组件或电子膨胀阀

10. 拆阀门：拧下固定阀门的螺钉，焊开与之连接的管路，取下阀门

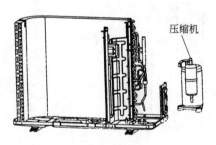

11. 拆压缩机：先焊下与压缩机相连的管路，然后卸下压缩机的 3 个底脚螺母，即可卸下压缩机

步骤		备注
拆卸前确保系统中无制冷剂。 ① 拆下四通阀线圈。	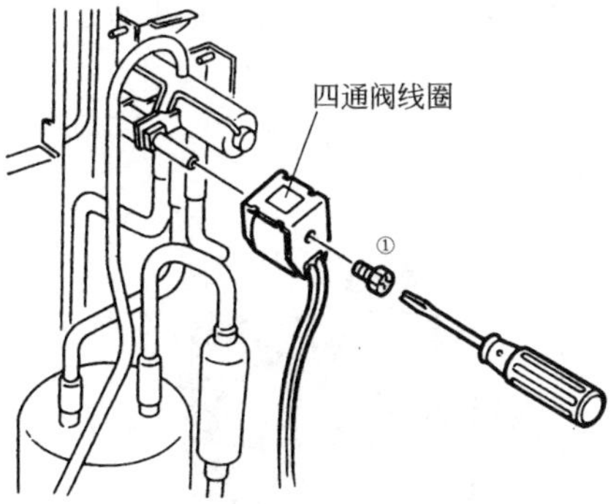 四通阀线圈 ①	
② 用焊接操作保护罩或铁板盖住四通阀以防止气焊火焰影响阀体。	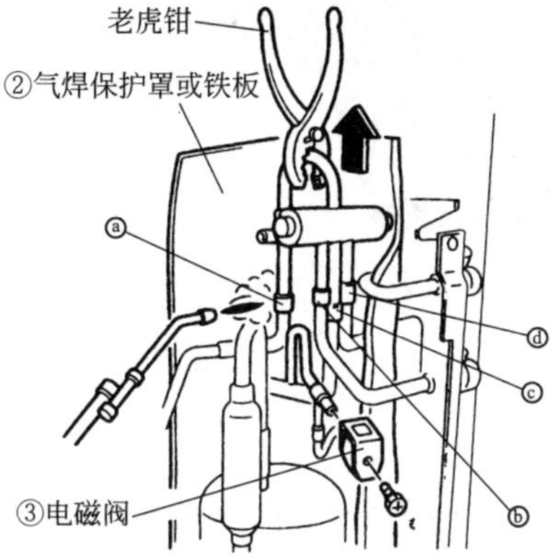 老虎钳 ② 气焊保护罩或铁板 ⓐ ⓓ ⓒ ③电磁阀 ⓑ	需防止气焊火焰加热的部件均须用保护罩或铁板盖住。
③ 拆下电磁阀。	微型管子割刀 ⓔ 12. 拆四通换向阀	用上述步骤较难拆卸时，可先拆容易拆卸的钎焊部分。
④ 加热并拆下四通阀的钎焊部分。 对于ⓐ部，加热后，用老虎钳提出管子。 对于ⓑ部，用微型管子割刀切断管子或在ⓔ处断开。 对于ⓒ和ⓓ处，根据ⓑ中的步骤拆下管子，或同时加热2个连接处来拆开管子		用微型管子割刀切割，不要使用钢锯，以避免产生切割粉末

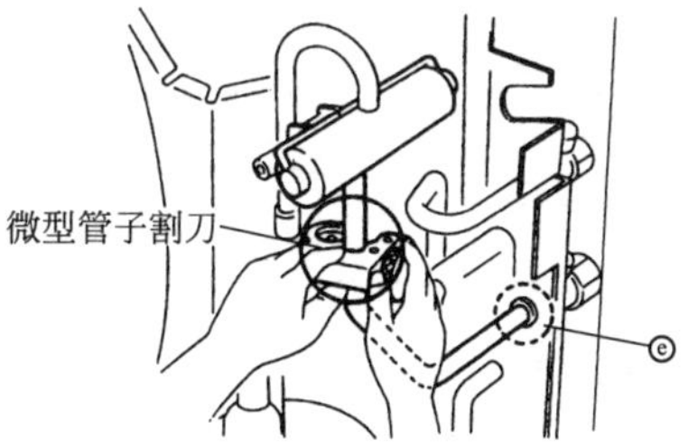

图 12-9　格力凯迪斯变频空调器室外机拆卸方法

12.6　格力凯迪斯变频空调器综合故障速修技巧

【故障1】室外机开停频繁

牌型号	格力 KFR-35GW	类型	变频空调器
故障部位	室内传感器移位		

① 分析与检测　室内传感器移位掉在蒸发器上。

② 维修方法　复原后，故障排除。

格力 KFR-35GW 变频空调器室内传感器安装方法见图 12-10。

图 12-10　格力 KFR-35GW 变频空调器室内传感器安装方法

③ 经验与体会　格力 KFR-50LW/（50568）FNEa-4 变频空调器室外机开停频繁检查方法见表 12-6。

表 12-6　格力 KFR-50LW/（50568）FNEa-4 变频空调器室外机开停频繁检查方法

步骤	检查要领	故障诊断方法
1	检查过滤网是否积尘	检查过滤网是否积尘过多，如有，应及时清除灰尘
2	室内传感器是否移位碰在蒸发器上	室内传感器是否移位碰在蒸发器上，如移位，请复原
3	通风情况	室内机安装位置是否通风良好、房间面积是否过小

【故障2】室外机启动漏电保护跳闸

牌型号	格力 KFR-35GW	类型	健康空调器
故障部位	室外机不运转		

① 分析与检测　现场检测空调器室外机风扇电机短路。

② 维修方法　更换室外机风扇电机后，此故障排除。

格力 KFR-35GW 健康空调器室外机风扇螺母、轴滑扣、风扇叶等拆卸方法见文前彩图 12-11～图 12-14，风扇电机插件拆卸和安装方法见文前彩图 12-15 和图 12-16，风扇电机同心检测法和轴滑扣尖嘴钳修理法见文前彩图 12-17 和图 12-18。

【故障3】空调器压缩机启动即停

牌型号	格力 KFR-35GW	类型	健康型空调器
故障部位	冷凝器"U"形弯出现漏点		

① 分析与检测　空调器冷凝器"U"形弯出现漏点。

② 维修方法　补焊后，故障排除。

③ 经验与体会　对于蒸发器、冷凝器出现漏点，从表面检查漏点迹象多为蒸发器或冷凝器有油污出现，翅片间产生漏点多为盘管有裂纹或砂眼，翅片间还应主要检查蒸发器或冷凝

器"U"形弯焊接口、接口处是否有漏点，处理该漏点故障可补焊或更新部件。

格力 KFR-35 健康型空调器故障率较低。室内机蒸发器内部结构见图 12-19。

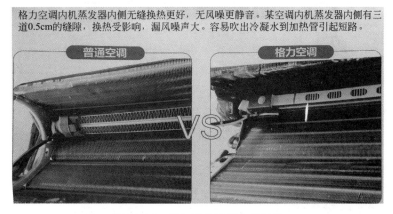

图 12-19　室内机蒸发器内部结构

【故障 4】空调器同步电机导风板不摆动

牌型号	格力 KFR-50LW/（50568）FNEa-4	类型	变频空调器
故障部位	电机传动部分打齿		

① 分析与检修　经检测电机传动部分打齿。

② 维修方法　更换进电机后故障排除。

③ 经验与体会　同步电机导风板不摆动、运转不畅常见故障。

a. 导风板变形、卡住　在拆卸空调外壳前，先用手拨动导风板，看转动是否灵活，若不灵活，则该叶片变形或某部位被灰尘、杂物卡住。

b. 电气连接不导通　电机插头与控制基板插座未连接好，插座、焊点有松动、虚焊、氧化，致使电机无法正常工作。

c. 控制电路损坏　将电机插头插到控制板上，分别测量电机工作电压及电源线与各相之间的电压（5V 的电机相电压约为 1.6V；12V 的电机相电压约为 4.2V）。

d. 线圈损坏　用万用表测每相线圈的电阻值（12V 电机每相电阻为 200～400Ω、5V 电机为 70～100Ω）若阻值出现太大或太小，则线圈已损坏。

e. 电机传动部分卡住或打齿　用手旋转电机看齿轮是否灵活运转，若有死点，则是传动部分有杂物所造成的。若有跳齿或空转现象，则说明该电机存在严重打齿现象。

【故障 5】四通阀动作不良

牌型号	KFR-72LW/（72568）FNEa-4	类型	变频空调器
故障部位	四通阀切换异常		

① 分析与检测　维修人员用压力表测量高、低侧压力，在常温下，高压 1.0MPa，低压侧 0.2MPa，维修人员多次加制冷剂、放制冷剂。经检查四通阀切换异常。

② 维修方法　更换四通阀后故障排除。

③ 经验与体会　综合以上解析，在维修过程中，只要认真仔细地区分现象，充分利用各种工具，就能准确判断故障部位所在，不至于出现开始所提案例中发生的情况。格力 KFR-72LW/（72568）FNEa-4 四通阀外形结构见图 12-20。

【故障6】空调器移机压缩机启动即停

牌型号	格力 KFR-50LW/（50568）FNEa-4	类型	变频空调器
故障部位	空调用电线过细		

图 12-20　格力 KFR-72LW/（72568）
FNEa-4 四通阀外形结构

上管接高温
高压气体

四通换向阀

四通阀线

① 分析与检测　空调电线过细。

② 维修方法　更换 $6m^2$ 电线后，故障排除。

③ 经验与体会　电源线和插座必须是专线专插专用，不得和其他的家用电器共同电线和插座公用，防止电线或插座因负荷太高而走火引发火灾事故，因此在装修时从总电源处每一个房间单独拉电线设置专用的插座。

a. 空调器的使用电源在国内是市电，即单相 220V～50Hz，国际规定空调使用范围为 220V 的 ±10% 即 198～242V，当使用的电压超过这个范围时，应设置电源稳压器，以防止空调器不能正常启动和运行，甚至将空调损坏。

b. 电线的购买要选择正规的厂家的产品，电线芯要求是铜的纯度越高越好，不要购买铝芯的电线。

千万记住要设置地线，它是维修人员的生命保证线。

【故障7】空调器用户设定温度过低，有时在制冷运行开始出现喀啦声

牌型号	KFR-72LW/（72568）FNEa-4	类型	变频空调器
故障部位	塑料部件热胀冷缩		

分析与检测：现场开机空调器无故障。

维修方法：给用户讲解塑料部件热胀冷缩而发出喀啦声，用户满意。

经验与体会：在制热或制冷运行，温度的突然变化可能会导致塑料部件热胀冷缩而发出喀啦声，这是正常现象，经过较短时间后，声音将会自动消失。

【故障8】空调器用户使用不当，造成空调器吹出的风有异味

牌型号	KFR-72LW/（72568）FNEa-4	类型	变频空调器
故障部位	用户使用不当		

① 分析与检测　现场检查空调器无故障全面判断造成空调器异味的原因是用户新装修的房子。

② 维修方法　让房间通风如还有异味，可用清新型口味的牙膏涂抹清洗过滤网。

③ 经验与体会　常引起用户误认为是空调器故障的正常现象有以下几种。

a. 有的空调器打开运行开关时，压缩机不能启动，而室内风机已运行，等 3min 压缩机才能开始启动运行。这不是空调器的故障，是因为有的空调器装有延时启动保护装置，要等空调风机运转 3min 后压缩机才能启动。

b. 当空调器运行或停止时，有时会听到"啪啪"声。这是由于塑料件在温度发生变化时热胀冷缩而引起的碰擦声，属正常现象。

c. 空调器启动或停止时，有时偶尔会听到"咝咝"声。这是制冷剂在蒸发器内的流动声。

d. 有时使用空调器时，室内有异味。这是因为空气过滤网已很脏、已变味，致使吹出的空气难闻，只要清洗一下空气过滤网就行。如还有异味，可用清新型口味的牙膏涂抹清洗过滤网。

e. 热泵型空调器在正常制热运行中，突然间室内、外机停止工作，同时"除霜"指示灯亮。这是正常现象，待除霜结束后，空调器即恢复制热运行。

f. 热泵型空调器在除霜时，室外机组中会冒出蒸汽。这是霜在室外换热器上融化蒸发所产生的，不是空调器的故障。

g. 在大热天或黄梅天，空调器中有水外溢。这也不是故障，待天气好转，这种现象自然会消失。

【故障 9】 空调器制冷正常、但同步电机不工作

牌型号	KFR-72LW/（72568）FNEa-4	类型	变频空调器
故障部位	反相驱动器（2003）故障		

① 分析与检修　经检测电路板反相驱动器坏。

② 维修方法　更换反相驱动器后故障排除。

③ 经验与体会　由于同步电机有四个绕组，所以其导通状态分别由微电脑 CPU 根据电机的正反转要求输出控制信号，其驱动原理和普通电路完全相同，分别由 CPU 输出控制信号经反相驱动器（2003）控制继电器来驱动，当主芯片 CPU 输出高电平时，经 203 反相驱动器输出低电平，使继电器通电触点吸合，以控制同步电机动作。当输出低电平时，则正好相反。

该电路是空调器各运转部件和功率部件标准的驱动电路，常见故障多为三极管坏或反相驱动器坏。检测 2003 输入输出脚电位是否相同，若相同则证明 2003 有故障。

④ 经验与体会　维修人员在维修变频空调器实践中必须养成良好的安全工作习惯，维修时不要边修边抽烟，以免用户反感，以免烟灰进入单片机控制电路板内。桌上不要放茶杯，以防茶杯倒了使元件潮湿，造成说不清的损失。工具和元件应放在工具盒内，不要乱放在用户桌子上，以便在出现紧急情况或技术疏忽的瞬间，能有效地防止因不慎而引起的变频空调器单片机控制集成电路新故障。

第13章

海尔变频空调器电控板的维修

海尔空调器在全球建立了 29 个制造基地，8 个综合研发中心，19 个海外贸易公司，全球员工总数超过 6 万人，已发展成为大规模的跨国企业集团。海尔空调器市场占有率较高，主要型号有如下几种。

① 海尔分体大众型：KFR-25GW、KFR-28GW、KFR-32GW、KFR-35GW 等。

② 海尔分体健康型：KFR-20GW/E、KFR-25GW/E、KFR-28GW/E、KFR-35GW/E 等。

③ 海尔柜式健康型：KFRd-50LW/F、KF（Rd）-52 LW/JXF、KF（Rd）-62 LW/JXF、KF（Rd）-71LW/JXF、KF（Rd）62 LW/F、KF（Rd）-71 LW/F、KF（Rd）-120LW/F、KF（Rd）-71LW/SF 等。

④ 海尔变频型：KFR-26 BPF、KFR-28 BPF、KFR-40、KFR-25 * 2 BPF、KFR-30 * 2GW/BPF、KFR-28GW/BPA、KFR-28BPF、KFR-40GW/ABPF、FKR-28BPF、KFR-36GW/DBPF、 KFR-25GW-2/BP、 KFR-30GW-2/BPKF、 KR-32G/AF、 KFR-40G/F、KFR-60W/BP、KR-32G/AE50L/F、KFR-70W/BP、KFR-50 LW/BPJXF、KFR-52 LW/BPJXF、KFR-60LW/BPJXF、KFR-52LW/BPJF、帝尊 KFR-50LW/06BAA21AU1、帝尊KFR-72LW/09EAB22AU1 等。

⑤ 海尔嵌入式：KF（R）-71QW、KF（R）-71QW/S、KF（R）120QW 等。

⑥ 海尔多联机：KTR-160W/BP、KTR-280W/BP 等。

它们的控制电路各有千秋，下面介绍具有代表性的海尔 KFR-35GW 大众型分体式空调器、海尔 KFR-35GW/E 健康型分体式空调器、海尔 KFR-36GW 分体式空调器、海尔 KFRd-50LW/F 柜式空调器、海尔 KFR-25GW/BP×2 变频一拖二空调器控制电路分析方法和维修方法。

13.1 海尔 KFR-28GW 大众型分体式空调器电控板维修

13.1.1 电控板控制电路

海尔 KFR-28GW 大众型分体式空调器在市场上拥有一定的销售量，电控板 IC1（CMC93C-00571）是控制电路的核心，可通过它来实现对各种功能的控制。其控制电路如图 13-1 所示。

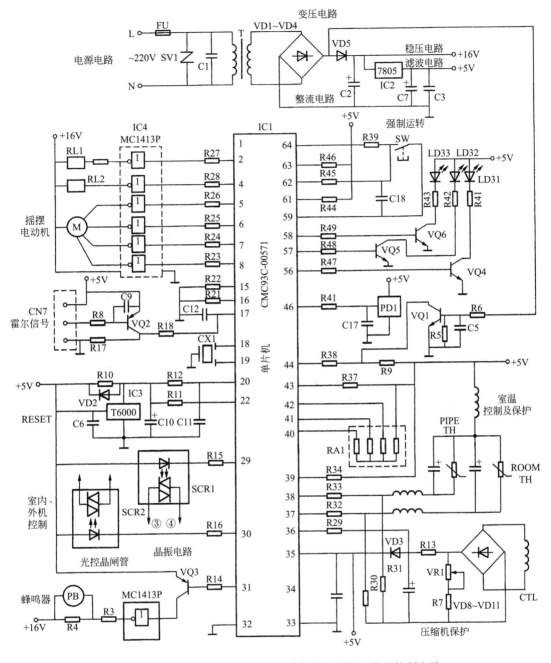

图 13-1 海尔 KFR-28GW 大众型分体式空调器电控板控制电路

（1）电控板电源控制电路 交流 220V 电压经变压器及整流滤波后，输出 16V 直流电压。16V 直流电压为继电器 RL1、换向阀、摇摆电动机、蜂鸣器等提供工作电压。直流＋16V 电压再经 IC2（7805）稳压后输出 5V 稳定电压，为 IC1、复位电路、霍尔元件检测电路、摇控接收头、定时方式指示电路等提供工作电压。整流桥输出的未经滤波的脉动电压，经 R5、R6 分压加至 Q1 的基极，在集电极输出电源过零同步信号，送入 IC1 的 44 脚。

（2）晶体振荡电路 由晶体 CX1 与 IC1 的 18、19 脚构成振荡源，为 IC1 提供稳定的工作频率。

（3）复位电路　复位电路由集成运算放大器 IC3、D2、R10、C10 组成。当 IC1 复位后，将根据 IC1 内部设定的程序和指令工作。

（4）遥控信号接收电路　PD1 为遥控接收器。它将接收到的指令信号送入 IC1 的 46 脚，根据指定信号开始工作。

（5）IC1 主要引脚功能　控制电路中的 IC1（CMC93C-00571）主要引脚功能：2 脚为压缩机工作控制信号输出端；4 脚为换向阀控制端；5～8 脚为摇摆电动机控制端；6 脚为室内风机转速检测端；18～19 脚为晶振电路；20～22 脚为复位电路；29 脚为室内风机电动机控制端；30 脚为室外风机电动机控制端；31 脚为蜂鸣器驱动电路；46 脚为遥控接收端；56～58 脚为设定定时方式指示灯驱动端。

（6）压缩机启动工作控制端电路　IC1 的 2 脚为压缩机的启动运转控制信号输出端。该脚输出高电平，经 IC4 反相器反相后输出低电平，驱动继电器 RL1 触点动作，压缩机得电工作。

（7）制冷、制热模式控制　IC1 的 4 脚为换向阀控制端。若工作在制热模式时，该脚输出高电平，经 IC4 反相后，输出低电平，换向阀线圈通电动作。而工作在制冷模式时，IC1 的 4 脚输出低电平，经反相后为高电平，换向阀将不动作。

（8）摇摆电动机控制　IC1 的 5～8 脚控制导风板的摇摆。当遥控器设定导风板处于自动摇摆状态时，IC1 的 5～8 脚将依次输出高电平，经 IC4 反相后，依次输出低电平，控制摇摆电动机 M 的 4 个线圈依次得电工作。

（9）室内机风机电动机控制电路　IC1 的 29、30，脚分别为室内风机电动机控制端和室外风机电动机控制端：当遥控器设定室内风机的转速后，29、30 脚按设定输出脉冲低电平，使光控晶闸管的发光管发出脉冲信号，使光控晶闸管按遥控要求控制室内风机的转速。由霍尔元件检测的转速信号，经 Q2 输入到 IC1 的 17 脚（室内风机转速检测端），从而使 IC1 的 29 脚输出信号控制室内风机间歇停止或运转。

（10）蜂鸣器控制电路　蜂鸣器 PB 与 R3、R4、IC4、Q3、R1 4 及 IC1 的 31 脚等构成蜂鸣器驱动电路。IC1 接收到控制信号后，在输出各种指令的同时，31 脚输出低电平，经 Q3 和 IC4 二次反相后，驱动蜂鸣器 PB 发出响声，提示用户操作信号已确认。

（11）压缩机保护电路　CTL、D8～D11、VR1、R7、D3、C13 及 IC1 的 36 脚构成压缩机运转检测电路，CTL 为检测电路中检测压缩机运转电流的线圈。在制冷模式时，若 CTL 检测到运行中电流超过额定值，IC1 的 2 脚将输出低电平，经 IC4 反相后输出高电平，RL1 继电器线圈断电，触点释放，压缩机将停止运转。而在制热模式时，如果检测到电流过大，IC1 的 30 脚将输出高电平，使光控晶闸管 SCR2 内的发光管停止发出脉冲信号，室外风机中流过的电流减小，电动机停转。若电流恢复正常，则控制室外风机继续运转，若电流继续增大，压缩机将停止工作。

（12）控温及保护电路　室温检测热敏电阻 ROOM-TH、热交换热敏电阻 PIPE-TH 与外围元器件组成控温及保护电路。

在制冷状态时，设定温度要高于室温检测热敏电阻 ROOM-TH 所检测到的温度值，一旦低于室内温度，空调器将不制冷。在制热模式时，控制原理与上述相反。

（13）强制运转功能　当用户的遥控器丢失时，可以使用强制运转开关 SW，但在空调器用遥控器控制工作期间，如果使用强制运转开关 SW，空调器将会关机。在强制运转方式下，使用遥控器操作，也将导致空调器关机。在移机收制冷剂时，一般也都使用强制运转开关 SW。

13.1.2　空调器维修

机型：海尔 KFR-28GW 大众型分体式空调器

【故障1】 用遥控器开机，空调器室内、外机组无反应

① 分析与检测　现场检测电源电压良好；测量变压器次级有 13V 交流电压输出，当测量三端稳压 7805 的 2、3 端时，只有 +3V 直流电压输出。

② 维修方法　更换 7805 后，故障排除。

③ 经验与体会　7805 三端集成稳压器，它的作用是把经过整流电路的不稳定的输出电压变为稳定的输出电压的集成电路。理想的直流稳压器必须具备以下 5 个条件。

　　a. 当输出电压变动时，输出电压保持稳定不变；

　　b. 当负载变动时，输出电压保持稳定不变；

　　c. 对输入电压交流部分具有抑制能力；

　　d. 输出电压不得随温度变化而改变；

　　e. 具有各种保护措施。

在空调器电控板控制电路中，三端固定正输出集成稳压器的应用最为广泛。目前应用最多的为 78 系列三端集成稳压器，如 7805、7806、7809、7812 等，海尔空调器多采用 7805 稳压器。

【故障2】 室内机工作、室外压缩机不工作，压缩机嗡嗡响

① 分析与检测　空调器室外机在家里放置 3 年，去年安装后不制热，压缩机不运转。压缩机通电 20s 后过热，过流保护跳开，测量插座正常，拆开空调器外壳，测量电容充放电良好，测量过热、过流保护良好，测量压缩机三个接线柱，主绕组（M）加副绕组（S）等于公共阻值（C）。

② 维修方法　把空调器压缩机前、后、左、右各倾斜 45°，然后开机，用木锤敲压缩机下半部，使压缩机内部被卡部件受到震动而运转起来。

③ 经验与体会　新安装的空调器出现压缩机不启动故障，可能是空调器放置时间较长，使压缩机组件长期静止在一个状态，另外，冬季冻油黏度较稠也是一个原因，采用木锤敲击法可排除故障。

13.2　海尔 KFR-35GW/E 健康型分体式空调器电控板维修

13.2.1　电控板控制电路

海尔 KFR-35GW/E 健康型分体式空调器电控板为 CMC93C-9974PDE7 单片计算机，可完成强制开关检测、温度检测及红外接收检测等功能，并可根据各输入状况及功能要求控制输出量。输出量包括发光二极管显示及外设继电器的驱动电路等。海尔 KFR-35GW/E 健康型分体式空调器电控板控制电路如图 13-2 所示。

（1）电源电路　交流 220V 电压经整流滤波、三端稳压 7812 输出 +12V 直流电压，为继电器提供 +12V 直流电压，再经三端稳压 7805 输出 +5V 直流电压，为电控板 IC1 提供工作电压。

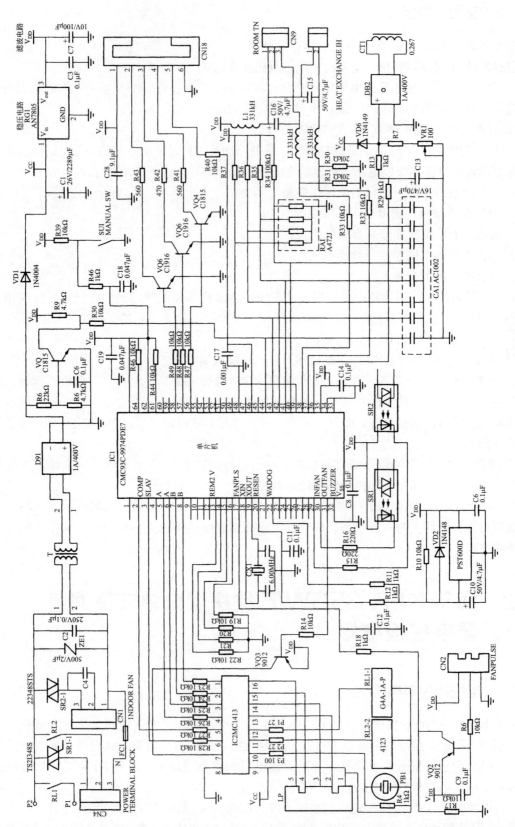

图 13-2　海尔 KFR-35GW/E 健康分体式空调器电控板控制电路

（2）复位电路　IC1 的 20 脚为复位电平检测脚，低电平使复位有效，正常工作时为高电平。

（3）晶振电路　IC1 的 18、19 脚为检测输入端口。此机的振荡信号频率是 6MHz，用示波器测量 18 脚可以看到 6MHz 的正弦波。

13.2.2　空调器维修

机型：海尔 KFR-35GW/E 健康型分体式空调器

【故障1】室内机上电即运转

① 分析与检测　经全面检测发现 SR2 光耦晶闸管击穿。

② 维修方法　更换 SR2 光耦晶闸管。故障排除。

③ 经验与体会　晶闸管用 SR1、SR2 表示。在海尔空调中主要用于室内电动机与室外电动机的运转及调整，该部位是由输入 3、4 脚与输出 1、2 脚两部分组成，通过 3、4 脚的脉冲信号导通频率时间的长短，使 1、2 脚产生压降的大小来改变电动机运转的转速。

【故障2】室内贯流风机忽转忽停

① 分析与检测　现场经全面检查，发现滤波电容 C1 正极引脚焊接不良。

② 维修方法　补焊滤波电容 C1 正极引脚后，此故障排除。

③ 经验与体会　变频空调器控制电路，有些故障是由于电路中有接触不良点引起的，表现为故障忽有忽无，有的故障则是在空调器工作一段时间后元器件发热才出现的。维修时要设法使故障出现。接触不良的故障维修办法是用镊子夹住有怀疑的元器件，然后轻轻晃动，观察故障的变化情况。如果晃动某个元器件时故障反应很强烈，就可以认为是本元器件或周围接触不良。对热稳定性不良故障，用电吹风和电烙铁加热，加快故障出现，然后用镊子夹住酒精棉球给元器件降温，看哪一个元器件温度变化时故障影响最大，即可找出故障点。

13.3　海尔 KFR-36GW 豪华型分体式空调器室内机电控板维修

13.3.1　室内机电控板控制电路

海尔 KFR-36GW 分体式空调器室内机电控板控制电路如图 13-3 所示。

（1）交流电路　交流 220 V 电压，经保险熔丝管、变压器等输出 12V 的交流电压，经桥式整流 DB1、半波整流 D1、滤波电容 C1、输出直流＋12V 电压，再经 7805 输出＋5V 直流电压。＋12V 直流电压用于驱动压缩机继电器、四通阀继电器、缓冲器 IC2、步进电动机、蜂鸣器等，直流＋5V 电压用于提供电控板 IC1 和传感器的工作电压。

（2）振荡电路　18、19 脚为 IC1 外接脚，与 CX1 和两个电容组成振荡电路。工作时，陶瓷振荡器产生一个 6 MHz 的时钟脉冲信号给 IC1，IC1 可根据脉冲信号来处理各种工作。

（3）温度检测电路　IC1 的 37、38 脚为 A/D 转换输入口。其中，37 脚为盘管温度检测 A/D 输入口，38 脚为室内温度检测 A/D 输入口。温度传感器根据温度的变化改变自身阻值，将此检测信号传给 IC1，IC1 把实际温度与设定温度进行比较后控制各输出口，从而达到室内温度检测的目的。

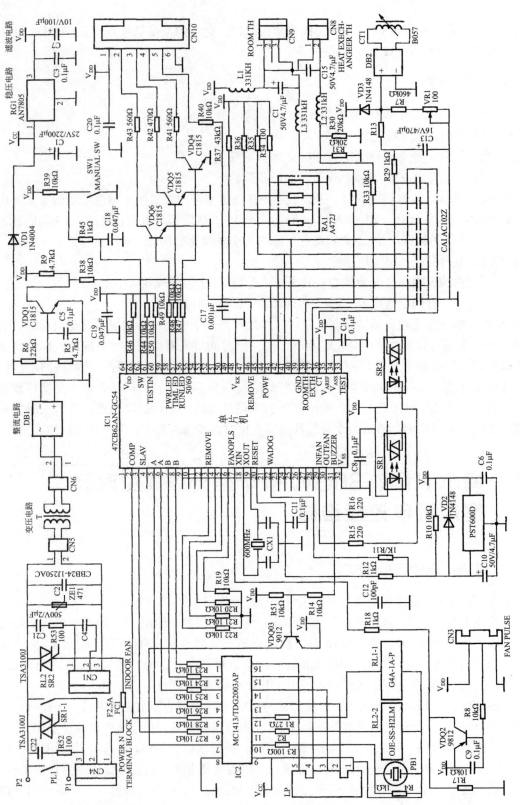

图 13-3 海尔 KFR-36GW 分体式空调器室内机电控板控制电路

（4）遥控器接收电路　由图 13-3 可知，HSOOQBA 为接收器，POW、TIM、RUN 为发光二极管，R43、R42、R41 为电阻，58、57、56 脚为 IC1 输入端。

工作时，接收器 HSOOQBA 接收到有效的遥控信号时，输出一脉冲编码信号到 IC1 的 46 脚。IC1 根据接收到的信号来判断，室内风机电源指示、定时指示、室外风机、四通换向阀、室外压缩机运行指示等各项输出状态输出相应的信号控制各部件。

例如，遥控器发出定时信号后，接收器输出一脉冲编码信号送到 IC1 的 46 脚，IC1 的 57 脚输出高电平，经晶体管 DQ5 放大驱动 TIM 发光。在这个电路里，电阻 R42 起限流作用。

13.3.2　空调器维修

机型：海尔 KFR-36GW 豪华型分体式空调器

【故障】开机漏电保护器跳闸

① 分析与检测　现场检测电源电压良好；卸下室内机外壳，测量保险熔丝管已熔断；测量压敏电阻已开路；测量变压器室内风机压缩机均良好。

② 维修方法　更换保险熔丝管和压敏电阻后，试机故障排除。

③ 经验与体会　压敏电阻是一个不可修复的元器件，如果损坏，则要及时更换，以免引起更大的故障。

a. 原理。当电路中电压异常高时，很快导致电流增加几个数量级使压敏电阻烧断，从而将电源断开，保护电控板元器件。

b. 功能。压敏电阻是由氧化亚铝及碳化硅烧结体。通常并接在变压器的初级两端，用来保护印制电路板上的零件。防止来自电源线上的反常高压及雷电感应的电流。压敏电阻的电阻值与外施电压大小有关。

c. 测量依据。用万用表"$R \times 1k$"挡测量两脚电阻。如果阻值为"∞"，则压敏电阻正常；如阻值为零，则判定为开路。

故障判断及维修方法。

（a）压敏电阻损坏时，通常从外观上可以看出压敏电阻开裂或发黑；

（b）压敏电阻损坏时，通常会引起保险熔丝管烧毁；

（c）如果是漏电情况下，可通过排除外围元器件来确定。

13.4　海尔 KFRd-50LW/F 柜式空调器室内机电控板维修

13.4.1　室内机电控板控制电路

海尔 KFRd-50LW/F 柜式空调器室内机电控板控制电路如图 13-4 所示。

（1）电源电路　市电 220V 经保险熔丝管、压敏电阻、变压器、桥式整流输出直流＋5V 电压。＋5V 供给电控板 IC1 作为工作电压，直流＋12V 电压作为继电器的工作电压。该电路的特点是：在电源电路增加了一个电源电压过零检测电路。通过 B 点的电压，翻转推算电源的过零时间，在这里过零检测用于控制晶闸管的导通起始点。

（2）振荡电路　振荡电路可提供 IC1 的时钟基准信号，该空调器的振荡信号频率为 6MHz。IC1 的 18、19 脚是振荡信号的输入、输出脚。空调器正常工作时，用示波器测 IC1

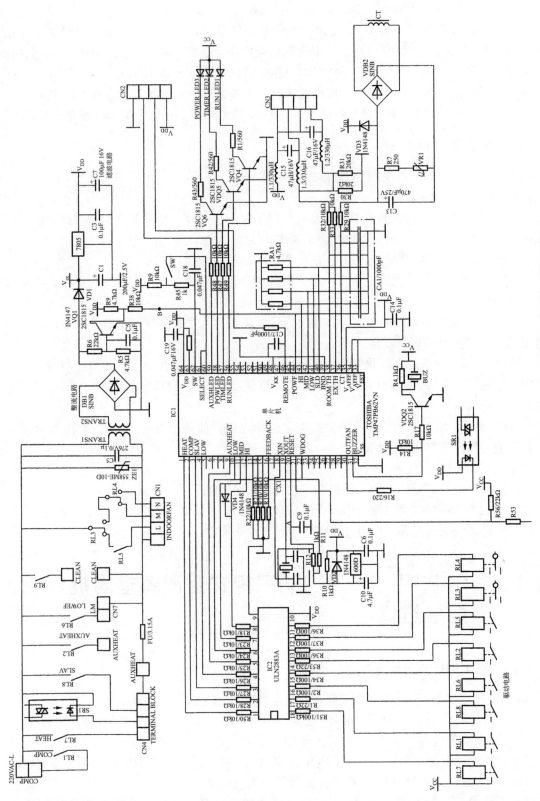

图 13-4 海尔 KFRd-50LW/F 柜式空调器室内机电控板控制电路

的 19 脚，可以看到 6MHz 的正弦波。用万用表的直流电压挡测量 IC1 的 18 脚，电压为 2.0～2.1V，19 脚电压为 2.3V。电路的电容为起振电容。

（3）复位电路

① 作用 复位电路可提供 IC1 的起始工作条件，当复位端出现负脉冲沿时，IC1 回复到初始工作状态，IC1 的 20 脚是复位端。

② 组成 R10、R11、R12、C6、C10、C9、D2、IC2 组成复位电路。

③ 工作过程 初始加电时，通过 R10、R12 对 C10、C9 充电。这时，在 IC1 的 20 脚形成一个低电平，随着对电容 C9 充电电流的减小，A 点的电平逐渐升高到+5V，A 点形成一个上升脉冲，复位过程结束。空调器在正常工作时，用万用表测 A 点，电位应为+5V，当 VOC 电源电压低于 4.6V 以下时，IC2 在 B 点输出低电平，将复位端电压拉低，使 IC1 处于复位状态。

（4）环境温度和盘管温度输入电路

① 环境温度输入电路 环境温度传感器为负温度系数的热敏电阻，当温度上升时，热敏电阻的阻值下降。在这里主要是通过热敏电阻的阻值变化改变 A 点的电压，现在的空调器多采用分压点的采样电压，然后通过 IC1 内置的 A/D 转换器转换成数字信号与存储的温度数字值对比后确定环境温度值。IC1 的 38 脚为环境温度检测脚，当环境温度为 25℃时，用万用表测得 IC1 的 38 脚电压应为 2.3V；当环境温度 20℃时，IC1 的 38 脚电压应为 3.0V。

② 盘管温度输入电路 空调器均在蒸发器右上角设置盘管温度传感器，通过盘管温度传感器的阻值变化，改变电路分压点 B 点的电压，并把这个电压变化传送到 IC1 的 37 脚。IC1 的 37 脚是盘管温度检测脚，盘管温度传感器的采样电压经内置的 A/D 转换器转换成数字信号与存储的温度数字对比后确定盘管温度值。当盘管温度为 25℃时，用万用表的直流电压挡测得 IC1 的 37 脚电压为 3.3V，蒸发器温度越低，IC1 的 37 脚电压越低，反之则越高。

（5）室内风机控制电路 室内风机是通过控制继电器的吸合及断开来控制起和停的，IC1 的 30 脚输出高电平时运转，低电平时停止。IC1 的 10 脚为风机低速风控制脚，当输出高电平时，继电器 RL5 吸合，电动机低风速抽头得电，风机低风速运转。IC1 的 12 脚为高速风控制脚，当输出高电平时，IC1 的 10、11 脚输出低电平，继电器 RL4 吸合，电动机高风速抽头得电，风机高风速运转。IC1 的 12 脚为中风速控制脚，当输出高电平时（IC1 的 10 脚输出为低电平，12 脚输出高电平），继电器 RL4、RL3 同时吸合，电动机中风速抽头得电，风机中风速运转。

该室内风机控制电路特点是：继电器抽头排列新颖，避免了两个电动机抽头同时得电带来的故障。

13.4.2 空调器维修

机型：海尔 KFRd-50LW/F 柜式空调器

【故障 1】室内机显示 E1 故障代码

① 分析与检测 现场开机设定制冷状态，室内机运转 30s 后，停机，并出现故障代码 E1，经全面检测发现室内环境温度传感器电阻值参数改变。

② 维修方法 更换室内环境温度传感器后，故障排除。

③ 经验与体会 元器件的检测是判断变频空调器的故障一种方法，有了正确的检测方法，才能判断故障元件。用万用表检测元器件是常用的简易测量方法。因而正确而灵活地使用万用表检测元器件是修理变频空调器电控板控制电路的一种基本功。

【故障 2】机组移机，压缩机启动后，又突然停机。

① 分析与检测 现场检测电源电压良好，检查电线发现电源线过长、线径不够。

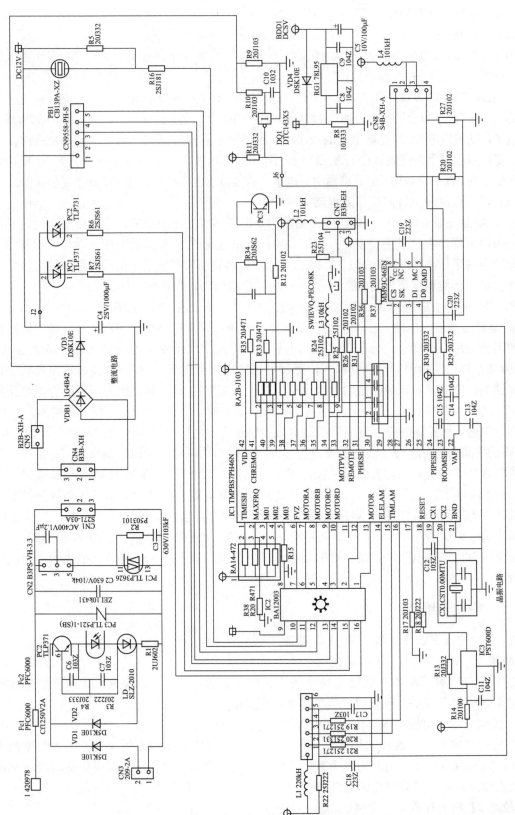

图 13-5 海尔 KFR-25GW/BP×2 变频一拖二空调器室内机电控板控制电路

② 维修方法　重新调整控制线，故障排除。

③ 经验与体会　房间空调器使用的单相电源为 220V/50Hz，其启动电流比较大，如果电源线过长或电源线径不够大时，会导致启动时的电压降过大，而引起压缩机不能正常启动，使空调器不能正常工作，这一点请维修人员注意。

13.5　海尔 KFR-25GW/BP×2 变频一拖二空调器室内机电控板维修

变频技术是一种把直流电逆变成不同频率的交流电的转换技术。它可把交流电变成直流电后再逆变成不同频率的交流电或是把直流电变成交流电后再把交流电变成直流电。总之这一切只有频率的变化，而没有电能的变化。

13.5.1　室内机电控板控制电路

海尔 KFR-25GW/BP×2 变频一拖二空调器室内机电控板控制电路如图 13-5 所示。

该空调器室内机电控板 IC1 主要引脚功能：6 脚为蜂鸣器；7 脚为步进 A；8 脚为步进 B；9 脚为步进 C；10 脚为步进 D；11 脚为功率继电器；12 脚为通信输出；13 脚为风机输出；14 脚为电源灯；15 脚为定时灯；16 脚为运行灯；17 脚为对地端；18 脚为复位端；19、20 脚为晶体振荡器；42 脚为电源；39 脚为通信输入；35 脚为实验输入；34 脚为试运行开关；33 脚为 P/Q 脉冲；32 脚为遥控输入端；31 脚为电源频率输入端；30、29、28 脚为制热转速修正端；27、26、25 脚为制冷转速修正端；24 脚为室内热交换器；23 脚为室内进入。

13.5.2　室内机故障灯自诊断方法

海尔 KFR-25GW/BP×2 变频一拖二空调器室内机故障灯自诊断方法见表 13-1。

表 13-1　海尔 KFR-25GW/BP×2 变频一拖二空调器室内机故障灯自诊断方法

室内机显示灯			故障零件及故障原因		检查方法	
电源	定时	运转				
闪	灭	灭	热敏电阻断路、开通或接线柱插入不良	室内机环温传感器	检查电阻值	
闪	亮	亮		室内机热交传感器		
亮	亮	闪		室外机除霜传感器		
闪	亮	灭		压缩机排气温度传感器		
亮	闪	灭		室外机环境温度传感器		
闪	灭	亮	热敏电阻断路、不通或接线柱插入不良	室外机热敏电阻异常	检查室外机控制基板的警报确认灯（黄），通过闪烁的次数确定哪个热敏电阻不良	
					闪烁 1 次	气体管温传感器 A
					闪烁 2 次	气体管温传感器 B
					闪烁 3 次	除霜传感器
					闪烁 4 次	室外机环温传感器
					闪烁 5 次	蒸发传感器
					闪烁 6 次	压力排气传感器

续表

室内机显示灯			故障零件及故障原因		检查方法
电源	定时	运转			
闪	灭	亮	压缩机运转异常	(1) 高负荷强制运转 (2) 电源电压太低 (3) 短路循环 (4) 控制基板或压缩机功率模块 (5) 压缩机抱轴	(1) 安装情况、风机转动检查 (2) 检查电源电压 (3) 室内、外机是否短路循环、制冷剂是否充注过量 (4) 检查零件是否破损,接触不良,拔下功率模块的 U、V、W 的导线,测量三相间的电压是否相等
闪	闪	亮	(1) DC 电流检知 (2) 过电流保护动作 (3) 功率块温度过高保护 (4) 功率模块低电压检知	(1) 高负荷强制运转 (2) 电源电压太低 (3) 短路循环 (4) 控制基板或压缩机功率模块	(1) 安装情况、风机转动检查 (2) 检查电源电压 (3) 室内、外机是否短路循环、过量填充 (4) 检查零件是否破损,接触不良,拔下功率模块的 U、V、W 的导线,测量三相间的电压是否相等
闪	闪	灭	过电流保护动作 AC 电流检知	电源瞬时停止、电压太低、压缩机抱轴	检查安装情况,填充量是否过大
闪	闪	闪	制热时,蒸发器温度上升 (688℃以上),或室内机风量小	(1) 过滤网堵塞 (2) 热敏电阻异常 (3) 室内机控制基板 (4) 室内风机	(1) 目视 (2) 检查电阻值 (3) 室内板的室内风机端子处无电压 (4) 检查零件是否破损、有接触不良点
闪	灭	闪	CT 断线保护	CT 线圈	检查 CT 线圈是否导通
亮	闪	亮	功率模块异常	功率模块控制信号接触不良	检查连线是否接触不良
灭	灭	闪	通信异常	(1) 连机线误配、接触不良 (2) 室外机附近有噪声	(1) 检查误配线、接触不良点 (2) 室外机附近有高频率机器
灭	闪	灭	排气温度超过 120℃	(1) 漏气 (2) 排气管热敏电阻异常	(1) 检查泄漏点(用试运转或应急运转固定压缩机频率数测定压力,根据压力判断) (2) 检查电阻值
灭	闪	亮	控制基板异常	(1) 电源容量不足 (2) 电源瞬时停业	(1) 检查专用回路,配线粗度 (2) 再运转以确认动作
灭	亮	闪	电压不足	室内控制基板	通电 15s 后报警为室内板故障
				室外控制基板	遥控开机 20s 后报警为室外板故障
灭	亮	闪	电控板读入 EEP-ROM 数据有错误	室内机 EEPROM 异常	重新上电观察是否正常
闪	亮	闪		室外机 EEPROM 异常	重新上电观察是否正常

13.5.3 电控板维修

机型:海尔 KFR-25GW/BP×2 变频一拖二空调器。

【故障 1】 开机漏电保护器跳闸

① 分析与检测　现场检测电源电压良好;卸下室内机外壳,测量保险熔丝管已熔断;测量压敏电阻已开路;测量变压器室内风机压缩机均良好。

② 维修方法　更换保险熔丝管和压敏电阻后,试机故障排除。

③ 经验与体会　在空调器电控板控制电路中,压敏电阻主要用来起过电压保护作用。压敏电阻的导电性能是非线性变化的。当压敏电阻两端所加电压低于其标称电压值时,其内部阻抗接近于开路状态,只有微安级的漏电电流流过,故功耗甚微,对外电路不产生任何影响;而当外施电压高于其标称电压时,其内阻迅速降低对电压的响应时间非常快(在纳秒级),它承受电流的能力非常惊人,而且不会产生续流和放电延迟现象。由于它是一种在某一电压范围内其导电性能随电压的增加而急剧增大的一种敏感元器件,因此,人们也将其称为"限幅器""斩波器"或"浪涌吸收器"等。

【故障 2】室外压缩机运转异常

① 分析与检测　现场通电开机,设定制冷状态,室内 A、B 机均运转,室外压缩机运转异常;卸下室外压缩机外壳,测量室外机接线端子有 220 V 交流电压输入;测量压敏电阻良好;测量变压器线圈断路。

② 维修方法　更换变压器后,故障排除。

③ 经验与体会　变压器是利用电磁感应的原理进行工作的。当有电流流过一个线圈时,线圈中会产生电磁场,而这个电磁场通过另一个线圈,又会发生感应作用,在另一个线圈两端产生电压。将几个线圈以一定的方式结合在一起,使它们之间产生强烈的电磁感应作用,就形成了一个变压器。

13.6　海尔 KFR-25GW/BP×2 空调器室外机电控板维修

13.6.1　电控板控制电路

海尔 KFR-25GW/BP×2 空调器室外机电控板控制电路如图 13-6 所示。

13.6.2　电控板主要引脚功能

1 脚为四通换向阀;2 脚为中速风;3 脚为高速风;4～9 脚为变频输出脚;10 脚为报警灯;11 脚为 DC 电源电压输入;12 脚为 AC 电流检知;13 脚为吸入温度;14 脚为蒸发温度;15 脚为吐出温度;16 脚为除霜温度;17 脚为管温(A 机);18 脚为管温(B 机);22 脚为 DC 电流检知;25 脚为通信 B 机输入;26 脚为通信 A 机输入;37 脚为通信 B 机输出;39 脚为通信 A 机输出;48 脚为试验输入;49～52 脚为电子膨胀阀(B 机用);56～53 脚为电子膨胀阀(A 机用);58 脚为低风运转;59 脚为功率继电器;64 脚为＋5V 直流电源。

13.6.3　电控板维修

机型:海尔 KFR-25GW/BP×2 空调器室外机。

【故障 1】用遥控器开机,整机无反应

① 分析与检测　现场检测电源电压良好;卸下空调器外面板,测量控制板上的保险熔丝管、压敏电阻良好;测量变压器线圈断路。

② 维修方法　更换同型号变压器后,试机故障排除。

③ 经验与体会　更换变频空调器变压器注意事项如下。

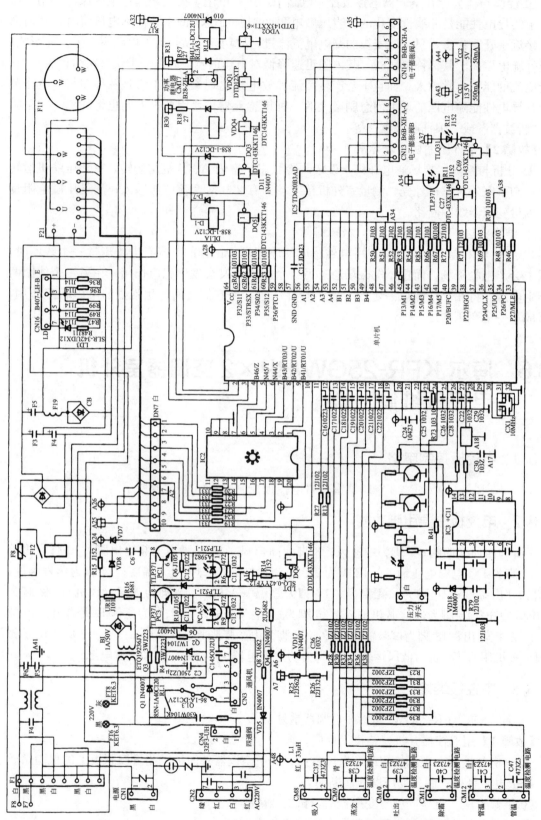

图 13-6 海尔 KFR-25GW/BP×2 空调器室外机电控板控制电路

因为各种变频空调器所用变压器的参数不尽相同，所以更换时应用与原机相同规格的变压器。检测变频空调器电控板控制电路故障错综复杂。因此，维修人员应通过检测变频空调器的实践，不断地培养自己的应变能力，能维修各类变频空调器疑难故障。

a. 检测变频空调器集成块引线脚时，要特别小心，因集成块引线脚间距离很小，以免测试外的损坏；焊接时，应断开电源，并严防焊点使相邻脚片连在一起而造成短路。

b. 检测集成电路时，不能随意提高电压，否则容易损坏电路板。检测电源电路时，不能减小电压，修好电源后一定要检查电源电压是否符合额定值。要谨防仪器和烙铁等漏电而击穿集成电路。

【故障 2】 机组制冷 30min 后突然停机

① 分析与检测　现场测量电源插座有 220V；卸下空调器前面板，测量变压器次级有 12V 交流电压输出；测量桥式整流良好，经全面检测发现电控板上的电阻 R15 断路。

② 经维修方法　更换电控板上的电阻 R15 后，试机故障排除。

③ 经验与体会

a. 被检测的电阻必须从电路上焊下来（至少要焊开一个头），以免由于电路中的其他元器件的影响在测试时产生误差。

b. 由于人体带有一定的电阻，测试时手不要触及表笔及电阻的导电部位。

c. 根据被测电阻标称的大小来选定量程。由于欧姆挡刻度的非线性关系，它的中间一段分度较为精确，因此必须使指针指示值尽可能落在刻度盘的中间位置，以提高测试精度，如 100Ω 的电阻可用 "$R×1$" 挡或 "$R×10$" 挡，10kΩ 的电阻可用 "$R×1k$" 挡测试。

d. 万用表的读数应与电阻的标称值符合。若测得读数为零，则表示电阻已短路；若是 ∞，则表示电阻内部断路，必须更换同型号电阻。

13.7　海尔变频空调器电控板控制电路故障诊断及注意事项

变频空调器电路的修理是一种技术极强的工作，要求维修人员要具有丰富的电路知识而且还必须掌握正确的修理方法，才能迅速排除故障。动手维修之前，首先掌握各电子电路和工作原理，从总体上理解电路中各大区域的作用及其工作原理，然后尽可能做到掌握电路每一个元件的作用。只有这样，才能在看到故障现象之后迅速地把问题集中某一个区域中，再参照厂家提供的电路图或者实物细致分析，做到电心中有数，有的放矢。只有对变频电路中各部分的工作状态、输入输出信号形式等都能详尽地掌握，才能顺藤摸瓜，由表及里，迅速缩小故障范围，再结合显示的故障代码及电路实际状态的测量，最终判断出故障部位，进而排除故障。

13.7.1　不开机

① 故障诊断　遥控器和手动开机，变频空调无任何反应，是室内机电源电路故障（220V 无电源、变压器有输入无输出、三端稳压故障），室内机 CPU 或复位、时钟振荡电路故障。如果空调有任何显示或有任何动作，即表示以上电路基本正常；室外机无任何反应，如室内机工作正常或开机立即（或隔一会儿）通信异常保护，说明室外机的主（副）电源电路无输

出电压。可判定室外机 CPU 或复位、时钟振荡电路故障。

② 维修经验

a. 检测供给 CPU 的＋5V 电源必须是在 4.6～5V，否则 CPU 会此出现停机。

b. 复位端电压应为 4.95V，如果不正常，常是该脚外接电容漏电。若复位电路无法修复，更换电路板。

c. 时钟振荡脚电压（osc1 正常为 0.8V；osc2 正常为 2.4V）低或为零，常是外界晶振或两个振荡电容不良造成的。

d. 室外机电源继电器吸合的一瞬间引起市电跳闸，说明室外机主电源电路有短路。

e. 室外机开关电源故障率较高，若开关管击穿，特别要注意反馈电容、稳压管是否不良，最好同时更换，这是笔者多年的经验。

13.7.2　强制性保护故障

（1）故障诊断　一次或连续几次停机保护后，不再开机，有保护内容显示。

（2）维修经验

① 如出现过电流保护，停机保护前，压缩机能运转 3min 以上，故障点可能是室外机空气循环不良、制冷剂过多、电源电压过低造成的。若压缩机刚一启动，就立即停机保护，则故障点可能是压缩机吸排气不良、DC 主电源电压过低。若室外机功率继电器吸合的瞬间，压缩机未运转就停机保护，故障点可能是压缩机线圈短路、断路、开路，主电源电路出现短路等故障。

② 保护内容是功率模块（电流、温度）异常的，故障点可能是功率模块不良、CPU 输出的变频信号异常、压缩机线圈阻值参数改变等故障。

功率模块好坏的简易的判断方法是：切断变频空调器电源，先把主电源滤波器电容放电，再拔下功率模块上的所有连线。用万用表测 U、V、W 任意两端间电阻应为无穷大，且 P 或 N 端对 U、V、W 端均符合二极管正、反向特性。

③ 保护内容是压缩机高温异常的，故障点可能是制冷剂低于 0.3MPa、管路系统堵塞、室外机空气循环不良。判断方法是：将空调设置于试运转既定频状态下，若测运转电流、低压压力、排气压力均偏低，故障原因是制冷剂过少；若测运转电流、低压压力、排气压力均偏高，平衡压力正常，是室外机冷凝器翅片堵塞，造成空气循环不良。

④ 保护内容是通信异常的，故障点可能是室外机主电源电路无 DC280V 输出、室外机开关电源无 DC5V 输出。

13.7.3　约束性保护故障

① 故障技能诊断规律　压缩机运行频率缓慢上升，然后按比例降频运转直至停机，当工况条件（温度、电压、电流）恢复正常后，只能自动开启，一般不显示保护内容。

② 故障技能诊断特征　空调器工作一段时间后，运转电流逐渐下降再停机，制冷效果差。

③ 故障技能诊断特点　从开机到保护停机时间一般超过 30min 以上。若在 30min 内连续出现几次约束性保护停机，则会转为强制性保护停机。

④ 故障技能诊断原因　制冷管路系统不良（多数是制冷剂轻微泄漏）、空气循环不良（热交换器表面翅片脏堵）、电源供给不正常（不在正常范围 187～240V）。

13. 7. 4　CPU 输出控制电路故障

① 故障技能诊断规律　电源、运转指示灯亮，有相应的状态显示，但相应的负载不工作或显示相应的与负载有关的保护内容。

② 控制技能诊断规律

a. 控制执行元件为 NPN 型三极管的，当 CPU 控制端输出至三极管 b 极为 0.6V 以上的高电平时，三极管 c、e 极导通，负载与地构成回路，有电源通过；反之，CPU 控制端输出至三极管 b 极为 0.2V 以下的低电平时，三极管截止，负载不工作。

b. 控制执行元件为光电耦合器可控硅的电路中，当 CPU 控制端输出是低电平时，光电耦合器或光耦可控硅输入端发光二极管导通电压为 0.7～1V，输出端闭合，负载得电；反之不导通。

c. 控制执行元件为集成反相器的电路中，当 CPU 控制端输出 5V 高电平时，反相器对应的支路的输出端便为低电平，对地之间处于导通状态，负载与地构成闭合回路，负载得电工作；反之，CPU 输出为低电平，反相器输出为高电平，反相器与地之间处于截止状态。

d. 控制执行元件为继电器或交流接触器，当其线圈有额定电流通过时，其常开点动作闭合；反之，不动作。

③ 维修技能诊断经验　故障率较高的是三极管、光耦可控硅击穿，继电器或接触器触点烧坏引起接触不良等故障。

13. 7. 5　微电控板维修

有些变频空调器微电脑板故障是由于电路中接触不良引起的，表现就是故障时有时无，有的故障则是在空调器工作一段时间后元器件发热才出现的。检修时，我们要设法使故障出现。接触不良的故障检修办法是用镊子夹住有怀疑的元件，然后轻轻晃动，观察故障的变化情况。如晃动某个元件时故障反应很强烈，就可以认为是本元件或周围接触不良。对热稳定性不良故障则对怀疑元件用吹风机或电烙加热，加快故障出现时间，然后用镊子夹住用 95％酒精棉球给元件降温，看哪一个元件温度变化时故障影响最大。

13. 7. 6　电控板控制电路故障检测注意事项

检测变频空调器电控板控制电路目的是尽快排除变频空调器故障，决不允许扩大故障。在检测时，若不谨慎从事，很可能使小毛病变成大毛病，或使简单故障复杂化。所以在检测过程中应注意以下事项：

① 开始检测之前，必须阅读该变频空调器维修手册中"产品安全性能注意事项"等内容。

② 检测时应先检查：变频空调器的电源插头是否正确地插在符合要求的电源插座里，控制信号线是否正确连接好，保险熔丝管安培数是否符合要求，元件接插件是否接触良好，有无相碰、断线和烧焦的痕迹。

③ 在发现变频空调器保险熔丝管熔断时，未经查明原因，不急于换上保险熔丝管通电（特别不能用比原来规格大的保险熔丝管或铜丝替代）；否则，可能会使尚未损坏的元件烧坏。如果不通电无法发现故障，可用规格相同的保险熔丝管换上去再试一下，此刻要掌握时机，观察故障现象。最好先切断稳压电源的负载，然后检查稳压电源。

④ 在三端稳压电源失控、输出电压过高而又没有采取措施的情况下，不要长时间通电检查变频空调器电控板控制电路，更不能将这种过高的电压加到供电电路上，否则许多元件会因耐压不够而损坏。此时应断开负载电路，迅速检查电源电路。

⑤ 在检测中要特别小心，测试棒或测试线夹不能将电路短路，否则会引起新的故障。

⑥ 在通电检查时，如发现变频空调器冒烟、打火、焦糊味、异常过热等现象，应立即关空调器检查。

⑦ 检测变频空调器电控板控制电路时，不可盲目调试变频空调器电控板控制电路可调元件，否则，会使那些本来无故障的部分工作失常。

⑧ 同时存在几个故障时，应先修电源，再修电源电路、变压电路、整流电路、滤波电路、晶振电路、复位电路等。

⑨ 在检测经过长时期使用的变频空调器电控板控制电路或机内已积满灰尘的变频空调器时，应首先除尘并将所有接插件用酒精清洗一下，这样往往能收到事半功倍甚至有意想不到的效果，故障也会因此而排除。

13.7.7　更换电控板元件注意事项

变频空调器的故障大部分是因某些元件损坏而造成的。检测时，往往需要将某些元件焊上焊下或作更换，此时应将检查无损的元件及时正确地恢复原位，特别是集成电路和晶体管的管脚、电解电容器的正负极性不能搞错。被怀疑的元件需要拆装时，更应细心。有时元件本属完好，而因拆装不慎反被损坏，千万要引起注意。

更换元件时应以相同规格的良好元件替换。更换电路图上注明的重要元件时，应该用制造厂所指定的替换元件。因为这些元件具有许多特殊的安全性能，而这种特殊性能在表面上往往看不出来，手册中也不注明，所以，即使用额定电压或功耗更大的其他元件代用，也不一定能得到这些元件所具有的保护性能。

当电路发生短路性故障后，凡留有过热痕迹的元件，需要全部更换。

由于变频空调器元件规格繁多，在备件不齐的情况下，要用其他规格的元件代换。一般来说，可用性能指标优于原来的元件，对于电阻、电容元件，还可用规格不同的元件串联或并联来暂时代用；一旦有了相同规格元件时，再更换上。

13.7.8　更换电控板控制集成电路注意事项

① 因变频空调器集成块引线脚间的距离很小，测量时要特别小心，以免测试表外的损坏；焊接时应断开电源，并严防焊点使相邻脚片连在一起而造成短路。

② 检测集成电路时，不能随意提高电压，否则容易损坏。因此，检测电源电路时，不能减小电压，修好电源后一定要检查电源电压是否符合额定值。要谨防仪器和烙铁等漏电而击穿集成电路。

③ 变频空调器电控板控制集成电路损坏后，一定要用同型号的更换。更换集成块时，务必确定正确的插入方向，切不可将管脚插错，也不可将引脚片过度弯折，以免损坏集成电路。更换变频空调器电控板控制集成电路，必须在断开电源之后进行，切不可在通电时插入新的集成电路。

拆装变频空调器电控板控制集成电路时，烙铁外壳不可带电，必要时可用导线将烙铁外壳与变频空调器底盘相连，或使用电池加热的专用烙铁；宜用 20～35W 的小型快速烙铁，烙铁头应锉尖，以减少接触面积；焊接时动作应敏捷、迅速，以免熨坏集成电路、印制板及脱落铜箔等。焊锡也不要过多，以防焊点短接电路。要从底板上取下集成块时，可用合适的注射针头。先将集成块的各脚掏空，然后用拔取器（或用小起子轻轻从两端逐渐撬起来）将它取下；也可用特殊的扁平形烙铁头，对所有的脚同时均匀地加热，来进行拆卸。插入变频空调器电控板控制集成电路之前应将各脚孔中的焊锡去掉，并用针捅孔，使各孔都穿通以后再插入集成电路（不能边焊边插入，以免过热），然后逐脚焊好，这样变频空调器电控板控制集成电路就更换好了。

维修人员在维修变频空调器实践中必须养成良好的安全工作习惯，维修时不要边修边抽烟，以免用户反感，以免烟灰进入电控板控制电路板内。桌上不要放茶杯，以防茶杯倒了使元件潮湿，造成说不清的损失。工具和元件应放在工具盒内，不要乱放在用户桌子上，以便在出现紧急情况或技术疏忽的瞬间，能有效地防止因不慎而引起的变频空调器电控板控制集成电路新故障。

13.8 海尔变频空调器故障代码含义

13.8.1 海尔分体变频空调器故障代码含义

KFR-26 BPF、KFR-28 BPF、KFR-40、KFR-25 * 2 BPF、KFR-30 * 2GW/BPF、KFR-28GW/BPA、KFR-28BPF、KFR-40GW/ABPF、FKR-28BPF、KFR-36GW/DBPF、KFR-25GW-2/BP、KFR-30GW-2/BPKF、KR-32G/AF、KFR-40G/F、KFR-60W/BP、KR-32G/AE50L/F、KFR-70W/BP 见表 13-2。

表 13-2 海尔分体变频空调器故障代码含义

室内机显示灯			故障部位		检查方法	备注
电源	定时	运转				
闪	灭	灭	热敏电阻断路、开通或接线柱插入不良	室内环温传感器	检查电阻值	只适用于一拖一机型
闪	亮	亮		室内热交传感器		
亮	亮	闪		室外除霜传感器		
闪	亮	灭		压机排气温度传感器		
亮	闪	灭		室外环境温度传感器		
闪	灭	亮	热敏电阻断路、不通或线柱插入不良	室外热敏电阻异常	检查室外机控制基板的警报确认灯（黄），通过闪烁的次数确定哪个热敏电阻不良	只适用于一拖二机型
					闪1次 — 气体管温传感器A	
					闪2次 — 气体管温传感器B	
					闪3次 — 除霜传感器	
					闪4次 — 室外环温传感器	
					闪5次 — 蒸发传感器	
					闪6次 — 压力排气传感器	

续表

室内机显示灯			故障部位		检查方法	备注
电源	定时	运转				
闪	灭	亮	压机运转异常	1. 高负荷强制运转 2. 电源电压太低 3. 短路循环 4. 控制基板或压缩机功率模块 5. 压缩机抱轴	1. 安装情况，风机转动检查 2. 检查电源电压 3. 室内机是否短路循环，过填充量 4. 检查零件是否破损，接触不良，拨下功率模块的uvw的导线，测量三相间的电压是否相等	只适用于一拖一机型
闪	闪	亮	1. DC电流检知 2. 通电流保护动作 3. 功率块温度过高保护 4. 功率模块低电压检知	1. 高负荷强制运转 2. 电源电压太低 3. 短路循环 4. 控制基板或压缩机功率模块 5. 压缩机抱轴	1. 安装情况，风机转动检查 2. 检查电源电压 3. 室内机是否短路循环，过填充量 4. 检查零件是否破损，接触不良，拨下功率模块的uvw的导线，测量三相间的电压是否相等	只适用于变频空调器
闪	闪	灭	过电流保护动作AC电流检知	电源瞬时停止、电压太低、压缩面抱轴	检查安装情况，填充量是否过大	只适用于变频空调器
闪	闪	闪	制热时，蒸发器温度上升（68℃以上）或室内机风量小	1. 过滤网堵塞 2. 热敏电阻异常 3. 室内机控制基板 4. 室内风机	1. 目视 2. 检查电阻值 3. 内板的室内风机端子处无电压 4. 检查零件是否破损、接触不良	只适用于所有空调器
闪	灭	闪	CT断线保护	CT线圈	检查CT线圈是否导通	适用于变频空调器
亮	闪	亮	功率模块异常	功率模块控制信号接收不良	检查连线是否接触不良	适用于变频空调器
灭	灭	闪	通信异常	1. 连机线误配、接触不良 2. 室外机附近有噪音	1. 检查误配线、接触不良 2. 室外机附近有高频率机器	适用于变频空调器
灭	闪	灭	排气管温度超过120℃	1. 漏气 2. 排气管热敏电阻异常	1. 检查汇露点（用试运转或应急运转固定压机频率数测定压力，根据压力判断） 2. 检查电阻值	只适用于所有空调器
灭	闪	灭	电压不足	1. 电源容量不足 2. 电源瞬时停止	1. 检查专用回路，配线粗度 2. 再运转以确认动作	只适用于所有空调器
灭	亮	闪	控制基板异常	室内控制基板	通电15s后报警为内板故障	只适用于28、36DBPF
				室外控制基板	遥控开机20s后报警为外板故障	
灭	亮	闪	电控板读入EEPROM数据错误	室内机EEPROM异常	重新上电观察是否正常	只适用于变频空调器
闪	亮	闪		室外机EEPROM异常	重新上电观察是否正常	

13.8.2　海尔 KFR-40GW/A（JF）空调器故障代码含义

见表 13-3。

表 13-3　海尔 KFR-40GW/A（JF）空调器故障代码含义

室内机显示面板	报警表示时期	被认为是故障的部位		检查方法（复位用无线遥控器的运转/停止开关）
室内外机不运转		无电源		1. 确认内机端子排 1～2 间的电压 2. 确认外机端子排的电压
		遥控器无电池或不亮		应急运转（试机观察）
		遥控器接收板		应急运转
		保险熔丝管断		用刀用表确认保险熔丝的导通
		变压器		确认就压器的绕组电阻值
		室内机板		用万用表确认异常
E1	启动报警开关同时表示	热敏电阻断路、短路或接触不良	室内环境温度传感器	检查传感器电阻值
E2			室内热交温度传感器	
F21			除霜温度传感器异常	
E4		电控板读入 EE-PROM 数据有错误		1. EEPROM 错 2. 电控板
E8		面板和内机间通信故障		1. 室内机面板坏 2. 室内机主控板坏 3. 面板与内机主控板连接线断路或接触不良
E14		室内机故障		1. 风机供电电压检查确认是否过低 2. 风机电机绕组
E16		离子集尘故障		1. 离子集尘器灰多，清除灰尘 2. 灰多且在室内机运转，负离子工作的前提下打开风栅时
E24		CT 电流互感器断保护		1. 电路板 CT 电流互感器线圈不良，更换电路板 2. 压机未启动，压机电流小，漏气

13.8.3　海尔 KFC-25GW/BP*2（JF）变频空调器故障代码含义

见表 13-4。

表 13-4　海尔 KFC-25GW/BP＊2（JF）变频空调器故障代码含义

室内机故障代码		室内机故障代码	
故障码	代码部位	故障码	代码部位
E1	室温传感器故障	E11	步进电机故障
E2	热交传感器故障	E12	高压静电器
E3	总电流过流	E13	瞬时停电
E5	制冷结冰	E14	室内风机故障

续表

室内机故障代码		室外机故障代码	
故障码	代码部位	故障码	代码部位
E15	集中控制故障	F10	制冷过载
E16	高压静电集尘故障	F11	压机转子电路故障
E17	通信故障	F13	压机强制转换失败
E18	保留	F14	风机霍尔元件故障
E19	保留	F15	管温传感器 A 坏
F6	室外环温传感器故障	F16	管温传感器 B 坏
F7	蒸发传感器故障	F17	电控板 ROM 坏
F8	风机启动异常	F18	电源过压保护
F9	PTC 保护	F19	电源欠压保护
室外机故障代码		F20	回气温度过高
E1	模块故障（过热过流短路）	F21	除霜温度传感器异常
E2	无负载	F22	AC 电流保护
E3	846 与 857 通信故障	F23	DC 电流保护
E4	压缩机过热	F24	CT 断路保护
E5	总电流过流	F25	排气温度传感器
E6	复位	F26	电子膨胀阀故障
E7	通信故障（内外机之间）	F27	基板热敏电阻异常（温度保护）
E8	面板与内机之间通信	F28	846EEPROM 错
E9	高负荷保护		

13.8.4　海尔 KFR-36GW/B(BPE)、KFR-36GW/BPJF、KFR-28GW/BPJF 变频空调器故障代码含义

见表 13-5。

表 13-5　海尔 KFR-36GW/B（BPE）、KFR-36GW/BPJF、KFR-28GW/BPJF 变频空调器故障代码含义

室内机显示面板灭	警报显示时间	被认为是故障的零件		检查方法
E1	启动报警开关同时表示	热敏电阻断路或接线端子不良	1. 室内环境温度传感器	检查电阻值
E2			2. 室内热交温度传感器	
E21			3. 室外除霜传感器	
E25			4. 室外排气温度传感器	
E6			5. 室外环境温度传感器	
E3				
E07 运转开始 20s 后（通电后约 2min）	异常发生时，运转表示转换为报警表示	通信异常	1. 室内外连续误配或接触不良	检查误配线、接触不良
			2. 室内机外机附近有大的干扰源	室外机附近有高频率机器，如发电机、无线电机器等
			3. 室外机熔丝烧	确认室外机熔丝导通

续表

室内机显示面板灭	警报显示时间	被认为是故障的零件		检查方法
F24		CT 断线	1. CT 不良	更换室外基板
			2. 漏气	压缩机频率固定在 58Hz 测定压力，根据运转特性表判断
F4	由于异常，会一度停止运转，电源灯亮。3～20min 后再启动，异常再发生，有报警表示	排气温度超过 120℃，排气管温度过高保护（除霜温度传感器不良）	1. 漏气	检查泄漏点，（在冷媒泄漏状态排气温度上升时）压缩机频率固定在 58Hz 测压力，根据运转性表判断
压机启动 30～40min 后，室内外机共同停止			2. 二通阀或三通阀未开	确认阀体打开
			3. 配管断裂	目视检查配管是否断裂
			4. 排气温度传感器异常	检查电阻值
F22		过电流保护 AC 电流检知	1. 高负荷（填充量过大时）强制运转	1. 检查安装情况（室内外机是否短路循环）；2. 填充量是否过大
			2. 电源瞬时停电（雷击时）	再次运转确认
			3. 电源电压过低	确认电源电压大于 150V
F23		过电流保护 DC 电流运转	1. 高负荷（填充量过大时）强制运转	1. 检查安装情况（室内外机是否短路循环）；2. 填充量是否过大
			2. 功率模块不良	拔下 CVM 导线，测量三相间的电压（AC0～160V）
			3. 电源电压过低	确认电源电压大于 150V
			4. 外机基板	用电表确认异常
E9		制热时，蒸发器温度上升（68℃以上），或室内电机运转但风量小	1. 过滤网堵塞	目视检查
			2. 热交温度传感器异常	检查电阻值
			3. 室内机基板	确认风机输出端子有无电压
			4. 室内电阻	检查电机是否破损，接触不良
F11		压缩机运转异常	1. 高负荷（填充量过大）强制运转	1. 检查安装情况（室内外机是否短路循环）；2. 填充量是否过大
			2. 外机基板	部件破损或接触不良
			3. 电源电压过低	确认电源电压大于 150V
			4. 功率模块不良	拔下 UVW 的导线，测量三相间的电压（200～160V）
			5. 压缩机停止	对压缩机进行检查
		功率模块异常	压机功率不模块控制信号线接触不良	检查连接是否接触不良
E8	通电后 20s	面板主板通电无异常	1. 主板电源不良	1. 检查是否有干扰电源
			2. 高压集尘板打火	2. 检查高压集尘板是否打火

13.8.5 KFR-60LW/BP 柜式变频空调器故障代码含义

见表 13-6。

表 13-6　KFR-60LW/BP 柜式变频空调器故障代码含义

代码	故障原因	故障名称	故障原因	LED1		LED2		备注
E1	室温传感器故障			状态	次数	状态	次数	
E2	室内盘管传感器故障	室温传感器故障	短路/断路	闪	1	灭		
E3	室外环境传感器故障	室内盘管传感器故障	短路/断路	闪	2	灭		
E4	室外盘管传感器故障	制热过载	管温大于 72℃	闪	4	灭		室内机故障
E5	过电流保护	制冷结冰	管温小于−2℃	闪	5	灭		
E6	管路压力保护	通信故障	通信回路故障	闪	7	灭		
E7	室外低电压保护	风机故障	风机无霍尔反 信号	闪	8	灭		
E7	面板与主板通信故障	模块故障	模块过热、过流、短路	灭		闪	1	
E8	室内外通信故障	无负载	电流传感器故障或压缩机未启动	灭		闪	2	
E9		压缩机过热	压机温度大于 120℃	灭		闪	4	室外机故障
		总电流过流	电流大于 17A	灭		闪	5	
		室外环温传感器故障	短路/断路	灭		闪	6	
		室外热交传感器故障	短路/断路	灭		闪	7	
		电控板 ROM 坏	ROM 坏	灭		闪	8	
		电源过压保护	电压大于 270V	灭		闪	10	
		制冷过载	室外热交温度大于 72℃	灭		闪	12	
		E2ROM 错	E2ROM 坏	灭		闪	14	

13.8.6 海尔 KFR-35BPF、KFR-36BPF、KFR-50GW/BPF、KFR-35GW/AB-PF、 KFR-36GW/BP、 KFR-36GW/ABPF、 KFR-50LW/BP、 KFR-50LW/BPF 变频空调器故障代码含义

见表 13-7。

表 13-7　海尔 KFR-35BPF、KFR-36BPF、KFR-50GW/BPF、KFR-35GW/ABPF、KFR-36GW/BP、
KFR-36GW/ABPF、KFR-50LW/BP、KFR-50LW/BPF 变频空调器故障代码含义

序号	故障现象	故障原因	检查范围	备注
1	室时灯闪烁 1 次	功率模块过热、过流、短路	1. 功率模块 2. 压缩机 3. 室外机受高频干扰	室外机
2	定时灯闪烁 2 次	电流传感器应电流太小	1. 电流传感器断线 2. 传感器电路	

序号	故障现象	故障原因	检查范围	备注
3	定时灯闪 4 次	热时压机温度传感器温度超过 120℃ 保护	1. 制冷剂充填过多 2. 压机温度传感器 3. 连机管被压扁	室外机
4	定时灯闪烁 5 次	过电流保护	1. 制冷剂充填过多 2. 电源电压低 3. 电流传感器电路	
5	定时灯闪烁 6 次	室外环温传感器故障	1. 传感器 2. 传感器插座接触不良 3. 传感器电路	
6	定时灯闪烁 7 次	室外热交传感器故障	1. 传感器 2. 传感器插座接触不良 3. 传感器电路	
7	定时灯闪烁 10 次	电流超、欠压	1. 电源 2. 电源电压检测电路	
8	定时灯闪烁 11 次	瞬时断电保护	停机 3min 后自动恢复	
9	定时灯闪烁 12 次	制冷时室外热交传感器温度超过 70℃ 保护	1. 室外风机 2. 室外热交换器脏 3. 室外热交传感器 4. 传感器电路	
10	定时灯闪烁 14 次	电控板读入 EEPROM 数据有错误	1. EEPROM 2. 电控板	
11	定时灯闪烁 15 次	瞬时断电时电控板复位	停机 3min 自动恢复	
12	电源灯闪烁 1 次	室内温度传感器故障	停机 3min 自动恢复	室内机
13	电源灯闪烁 2 次	室内热交传感器故障	停机 3min 自动恢复	
14	电源灯闪 4 次	制热时室内热交传感器温度超过 72℃ 保护	1. 室内风机风量小 2. 过滤网堵塞 3. 室内热交传感器 4. 传感器电路	
15	电源灯闪 5 次	制冷时室内热交传感器温度低于 0℃ 保护	1. 室内外温度低 2. 室内风机风量小 3. 传感器电路	
16	电源灯闪 6 次	瞬间断电时电控板复位	停机 3min 后自动恢复	
17	电源灯闪 7 次	通信回路故障	1. 通信回路接线 2. 电脑板故障 3. 外界电磁干扰	
18	电源灯闪 8 次	室内风机故障	1. 电机故障 2. 电机接插件	
19	电源灯闪 9 次	瞬间断电保护	停机 3min 后自动恢复	

13.8.7　海尔 KFR-50LW/BPJXF、KFR-52LW/BPJXF、KFR-60LW/BPJXF、KFR-52LW/BPJF 变频空调器故障代码含义

见表 13-8。

表 13-8　海尔 KFR-50LW/BPJXF、KFR-52LW/BPJXF、KFR-60LW/BPJXF、

KFR-52LW/BPJF 变频空调器故障代码含义

代码	故障原因	备注	代码	故障名称	故障原因	LED1		LED2		备注
						状态	次数	状态	次数	
E1	功率模块过热、过流、短路	室外机故障	F1	室温传感器故障	短路/断路	闪亮	1	灯灭		室内机故障
E2	电源传感器感应电流太小		F2	室内盘管传感器故障	短路/断路	闪亮	2	灯灭		
E4	制热时压机温度传感器温度超过 120℃		F4	制热过载	管温大于 72℃	闪亮	4	灯灭		
E5	过电流保护		F6	制冷结冰	管温小于−1℃	闪亮	5	灯灭		
E6	室外温度传感器故障		F7	通信故障	通信回路故障	闪亮	7	灯灭		
E7	室外管温传感器故障		E1	模块故障	模块过热、过流、短路	灯灭		灯灭	1	室外故障
E8	电控板 ROM 坏		E2	无负载	电流传感器故障或压缩机未启动	灯灭		闪亮	2	
E10(Ea)	电源超欠压		E4	压缩机过热	压机温度大于 120℃	灯灭		闪亮	4	
E12(Ec)	制冷时室外热交传感器温度超 70℃保护		E5	总电流过流	电流大于 17A	灯灭		闪亮	5	
E14	电控板读入 EEPROM 数据有错误		E6	室外环温传感器故障	短路/断路	灯灭		闪亮	6	
E1	室温传感器故障	室内机故障	E7	室外热交传感器故障	短路/断路	灯灭		闪亮	7	
E2	室内盘管传感器故障		E8	电控板 ROM 坏	ROM 坏	灯灭		闪亮	8	
E4	制热时室内盘管传感器超过 72℃保护		E12(Ea)	电源过压保护	电压不大于 270V	灯灭		闪亮	10	
E5	制冷时室内盘管传感器低于 0℃保护		E14(Ec)	制冷过载	室外温度过高			闪亮	12	
E7	室内主板与控制板通信故障		E14(Ee)	E2ROM 错	E2ROM 错	灯灭		闪亮	14	

13.8.8　海尔 KFR-71NW/BP、KFR-50NW/BP 变频空调器故障代码含义

见表 13-9。

表 13-9 海尔 KFR-71NW/BP、KFR-50NW/BP 变频空调器故障代码含义

1	F1	室内温度传感器坏或短路	传感器短路或断路
2	F2	室内盘管传感器	传感器短路或断路
3	F4	制热过载（自恢复）	室外换热能力降低
4	F5	制冷结冰（自恢复）	客观存在外温度不高，换热能力高
5	F6	排水系统	浮子开关动作异常
6	F7	线控器与室内机通信	异常于干扰，通信内容不正确或通信回路断路
7	E1	模块故障	变频功率模块异常
8	E2	无负载	电流检测异常，电流过小
9	E3	室内与室外通信	异常干扰，通信内容不正确或通信回路断路
10	E4	压缩机过热（自恢复）	压机传感器检测超标过热
11	E5	总电流过流（自恢复）	电流检测异常，电流过大
12	E6	室外温度传感器	传感器短路或断路
13	E7	室外盘管传感器	传感器短路或断路
14	E8	电控板 ROM 坏	电控板损坏
15	EA	电源过压保护	控制器检测电压值与负载功率不搭配
16	EC	制冷过载（自恢复）	室外换热能力降低
17	EE	E2PROM 错	E2PROM 损坏或内容不正常

13.8.9 海尔 KTR-160W/BP、KTR-280W/BP 多联机液晶线控器检修代码含义

见表 13-10。

表 13-10 海尔 KTR-160W/BP、KTR-280W/BP 多联机液晶线控器检修代码含义

代码	故障	代码	故障
0C	线控器串行信号回路（线控内机）	A0	变频压机排气温度传感器（TD1）电路
93	室温传感器（TA）电路	A1	定频压机排气温度传感（TD2）电路
94	室内热交换传感器（TC1）电路	A2	吸气温度传感（TS）电路
b9	室内压力传感电路	AA	高压压力传感（Pd）电路
11	电机电路（相位控制）	B4	低压压力传感（PS）电路
0b	排水泵、浮子开关系统电路	1C	接口基板电路
9F	制冷剂循环量不足判断	A6	变频压机排气温度（TD1）保护动作
95	室内外通信电路	B6	定频压机排气温度（TD2）保护动作
98	中控制地址设定	A7	吸气温度（TS）保护动作
B5	外部输入显示	AE	低频时变频压机排气温度（TD1）保护动作
9A	室内机组误配线、误连接	bE	低压压力保护动作
12	室内基板电路	E1	定频压机用高压开关电路
14	变频器过电流足保护电路	E5	变频 IOL 电路
17	电流传感器电路	E6	定频机 IOL、OL
1d	压缩机系统电路（变频压机坏）	Ab	压力传感器（Pd/PS）误配线
1F	电流检测电路	95	室内外通信电路
21	变频压机用高压开关电路	96	室内外地址矛盾
04	变频串行信号回路 TRS 电路	Bd	Mg、SW1 触点粘接控制显示
18	室外热交传感器（TE）电路	89	连接室内机组容量过载

13.8.10 海尔 KF(R)-71DLW、KF(R)-71KLW/S、KF(R)-120QW/B 吊顶机系列空调器故障代码含义

见表 13-11。

表 13-11 海尔 KF(R)-71DLW、KF(R) -71KLW/S、KF(R)-120QW/B 吊顶机
系列空调器故障代码含义

序号	故障代码	故障原因
1	隔 3s 电源灯闪烁 1 次,蜂鸣器响 1 声	室温传感器故障
2	隔 3s 电源灯闪烁 2 次,蜂鸣器响 2 声	室内盘管传感器故障
3	隔 3s 电源灯闪烁 3 次,蜂鸣器响 3 声	室外环温传感器故障
4	隔 3s 电源灯闪烁 4 次,蜂鸣器响 4 声	室外盘管传感器故障
5	隔 3s 电源灯闪烁 5 次,蜂鸣器响 5 声	过电流保护
6	隔 3s 电源灯闪烁 6 次,蜂鸣器响 6 声	管路压力保护
7	隔 3s 电源灯闪烁 7 次,蜂鸣器响 7 声	室外低电压保护
8	隔 3s 电源灯闪烁 8 次,蜂鸣器响 8 声	室内外通信故障
9	隔 3s 电源灯闪烁 9 次,蜂鸣器响 9 声	缺相相序故障

注:KF-71DLW/5 不具有第 3、4、5、6、9 故障显示,KFR-71DLW 不具有第 9 故障显示。

13.8.11 海尔 10HP 一拖二(KFR-25W)、KFR-125E/(M)、KR-120Q、KR-120Q/A 空调器故障代码含义

见表 13-12。

表 13-12 海尔 10HP 一拖二 (KFR-25W)、KFR-125E/(M)、KR-120Q、
KR-120Q/A 空调器故障代码含义

故障现象(室外)	指示灯闪烁数	室内板指示
室外环境温度传感器异常	1 次 A、B 系统共同	E3
室外盘管温度传感器异常	2 次 A、B 系统单独	E4
室外排气温度传感器异常	3 次 A、B 系统单独	E4
室外排气温度过高	4 次 A、B 系统单独	E4
过电流保护	5 次 A、B 系统单独	E5
CT 断线	6 次 A、B 系统单独	E5
相序异常检测	7 次 A、B 系统共同	E5
内、外机通信异常	8 次 A、B 系统单独	E8
压力过高保护	9 次 A、B 系统单独	E6

注:室内机故障代码同下一拖一定频相同。

13.8.12 海尔 KF(R)-71QW、KF(R)-71QW/S、KF(R)120QW 嵌入式空调器和海尔 KFR-125FW 10P 风管式空调器故障代码含义

见表 13-13。

表 13-13　海尔 KF(R)-71QW、KF(R)-71QW/S、KF(R)120QW 嵌入式空调器，海尔 KFR-125FW 10P 风管式空调器故障代码含义

故障代码	故障原因	指示灯闪烁次数	故障原因
E0	排水系统故障	10 次	排水系统故障
E1	室温传感器故障	1 次	室温传感器故障
E2	室内盘管传感器故障	2 次	室内盘管传感器故障
E3	室外环温传感器故障	3 次	室外环温传感器故障
E4	室外环温传感器故障	4 次	室外盘管传感器故障
E5	过电流保护	5 次	室外盘管传感器故障
E6	管路压力保护	6 次	线控器与室内通信故障
E7	面板与主板通信故障	7 次	线控器与室内通信故障
E8	主板与室外板通信故障	8 次	室内与室外通信故障
E9	缺相相序故障（指示为不闪烁）	9 次	

注：KF-71QW、KF-71QW/S 不具有 E3、E4、E5、E6、E8、E9、故障显示，KFR-71QW 不具有 E9 故障显示；KF-71QW/A 不具有 3、4 次故障显示。

13.8.13　海尔定频 KDR-260、KDR-125、KDR-75W 室外电控板和海尔定频 KDR-70N、KDR-70Q、KDR-32NQ、KDR-32Q 室内机线控故障指示代码含义

见表 13-14。

表 13-14　室外电控板和室内机线控故障代码含义

室外机灯闪烁次数	故障含义	显示代码	故障原因
1	压缩机排气温度过高	F1	室温传感器异常
2	室外盘管温度传感器异常	F2	内盘管传感器故障（细管）
3	室外环温传感器异常	F4	内盘管传感器故障（粗管）
4	吐气温度传感器异常	F5	高压故障
5	吸气温度传感器异常	F6	排水故障
6	蒸发温度传感器异常	F7	室内机与线控器故障
7	三相异常	E1	三相电错误
9	低压压力异常	E2	低压故障
10	内外机通信异常	E3	内外机通信故障
11	过电流（CT 电流）	E4	压缩机过热故障
12	E2 故障	E5	CT 电流异常
13	高压压力异常	E6	外环温传感器异常
15	EEPROM 异常	E7	外盘管传感器异常
		EA	外回气传感器异常
		EC	异模式运转
		ED	外排气传感器异常
		EE	室内 EEPROM 异常

13.8.14 海尔KR-G系列空调器故障代码含义

见表13-15。

表 13-15 海尔 KR-G 系列空调器故障代码含义

故障代码灯闪烁次数	故障代码灯含义	故障代码灯闪烁次数	故障代码灯含义
定时灯闪1次	室内机管温度传感器异常	运转灯闪1次	管温热敏电阻异常
定时灯闪2次	室内机气管温度传感器异常	运转灯闪2次	回风热敏电阻异常
定时灯闪3次	室内机环境温度传感器异常	运转灯闪3次	回汽热敏电阻异常
定时灯闪4次	室内外相通信异常	运转灯闪4次	排汽热敏电阻异常
定时灯闪5次	室内机与电子膨胀阀驱动板通信异常	运转灯闪5次	蒸发热敏电阻异常
定时灯闪6次	室内机846芯片与808芯片通信异常	运转灯闪6次	交流以过电流
定时灯闪7次	液管温度传感器故障	运转灯闪7次	DC电压不足报警
定时灯闪8次	电子膨胀阀强电板上12V电源异常	运转灯闪8次	电流互感器CT断线
定时灯闪9次	室内机通信线极性判断异常	运转灯闪9次	DC电流保护（ARM）
定时灯闪10次	室内机故障	运转灯闪10次	室外机E2异常
定时灯闪11次	浮子开关失灵	运转灯闪11次	排气温度过高保护
定时灯闪12次	室内机管温过高保护	运转灯闪12次	室内机配线故障
		运转灯闪13次	室内机配线故障
		运转灯闪14次	AB板间通信异常或A808通信异常

13.8.15 海尔 KF(Rd)-52LW/JXF、KF(Rd)-62LW/JXF、KF(Rd)-71LW/JXF、KF(Rd)62LW/F、KF(Rd)71LW/F、KF(Rd)-120LW/F、KF(Rd)-71LW/SF 空调器故障代码含义

见表13-16。

表 13-16 海尔 KF(Rd)-52LW/JXF、KF(Rd)-62LW/JXF、KF(Rd)-71LW/JXF、KF(Rd)62LW/F、KF(Rd)71LW/F、KF(Rd)-120LW/F、KF(Rd)-71LW/SF 空调器故障代码含义

序号	故障代码	故障原因
1	E1	室温传感器故障
2	E2	室内盘管传感器故障
3	E3	室外环境传感器故障
4	E4	室外盘管传感器故障
5	E5	过电流保护
6	E6	管路压力保护
7	E7	室外低电压保护
8	E8	面板与主板通信故障
9	E9	室内外通信故障

注：KF(Rd)-52LW/JXF、KF-62W/F、KF-62LW/JXF、KF-71LW/F、KF-71LW/SF、KF-71LW/JXF 不具有 E3、E4、E5、E6、E9 的故障显示。

13.8.16　三菱重工海尔柜式空调器故障代码含义

见表 13-17。

表 13-17　三菱重工海尔柜式空调器故障代码含义

故障现象		故障原因	检查部位
检测灯（黄色）（无线机）	面板显示（有线机）		
	E1	面板与室内主板通信故障	面板、内板、面板与内板连线、噪声干扰
闪 1	E6	室内热传感器故障	传感器阻值、内板传感器电路
闪 2	E7	室内热交传感器故障	传感器阻值、内板传感器电路
闪 4	E9、E40	室外机异常	电压是否偏低、管路压力是否过高、高压开是否动作
闪 5	E57	制冷剂不足	检测管路压力
闪 6	E8	室外机过负荷保护	安装管、填充制冷剂过多、造成短路循环
	E28	控制面板上 SW13-6 设备错误	将 SW13-6 设置为 OFF

第14章

大金系列变频空调器电控板的维修

14.1 电控板故障分析与维修

（1）机型：大金 E-MAX7 系列 FTXR150RC-W 型空调器

【故障】开机 3h 时不制冷

① 分析与检测　现场检查制冷系统脏堵。

② 维修方法　用气焊取下过滤器后，用高压氮气清除污物，严重时，可以更换该部件。

③ 经验与体会　脏堵，制冷系统中压缩机产生的机械磨损造成的金属粉末，管道内的一些焊渣微粒，系统部件内部和制冷剂所含的一些杂物以及冷冻油内的污物，安装或维修时制冷系统排空不良进入空气等因素，形成的氧化污物对过滤器产生堵塞，使制冷剂受阻，影响正常的制冷制热效果。

（2）机型：大金 E-MAX7 系列 FTXR150RC-N 型空调器

【故障】内外机运转但几乎不制冷

① 分析与检测　开机内外机均运转，判断电气控制部分基本正常。刚开机运转时，低压压力为 0.5MPa，但在运转中低压压力越来越低，分析判断系统中有堵塞现象。放掉制冷剂，卸掉连接管，测试压缩机排气正常，怀疑内机有堵塞。

② 维修方法　反向冲洗连接管及蒸发器有杂质排出，反复冲洗内外机后，抽真空、加制冷剂、开机制冷正常。

③ 经验与体会　在空调安装时，一定要注意管道连接口处的密封，防止水、空气、脏物混入制冷系统，引起不必要的空调故障。此系列机型技术参数见表 14-1。

（3）机型：大金 CTX25GVL 型空调器

【故障】室外压缩机不运转

① 分析与检测　卸下室外机外壳，检查电控板各插件牢固，开机状态下，将万用表转换开关旋到直流电压挡。测量控制板与功率模块间的反馈信号线。经检测功率模块故障。

表 14-1　E-MAX7 系列机型技术参数

E-MAX7 系列挂壁机		
匹数		2HP
能效等级		1 级能效
型号	室内机	FTXR150RC-W FTXR150RC-N
	室外机	RXR150RC
	遥控器	ARC480A2
适用面积（制冷/制热）	m²	20～30/16～30
APF（全年能源消耗率）	W·h/(W·h)	4.05
尺寸（H×W×D）	室内机	295×990×266
	室外机	mm	595×795×300 （含凸起处：595×881×328）
质量（室内机/室外机）	kg	16/40

② 维修方法　更换相同型号的功率模块，通电试机室外压缩机不运转、故障排除。

③ 经验与体会　更换功率模块时，切不可将新模块接近有电磁波或用带静电的物体接触模块，特别是信号端的插口，否则极易引起功率模块内部击穿，导致无法使用，希望引起维修人员的注意。

（4）机型：大金 FTXW226SC-W 型空调器

【故障】制冷时内机结冰

① 分析与检测　分析应为内机通风不良，导致冷气不能随时排出而结冰。拆下内机过滤网，果然很脏，清洗后试机 2h 再无结冰现象，以为故障解决了，谁知 1 天后又出现了结冰现象，干脆把过滤网去掉，但仍然结冰。测压力 0.55MPa，略高于正常值，最后检查室内贯流风机发现电阻值参数改变。

② 维修方法　更换室内贯流风机后，此故障排除。

③ 经验与体会　室内贯流风机拆卸技巧见图 14-1。

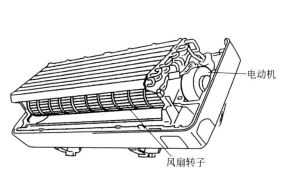

电动机

风扇转子

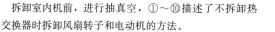

拆卸室内机前，进行抽真空，①～⑩描述了不拆卸热交换器时拆卸风扇转子和电动机的方法。

① 拆下机器左侧的热交换器固定件

图 14-1

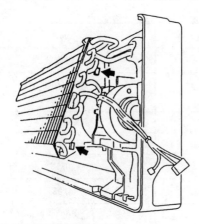

② 松开机器右侧的两个卡子

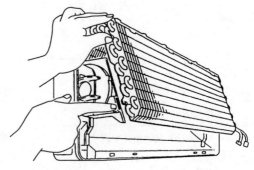

③ 松开位于机器左下部的卡子，提起热交换器

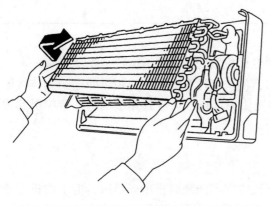

④ 提起热交换器的左侧，向右滑动。然后松开主机右侧的卡子，移开热交换器（室内机后面配有管子固定架）

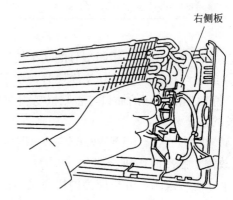

⑤ 拆下右侧板安装螺钉

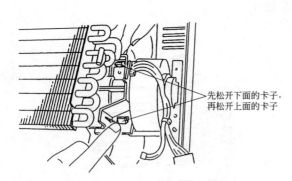

先松开下面的卡子，再松开上面的卡子

⑥ 右侧板用两个卡子固定。先松开下面的卡子，再松开上面卡子

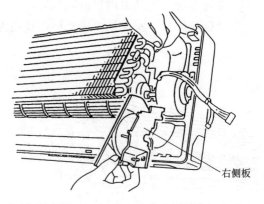

右侧板

⑦ 拆下右侧板

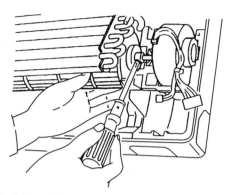

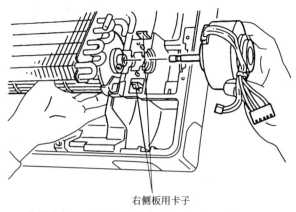

右侧板用卡子

⑧ 如果只要拆下电动机，松开风扇转子螺钉，拆下电动机

⑨ 取出电动机（重新安装电动机时，小心别损坏热交换器的交叉翅片）

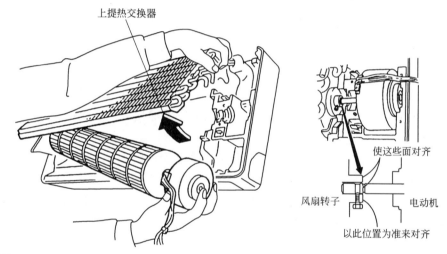

上提热交换器

使这些面对齐

风扇转子　　电动机

以此位置为准来对齐

⑩ 要同时拆下风扇转子和电动机时，向上提起热交换器以留出足够的空间便于拆卸转子

图 14-1　室内贯流风机拆卸技巧

（5）机型：大金 E-MAX 7 Plus 系列 FTXW226SC-W 型空调器

【故障】空调器移机后，室内机隐藏漏水

① 分析与检测　空调器移机后室内机试水时见排水正常，但维修人员走后不久，用户又打电话说空调开始漏水，如此反复打电话。

在现场仔细检查空调器，见排水系统、制冷系统和通风系统均工作正常。卸开室内机也未发现任何故障。后来在开机半个小时后发现室内机底盘上有雾状水珠附着。误认为这是空气中的水分遇到较冷的塑料底盘时凝成的水珠，应属正常现象。仔细观察接水盘有一个小裂纹，是无证移机人员摔得。

② 维修方法　找到了原因，用手指在底盘上薄薄地涂上一层黄油，水分便不容易在上面凝成水珠，此故障排除。

③ 经验与体会　解决这种故障临时办法：妙用涂抹黄油的方法，既简单而又可靠。闲时再更换接水盘。

此系列机型技术参数见表 14-2。

表 14-2　E-MAX 7 Plus 系列挂壁机技术参数

E-MAX 7 Plus 系列挂壁机			
匹数		大 1HP	大 1.5HP
能效等级		2 级能效	2 级能效
型号	室内机	FTXW226SC-W FTXW226SC-N	FTXW236SC-W FTXW236SC-N
	室外机	RXW226SC	RXW236SC
	遥控器	ARC480A27	
适用面积（制冷/制热）	m²	10～17/8～15	14～21/10～19
APF（全年能源消耗率）	W·h/(W·h)	4.49	4.22
尺寸（H×W×D）	室内机	286×926×225	
	室外机（mm）	550×675×324 （含凸起处：550×740×337）	
质量（室内机/室外机）	kg	11/24	12/27

（6）机型：大金 E-MAX 7 系列 FTXR226SC-W 型空调器

【故障】制冷时，室内机噪声异常

① 分析与检测　在现场观察，试机前 3min 和送风模式下没有异常声音，当压缩机启动后室内蒸发器出现异常的制冷剂气流声。检查室内蒸发器输出管，两个低压管的四分之三处变扁。

② 维修方法　更换连接管，制冷剂流动畅通即异常噪声消除。

③ 经验与体会　出现制冷流动声，可确定制冷剂流通不畅，连接管严重弯扁。管道一定要采用原来公司提供的装配管，在弯曲时也要注意均匀用力，逐段弯曲，避免出现硬弯。

（7）机型：大金 E-MAX 7 系列 ATXR226SC-W 壁挂式空调器

【故障 1】制冷量逐渐减弱

① 分析与检测　通电试机，30min 后无冷风吹出，测量电源电压，良好三相平衡；用压力表测量制冷系统，压力为 0.28MPa，说明制冷系统亏制冷剂。

② 维修方法　补加制冷剂到 0.5MPa，故障排除。

③ 经验与体会　制冷系统亏制冷剂，说明系统有漏点，检漏时，先从连接处查起，接头有油迹，说明有漏点。

【故障 2】制冷剂充注过量导致压缩机启动即停车

① 分析与检测　室内安装在五楼，而室外机安装在九楼房顶，制冷连接管道加装有延长管，使用不到 12 个月便出现不制冷。检查制机刚一启动就停车。将复合式压力表连接在系统中，观察发现高压过高，高压过高是由制冷剂充入过多，系统内进入空气等原因造成的。

进一步检查又发现压缩机上有浮霜，综合两种现象判定是制冷剂充注过量所致，进一步了解在安装时曾补充过制冷剂（因有延长管），但未按标准量充注（充注量过多）。

② 维修方法　放出多余的制冷剂后，制冷系统运转正常。

③ 经验与体会　在此提醒维修人员在维修时不要动不动就加制冷剂，切不可盲目维修造成不必要的事故。

此系列机型技术参数见表 14-3。

表 14-3　E-MAX 7 系列挂壁机技术参数

E-MAX 7 系列挂壁机					
匹数		大 1HP	大 1.5HP	大 1HP	大 1.5HP
能效等级		2 级能效	2 级能效	2 级能效	2 级能效
型号	室内机	ATXR226SC-W ATXR226SC-N	ATXR236SC-W ATXR236SC-N	FTXR226SC-W FTXR226SC-N	FTXR236SC-W FTXR236SC-N
	室外机	AXR226SC	AXR236SC	RXR226SC	RXR236SC
	遥控器	ARC480A2			
适用面积（制冷/制热）	m²	10～16/8～15	14～21.5/11～20	10～16/8～15	14～21.5/11～20
APF（全年能源消耗率）	W·h /(W·h)	4.49	4.22	4.49	4.22
尺寸 (H×W×D)	室内机	mm	287×795×227		
	室外机		550×675×324 （含凸起处：550×740×337）		
质量（室内机/室外机）	kg	10/24	10/27	10/24	10/27

（8）机型：大金 E-MAX 7 系列 FTXR272PC-N 型空调器

【故障 1】通电后频繁开机

① 分析与检测　在现场仔细判断压缩机电流，回气压力和电压都符合要求，而且同楼内有相同型号的空调器，也能正常运行，所以排除电源供电故障。检查室内机蒸发器管温传感器上的封胶，发现有裂口，感温传感器阻值改变，导致压缩机在工作一段时间后停机，无任何故障代码显示，这种软故障不易判断故障点。

② 维修方法　更换管温传感器，试机故障排除。

③ 经验与体会　空调在模式运行前必须对室温、蒸发器管温和冷凝器管温有关参数进行比较，然后反馈给微处理器。如符合开机条件，则启动压缩机工作，如蒸发感温传感器有开路或短路等现象，那么整机将无法正常工作。对别人动手维修过的机组，首先要对整个机组进行全面检查，特别是供电线路，然后再判断空调器的故障，这一点对初学维修的学员有很大的好处。

【故障 2】开机 30min 后压缩机突然停机

① 分析与检测　根据故障灯报警显示内容，确定为压缩机排气管温度过高。卸下室外机外壳，测量压缩机绝缘电阻良好，判断冷凝器已被灰尘煳住。

② 维修方法　用空气吹洗。

③ 经验与体会　在用空气吹洗时，建议压力设定在 0.2MPa，以免把翅片吹倒。

【故障 3】制冷状态下吹热风

① 分析与检测　产生此种故障的原因有三点：一是室内机输出错误的控制信号，二是室外机的控制板出现混乱，三是四通换向阀的阀体损坏。仔细观察该机组在安装时，曾加长过连接管和连接线，怀疑连接线接头处有故障，找到接头处一看，果然是由于接头未处理好，导致接头处绝缘值下降，输送给室外机的信号发出错乱，造成室外机处于制热工作模式。

② 维修方法　做好绝缘防水措施，试机，空调制冷正常；经重新抽真空、干燥、加注制冷剂后，试机正常。

③ 经验与体会　空调不制冷，一般都是因"缺制冷剂"所致。或者是由于安装人员在安装时，操作不规范，系统内进入潮湿的空气，从而导致压缩机频繁停机。

（9）机型：大金 CTK30FVALT，壁挂式空调器

【故障 1】 连续修理多次，制冷效果仍不好

① 分析与检测　检查空调室外机，周围热源太多，接上压力表，测得平衡压力为 1.8MPa；开机后压缩机启动，运转压力为 0.68MPa，证明压力值仍然比正常压力高出许多。

采用慢慢排气（制冷剂）减压的方法，运转压力减到 0.5MPa 时，不敢再往下减了。压力是随温度变化而改变的。由于周围环境太热，另外不知道压力表是否好坏，因此只能待第二天早晨换用另一块压力表测试，且这时环境温度太热了，故测运转压力比较准确，测得的压力仍然为 0.5MPa。

② 维修方法　采用继续排气的方法使运转压力下降为 0.45MPa，制冷量达到了指标，制冷效果也很好。询问用户得知，前两次维修时维修人员都有是给充制冷剂，故造成制冷管道内的压力过高。

③ 经验与体会　提醒维修人员注意，空调器不制令或制冷效果差并不一定是由于缺制冷剂造成的。一定要根据故障现象，找出根源，彻底排除故障。

【故障 2】 室内机不运转

① 分析与检测　用遥控器开机后，室内机不运转，室外压缩机运转，卸下室内机外壳，测室内风机线圈阻值良好，测风机电容容量改变。

② 维修方法　更换同型号电容器，通电试机，室内风机恢复运转。

③ 经验与体会　电容器一般用在风机电路中，它的故障一般有 a. 击穿；b. 无容量；c. 漏电。检查时可用万用表"$R \times 1000$"挡进行，测量前应将电容器断开电源，并用螺钉旋具的金属部分或其他金属体，将电容器两接线端短路放电，然后将表分别接电容两端。电容器容量较好时，指针会偏转一个角度，然后慢慢回到原处（零位）量的大小由电容容量的大小而定。如自己判断经验不足，也可用一只完全相同的容量的电容作比较；若表针不动，则说明该电容器无容量，内部断路，如指针阻值接近零，则为电容器已击穿，指针有偏转，但不通回到零位，则说明该电容器漏电。

【故障 3】 安装 3 天后便不制冷

① 分析与检测　通电检查，室内风机运转，室外压缩机运转，但室内风机无冷气吹出，测量空调器的运转电流比正常值偏低，用耳听不到制冷剂在管道内流动的声响，用压力表测系统压力为 0.2MPa，制冷剂泄漏。

② 维修方法　加制冷剂 0.5MPa，用洗涤灵检漏。结果发现是室内机的低压气体管锁母未旋紧，用手可旋出，此种情况纯属安装不符合要求。须引起安装维修人员注意。

③ 经验与体会　空调器安装完后，必须对室内机的两个连接处，室外两个连接处进行检漏。

(10) 机型：大金 CTK45FVEN 壁挂式空调器

【故障】 室外风机运转而压缩机不运转，故障代码灯闪亮

① 分析与检测　根据故障现象分析，怀疑是接插件有松脱，卸下室内机外壳，果然是通往室外压缩机的接插件已脱落。

② 维修方法　把接插件重新插牢后，通电试机，故障排除，恢复制冷。

③ 经验与体会　新安装的空调器室外压缩机不启动，一是室外控制线接错，二是接插件脱落，三是压缩机机件长期处在一个状态下，瞬间卡住。可采用木锤敲击压缩机外壳的强起法，排除故障。

(11) 机型：大金 FXYF40KBMVL 四方嵌入式空调器

【故障】 通电后频繁开机

① 分析与检测　在现场仔细检测压缩机电流，回气压力和电压都符合要求，而且同楼内有相同型号的空调器，也能正常运行，所以排除电源供电故障。检查室内机蒸发器管温传感

器上的封胶，发现有裂口，感温传感器阻值改变，导致压缩机在工作一段时间后停机，无任何故障代码显示，这种软故障不易判断故障点。

② 维修方法　更换管温传感器，试机故障排除。

③ 经验与体会　空调在模式运行前必须对室温、蒸发器管温和冷凝器管温有关参数进行比较，然后反馈给电控板。如符合开机条件，则启动压缩机工作，如蒸发器感温传感器有开路或短路等现象，那么整机将无法正常工作。

（12）机型：大金 E-MAX a 一级能效 FKXW172TC-W 悬角式空调器

【故障1】制冷效果不好

① 分析与检测　检测电源电压为215V，开机制冷开始一切正常，过了大约30min以后，外机停止工作，打开外机壳，发现压缩机外壳很烫手，分析是工作电流太大使压缩机过热保护，冷却压缩机后，对电流和电压进行监控，开机启动，电压和电流很正常，约20min后，电流开始加大，电压开始降低，不到2min后压缩机停机保护，怀疑用户电源有故障，查其上线为 $2.5mm^2$ 的铜线。

② 维修方法　用征求用户同意的前提下，更换了外电源，试机后一切正常。

③ 经验与体会　维修人员在检修空调器故障时，先检测用户电源是否有故障，尽可能让用户满意，仔细分析故障的症结所在，找出解决的方法。

【故障2】制冷正常，制热但效果差，而且工作一会跳闸。

① 分析与检测　首先为了分清故障在内机还在外机，先将压缩机、外风机、四通阀分别接上220V电动机，正常，由此证明外机没故障，而联机线也没故障，因为不制冷，然后室内风机不正常。

② 维修方法　更换室内风机后，故障排除。

③ 经验与体会　掌握了空调元器件好坏的测量方法，也能很快找到故障元器件。

此系列机型技术参数见表14-4。

表 14-4　E-MAX a 一级能效系列机型技术参数

E-MAX a 一级能效			
能效等级		1级能效	
匹数		2HP	3HP
型号	室内机	FKXW150TC-W	FKXW172TC-W
	室外机	RXW150TC	RXW172TC
	遥控器	ARC466A50	ARC466A50
适用面积（制冷/制热）		20～35/17～30	28～42/23～41
APF（全年能源消耗效率）	W·h/(W·h)	4.36	3.82
尺寸（$H \times W \times D$）	室内机　mm	1225×464×358	1225×464×358
	室外机　mm	595×795×300	735×870×368
质量（室内机/室外机）	kg	35/43	35/60

【故障3】移机后不制冷

① 分析与检测　现场询问用户马路维修工刚过移机，经检测电子膨胀阀在移机过程中损坏。

② 维修方法　更换电子膨胀阀后，试机恢复制冷。

③ 经验与体会　电子膨胀阀拆卸技巧见表14-5。

表 14-5　电子膨胀阀拆卸技巧

⚠️ 警告　拆卸工作前必须切断所有电源。

工序	步骤	备注
■　在执行本步骤前应确保冷媒管中无残留的冷媒气体 ■　剪断线束夹具	✿ (M1186)	重新装配时的注意事项 　1. 请使用非氧化钎焊方法。如果没有氮气，则请对部件进行快速钎焊 　2. 请用湿布包住电动阀并在布上洒水以防电动阀变得过烫（应保持在120℃以下） 　■　当用钳子拉管子时，应注意不要钳得过紧，否则管子将会变形。 　如果使用气焊机无法卸下电动阀，则请执行下述步骤： 　1. 断开钎焊管部分，该处既便于分离也便于此后重新连接 　2. 用一台小型铜管切割机切断内部管子以便取出电动阀 　注： 　切勿使用弓锯，否则锯屑会落入管中
1. 拆卸电动阀线圈 拉出三个电动阀线圈 ■　重新安装电动阀线圈时应注意其方向：应使其线束连接位于水平接过来的管子处	电动阀线圈	
2. 断开外围部件		
(1)　断开引线	HPS	
(2)　为了保护四通阀，应将其拆离原位 (3)　去除两个部位的止回阀油灰	止回阀油灰 四通阀线圈 (M1189)	⚠️ 警告 　如果作业期间冷媒气体发生泄漏，则应给居室通风（记应住冷媒气体遇到明火时会产生有毒气体） ⚠️ 注意 　请当心不要被因气焊而发烫的电动阀、管道以及其他部件烧伤 ⚠️ 注意 　当心不要让气焊枪的火焰影响电动阀周围的部件。请将焊接保护板或铁板放在周围
(4)　断开地线	✿ 地线	

工序	步骤	备注
(5)	断开电动阀的钎焊部分	
	■ 更换电动阀时，应连同滤网一起更换 ■ 滤网位于管子的钎焊部分	

【故障 4】 使用 5 个月后出风量小，制冷效果差

① 分析与检测　用户购机 3 个多月，即发现风速高、中、低变化不明显，风量很小。维修人员上门换过电路板、电机，同时用水清洗过蒸发器，但仍无明显效果，后拆开面板，用手摸蒸发器外面，发现蒸发背面有很多像糨糊一样的东西粘在蒸发器上，导致出风量小。

② 维修方法　维修人员用清洁剂彻底清洗后上电试机，制冷效果正常，恢复制冷。

③ 经验与体会　在公共场所（如饭店、医院）若空调制冷效果差，出风量小，要考虑其使用环境，排除外界因素后再考虑空调器本身故障。这样可做到事半功倍。此机型外观结构见图 14-2。

（13）机型：大金 E-MAX a 一级能效 FKXW350TC-W 悬角式空调器

【故障】 制冷时，室内机噪声异常

① 分析与检测　在现场观察，试机前 3min 和送风模式下没有异常声音，当压缩机启动后室内蒸发器出现异常的制冷剂气流声。检查室内蒸发器输出管和冷凝器铜管，两个低压管的四分之三处变扁。

② 维修方法　更换连接管，制冷剂流动畅通即异常噪声消除。

③ 经验与体会　出现制冷流动声，可确定制冷剂流通

图 14-2　大金 E-MAX a 一级能效 FKXW172TC-W 悬角式 空调器外形结构

不畅，连接管严重弯扁。管道一定要采用原来公司提供的装配管，在弯曲时也要注意均匀用力，逐段弯曲，避免出现硬弯。

（14）机型：大金 E-MAX a 一级能效系列 FKXW350TC-W 变频悬角式空调器

【故障1】 不制冷，故障代码灯闪烁

① 分析与检测　用遥控器开机。设定制冷状态，室内、外机均运转；用压力表试压力，压力表显示负压，气体加到 0.44MPa 后压缩机噪声加大，室内机无冷气吹出；卸室内机外壳，用手摸蒸发器不凉；剥开室内机管路保温套，发出低压液体管现凹瘪；把凹瘪截流处用割刀去掉，采用外套管对接的方法用银焊焊好后，重新打压、检漏、抽真空、加制冷剂，用遥控器开机，但空调器继续出现上述症状，说明管路中还有两次截流处，继续剥开室外管路保温套，发现室外管路低压气体管处也凹瘪。

② 维修方法　把室外管路修整焊接后用遥控器开机，空调器恢复制冷。

③ 经验与体会　管路凹瘪泄漏多出现在家庭装修后。有的装修工人知道制冷管路内有制冷剂，随便弯动，由于管路外有保温套，故弯瘪后不容易被发现。管路凹瘪后，制冷剂漏掉，再次开机加制冷刘，制冷系统出现两次截流症状。这一点须引起维修人员注意。

【故障2】 移机后，用遥控器开机，整机无反应

① 分析与检测　检测电源一切正常，用户反映这台空调器移过机，而移机之前都是正常的，用应急开机运转正常，排除电脑板故障；遥控器有发信号，说明遥控器是正常的，故障在接收器上；打开室内机，发现接收器上有水珠。

② 维修方法　用吹风机把接收器上的水珠潮气吹干，开机动转，一切正常。

③ 经验与体会　此故障是安装工在移机过程中，将室内机出水管上剩余的水倒在接收器上，造成接收器受潮，遥控不接收，须引起安装移机人员注意。

【故障3】 室外压缩机运转，室内风机无热风吹出

① 分析与检测　卸下室外机外壳。测四通阀线圈有 200V 交流电压，手摸四通阀滑块外部，感觉卡在制冷通道，采用电压冲击法和敲打法均不奏效。

② 维修方法　更换同型号的四通阀。在更换四通阀时，首先放出制冷系统内的制冷剂，并焊下损坏的四通阀，然后将新四通阀装上。采取降温措施，先焊四通阀上口，再焊四通阀中间管口，然后焊左右管口，焊接阀接口时，应避免烧焊时间过长，最后试压、抽空、加制冷剂恢复制热。

此机型技术参数见表 14-6。

表 14-6　E-MAX a 一级能效技术参数

E-MAX a 一级能效			
能效等级		3级能效	
匹数		2HP	3HP
型号	室内机	FKXW350TC-W	FKXW372TC-W
	室外机	RXW350TC	RXW372TC
	遥控器	ARC466A50	ARC466A50
适用面积（制冷/制热）		20～28/13～24	28～37/21～32
APF（全年能源消耗效率）	W·h/(W·h)	3.49	3.29
尺寸（$H \times W \times D$）	室内机　mm	1225×464×358	1225×464×358
	室外机　mm	550×765×285	595×795×300
质量（室内机/室外机）	kg	35/41	35/43

（15）机型：大金 E-MAX 柜式 B 系列一级能效 FVXB372SC-W 悬角式空调器

【故障 1】 开机运行 30min 无冷气吹出

① 分析与检测　现场通电试机，室内风机，室外压缩机均能运转，但室内机无冷气吹出，用压力表测系统压力为 0.6MPa，判断系统内充注制剂过多，放掉一点制冷剂观察室内机仍无冷气吹出，用手摸排气管不热，吸气不良。从故障现象初步判断是四通阀串气造成的，部分制冷剂进入冷凝管，还有部分冷剂从四通阀回到压缩机。

② 维修方法　更换一个新的四通换向阀，经过打压、检漏、加入制冷剂 0.5MPa 后，空调器制冷效果恢复正常。

③ 经验与体会　更换四通换向阀方法见表 14-7。

表 14-7　更换四通换向阀方法

步骤	备注
★ 拆卸前确保系统中无制冷剂 ① 拆下四通阀线圈	
② 用焊接操作保护罩或铁板盖住四通阀以防止气焊火焰影响阀体 ③ 拆下电磁阀	需防止气焊火焰加热的部件均须用保护罩或铁板盖住
④ 加热并拆下四通阀的钎焊部分 对于 ⓐ 部，加热后，用老虎钳提出管子 对于 ⓑ 部，用微型管子割刀切断管子或在 ⓔ 处断开 对于 ⓒ 和 ⓓ 处，根据 ⓑ 中的步骤拆下管子，或同时加热 2 个连接处来拆开管子	● 用上述步骤较难拆卸时，可先拆容易拆卸的钎焊部分 ● 用微型管子割刀切割，不要使用钢锯以避免产生切割粉末

【故障 2】 通电开机，室内、外内不启动

① 分析与检测　经全面检测，发现室内机微电脑板故障

② 维修方法　更换室内机微电脑板后，试机，故障排除。

③ 经验与体会　空调器中的电控板一般都为低压供电。检修电控板系统故障时，首先应检测变压器的输出电压是否正常，而后开机观察其控制是否按规定程序进行。检测的原则一般是先室内，后室外，先两头，后中央，先风机，后压缩机，检测前应认真听取和询问用户故障产生的原因，并结合随机电路图、控制原理图做出准确的分析，切忌盲目拆卸电控部分，以免把故障扩大。

大金 E-MAX 柜式 B 系列一级能 FVXB372SC-W 变频悬角式空调器见图 14-3。

(16) 机型：大金 E-MAX 柜式 B 系列 FVXB372SC-W 悬角式空调器

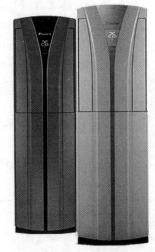

图 14-3　大金 E-MAX 柜式 B 系列一级能效 FVXB372SC-W 变频悬角式空调器

【故障 1】开机后，指示灯忽明忽暗闪烁，压缩机不启动

① 分析与检测　从故障现象分析，该故障的产生应属电源故障。其具体表现是待机状态时，空调器电源指示灯闪烁，亮度正常，但开机后室内风扇转速很低。检查室内主控制板上的继电器不停地吸合，指示灯忽暗；检查电源电压为 220V，采用电源转接插头，在开机时用试电笔测量插座零线，有火线，说明零线接触不好。

② 维修方法　检查配电盘，发现该用户（单位）采用保护接地的接地端子为虚接状态，把电源零线插到其他电源插座的零线上，空调器运行正常。

③ 经验与体会　检查电源时，并不是测量到有火线就不存在电源故障，零线接触不好也同样会影响空调器的正常使用，在检修中需引起高度重视。

此机型技术参数见表 14-8。

表 14-8　E-MAX 柜式 B 系列机型技术参数

E-MAX 柜式 B 系列			
匹数		2HP	3HP
能效等级		3 级能效	3 级能效
型号	室内机	FVXB350SC-W FVXB350SC-N	FVXB372SC-W FVXB372SC-N
	室外机	RXB350SC	RXB372SC
	遥控器	ARC433A95	
适用面积（制冷/制热）	m²	20～30/13～24	29～43/20～36
APF（全年能源消耗率）	W·h/(W·h)	3.49	3.29
尺寸 (H×W×D)	室内机	1800×530×330	
	室外机	mm	550×765×285（含凸起处： 550×840×327）	595×795×320（含凸起处： 595×881×342）
质量（室内机/室外机）	kg	39/41	41/43

【故障 2】开机漏电保护器跳闸

① 分析与检测　经检测压缩机外部电加热器短路。

② 维修方法　更换压缩机外部电加热器后故障排除。

③ 经验与体会　压缩机如果处于长期停止状态，与润滑油亲和性很强的绿色制冷剂就会大量溶入润滑油中，在这种状态下开启压缩机，容易造成压缩机难以启动，甚至损坏压缩机。因此，新型空调在部分机型的压缩机下部加装了加热带，该加热带紧贴在压缩机底部外围安装，其主要作用是从外部加热使压缩机内的液体制冷剂，将其驱赶出来，避免压缩机内润滑油大量外流，使机内润滑油减少，引起轴承因润滑不良而烧坏，避免由于液体制冷剂稀释了润滑油，制冷剂低温状态下，制冷剂液体润滑油双层分离，造成轴承部分供油不足，甚至烧坏轴承，烧坏压缩机。

室外机的曲轴箱加热带在工作时，功率约为 30W。只有在室外环境温度小于 5℃时曲轴箱加热才会启动。而在正常工作时曲轴箱加热器是不工作的。对于三匹大分体机而言，曲轴箱加热的条件是：当室外盘管温度小于 7℃且压缩机关机时，曲轴箱加热开启。当室外盘管温度大于 15℃时或当压缩机开机时，曲轴箱加热关闭。

④ 检测方法

a. 测量电加热器电极引线不通，说明电加热器损坏，需更换。

b. 测量电加热器电极引线与压缩机外壳，如已接通说明电热丝对地短路，这种故障一般表现加热器—加热漏电保护器就跳闸（经常是鼠害造成的）。

【故障 3】室内机运转，室外压缩机不运转，故障灯闪亮

① 分析与检测　检测压缩机线圈阻值，良好，测量室外机接线端子，有电信号输入；经全面检测，发现室内温度传感器电阻值参数改变。

② 维修方法　更换室温传感器后，试机故障被排除。

③ 经验与体会　温度传感元件是环境温度与空调器温控系统的"对话窗口"。它通过对房间内的温度、湿度等参数的检测，通过 CPU 进行程序计算后输出控制指令，驱动压缩机、四通阀、风扇电机等。

空调器发生不制冷的故障时，首先要把传感器的接插件拔下，检查传感器有无机械损伤、断裂、脱胶，再把万用表拨到"$R \times 1k$"挡，拔下传感器插件，通过测量电阻值的变化来确定好坏。其判断方法是用手捏传感器探头，万用表指示的阻值变化明显，表针移动灵敏，可判断为完好。若表针移动缓慢，则可能热毛巾对传感探头加温将它激活。

当确认室温传感器损坏或断路时，可更换与原产品相同的传感器，以保证传感器的传感信号的准确性。如要检修时发现传感头脱胶、受潮引起的传感器失灵，则可把传感器放在100W 的灯泡下烘烤 15min 然后再用风扇吹 10min，以将内部潮气排除后，用 C31 型 A、B 按 1∶1 比例配制，密封感温头。

(17) 机型：大金 FXYF25KBMVL 四方嵌入式空调器

【故障】制冷 1h 后停机

① 分析与检测　现场通电试机，设定制冷状态，室内风机和室外压缩机运转良好，观察20min 后，室内风机和室外压缩机全停，控制屏幕显示"H3"。打开触摸开关磁力外板，测量室内机控制板上的"H3"与室内控制板无关。打开室外机外壳，测量高压开关已断开，冷凝器已经被泥土污物堵住。

② 维修方法　用压缩空气吹掉冷凝器上的污物后，通电试机，室内机屏幕显示"H3"消失，制冷恢复。

③ 经验与体会　高压开关的作用是监测制冷设备系统中的冷凝高压，它安装在压缩机的

空调器开机：室内机吹出难闻异味，将柠檬清香剂喷洒在蒸发器上，然后开抽湿功能30min，再开机即可排除异味。
注意：喷柠檬清香剂时，一定要断开空调器电源

图14-4　用柠檬清香剂喷在蒸发器上方法

排气口管路上，当压力高于额定值时，压力控制器可自动断开电源，起到保护作用。

（18）机型：大金 FXYF40KBMVL 四方嵌入式空调器

【故障】开机空调器室内机有难闻气味吹出

① 分析与检测　上门检测当时的室外环境温度为 35℃，使用单位设定温度为 21℃，压力和电流检测正常，蒸发器结露情况良好，出风口温度也正常，蒸发器也不脏，就是吹出的有一股难闻气味。经全面检查分析，有可能使用单位 CT 室放射性物质沾浮在蒸发器上。

② 维修方法　中午利用医务人员休息期间，用柠檬清香剂喷在蒸发器上，然后开空调器抽湿功能，30min 后开机异味故障排除，医务人员点赞。

③ 经验与体会　在维修时应该仔细观察，找出潜在的故障，而且在维修时，要逐一排除分析与检查，知道查出故障的根源，并排除故障，只有这样才算一个合格的维修技工。

用柠檬清香剂喷在蒸发器上方法见图 14-4。

14.2　电控板控制电路故障诊断及排除

大金变频空调器技术含量高，空调器电路的修理是一种技术极强的工作，要求维修人员要具有丰富的电路知识而且还必须掌握正确的修理方法，才能迅速排除故障。动手维修之前，首先掌握各电子电路和工作原理，从总体上理解电路中各大区域的作用及其工作原理，然后尽可能做到掌握电路每一个元件的作用。只有这样，才能在看到故障现象之后迅速地把问题集中某一个区域中，再参照厂家提供的电路图或者实物细致分析，做到电心中有数，有的放矢。只有对变频电路中各部分的工作状态、输入输出信号形式等都能详尽地掌握，才能顺藤摸瓜，由表及里，迅速缩小故障范围，再结合显示的故障代码及电路实际状态的测量，最终判断出故障部位，进而排除故障。

14.2.1　不开机

（1）故障技能诊断规律　遥控器和手动开机，变频空调无任何反应，是室内机电源电路故障（220V 无电源、变压器有输入无输出、三端稳压故障），室内机 CPU 或复位、时钟振荡电路故障。如果空调有任何显示或有任何动作，即表示以上电路基本正常；室外机无任何反应，如室内机工作正常或开机立即（或隔一会儿）通信异常保护，说明室外机的主（副）电源电路无输出电压。可判定室外机 CPU 或复位、时钟振荡电路故障。

（2）维修技能诊断经验

① 检测供给 CPU 的 +5V 电源必须是在 4.6～5V，否则 CPU 会此出现停机。

② 复位端电压应为 4.95V，如果不正常，常是该脚外接电容漏电。若复位电路无法修复，更换电路板。

③ 时钟振荡脚电压（osc1 正常为 0.8V；osc2 正常为 2.4V）低或为零，常是外界晶振或两个振荡电容不良造成的。

④ 室外机电源继电器吸合的一瞬间引起市电跳闸，说明室外机主电源电路有短路。

⑤ 室外机开关电源故障率较高，若开关管击穿，特别要注意反馈电容、稳压管是否不良，最好同时更换，这是笔者多年的经验。

14.2.2　强制性保护故障

（1）故障技能诊断规律　一次或连续几次停机保护后，不再开机，有保护内容显示。

（2）维修技能诊断经验

① 如出现过电流保护，停机保护前，压缩机能运转 3min 以上，故障点可能是室外机空气循环不良、制冷剂过多、电源电压过低造成的。若压缩机刚一启动，就立即停机保护，则故障点可能是压缩机吸排气不良、DC 主电源电压过低。若室外机功率继电器吸合的瞬间，压缩机未运转就停机保护，故障点可能是压缩机线圈短路、断路、开路，主电源电路出现短路等故障。

② 保护内容是功率模块（电流、温度）异常的，故障点可能是功率模块不良、CPU 输出的变频信号异常、压缩机线圈阻值参数改变等故障。

功率模块好坏的简易的判断方法是：切断变频空调器电源，先把主电源滤波器电容放电，再拔下功率模块上的所有连线。用万用表测 U、V、W 任意两端间电阻应为无穷大，且 P 或 N 端对 U、V、W 端均符合二极管正、反向特性。

③ 保护内容是压缩机高温异常的，故障点可能是制冷剂低于 0.3MPa、管路系统堵塞、室外机空气循环不良。判断方法是：将空调设置于试运转既定频状态下，若测运转电流、低压压力、排气压力均偏低，故障原因是制冷剂过少；若测运转电流、低压压力、排气压力均偏高，平衡压力正常，是室外机冷凝器翅片堵塞，造成空气循环不良。

④ 保护内容是通信异常的，故障点可能是室外机主电源电路无 DC280V 输出、室外机开关电源无 DC5V 输出。

14.2.3　约束性保护故障

① 故障技能诊断规律：压缩机运行频率缓慢上升，然后按比例降频运转直至停机，当工况条件（温度、电压、电流）恢复正常后，只能自动开启，一般不显示保护内容。

② 故障技能诊断特征：空调器工作一段时间后，运转电流逐渐下降再停机，制冷效果差。

③ 故障技能诊断特点：从开机到保护停机时间一般超过 30min 以上。若在 30min 内连续出现几次约束性保护停机，则会转为强制性保护停机。

④ 故障技能诊断原因：制冷管路系统不良（多数是制冷剂轻微泄漏）、空气循环不良（热交换器表面翅片脏堵）、电源供给不正常（不在正常范围 187～240V）。

14.2.4　CPU 输出控制电路故障

① 故障技能诊断规律：电源、运转指示灯亮，有相应的状态显示，但相应的负载不工作或显示相应的与负载有关的保护内容。

② 控制技能诊断规律

a. 控制执行元件为 NPN 型三极管的，当 CPU 控制端输出至三极管 b 极为 0.6V 以上的高电平时，三极管 c、e 极导通，负载与地构成回路，有电源通过；反之，CPU 控制端输出至三极管 b 极为 0.2V 以下的低电平时，三极管截止，负载不工作。

b. 控制执行元件为光电耦合器可控硅的电路中，当 CPU 控制端输出是低电平时，光电耦合器或光耦可控硅输入端发光二极管导通电压为 0.7～1V，输出端闭合，负载得电；反之不导通。

c. 控制执行元件为集成反相器的电路中，当 CPU 控制端输出 5v 高电平时，反相器对应的支路的输出端便为低电平，对地之间处于导通状态，负载与地构成闭合回路，负载得电工作；反之，CPU 输出为低电平，反相器输出为高电平，反相器与地之间处于截止状态。

d. 控制执行元件为继电器或交流接触器，当其线圈有额定电流通过时，其常开点动作闭合；反之，不动作。

③ 维修技能诊断经验：故障率较高的是三极管、光耦可控硅击穿，继电器或接触器触点烧坏引起接触不良等故障。

14.2.5　微电控板维修

有些变频空调器微电脑板故障是由于电路中接触不良引起的，表现就是故障时有时无，有的故障则是在空调器工作一段时间后元器件发热才出现的。检修时，我们要设法使故障出现。接触不良的故障检修办法是用镊子夹住有怀疑的元件，然后轻轻晃动，观察故障的变化情况。如晃动某个元件时故障反应很强烈，就可以认为是本元件或周围接触不良。对热稳定性不良故障则对怀疑元件用吹风机或电烙加热，加快故障出现时间，然后用镊子夹住用 95% 酒精棉球给元件降温，看哪一个元件温度变化时故障影响最大。

14.2.6　电控板控制电路故障检测

检测变频空调器电控板控制电路目的是尽快排除变频空调器故障，决不允许扩大故障。在检测时，若不谨慎从事，很可能使小毛病变成大毛病，或使简单故障复杂化。所以在检测过程中应注意以下事项：

① 开始检测之前，必须阅读该变频空调器维修手册中"产品安全性能注意事项"等内容。

② 检测时应先检查：变频空调器的电源插头是否正确地插在符合要求的电源插座里，控制信号线是否正确连接好，保险熔丝管安培数是否符合要求，元件接插件是否接触良好，有无相碰、断线和烧焦的痕迹。

③ 在发现变频空调器保险熔丝管熔断时，未经查明原因，不急于换上保险熔丝管通电（特别不能用比原来规格大的保险熔丝管或铜丝替代）；否则，可能会使尚未损坏的元件烧坏。如果不通电无法发现故障，可用规格相同的保险熔丝管换上去再试一下，此刻要掌握时机，观察故障现象。最好先切断稳压电源的负载，然后检查稳压电源。

④ 在三端稳压电源失控、输出电压过高而又没有采取措施的情况下，不要长时间通电检查变频空调器电控板控制电路，更不能将这种过高的电压加到供电电路上，否则许多元件会因耐压不够而损坏。此时应断开负载电路，迅速检查电源电路。

⑤ 在检测中要特别小心，测试棒或测试线夹不能将电路短路，否则会引起新的故障。

⑥ 在通电检查时，如发现变频空调器冒烟、打火、焦煳味、异常过热等现象，应立即关空调器检查。

⑦ 检测变频空调器电控板控制电路时，不可盲目调试变频空调器电控板控制电路可调元件，否则，会使那些本来无故障的部分工作失常。

⑧ 同时存在几个故障时，应先修电源，再修电源电路、变压电路、整流电路、滤波电路、晶振电路、复位电路等。

⑨ 在检测经过长时期使用的变频空调器电控板控制电路或机内已积满灰尘的变频空调器时，应首先除尘并将所有接插件用酒精清洗一下，这样往往能收到事半功倍甚至有意想不到的效果，故障也会因此而排除。

14.2.7　更换电控板元件注意事项

变频空调器的故障大部分是因某些元件损坏而造成的。检测时，往往需要将某些元件焊上焊下或作更换，此时应将检查无损的元件及时正确地恢复原位，特别是集成电路和晶体管的管脚、电解电容器的正负极性不能搞错。被怀疑的元件需要拆装时，更应细心。有时元件本属完好，而因拆装不慎反被损坏，千万要引起注意。

更换元件时应以相同规格的良好元件替换。更换电路图上注明的重要元件时，应该用制造厂所指定的替换元件。因为这些元件具有许多特殊的安全性能，而这种特殊性能在表面上往往看不出来，手册中也不注明，所以，即使用额定电压或功耗更大的其他元件代用，也不一定能得到这些元件所具有的保护性能。

当电路发生短路性故璋后，凡留有过热痕迹的元件，需要全部更换。

由于变频空调器元件规格繁多，在备件不齐的情况下，要用其他规格的元件代换。一般来说，可用性能指标优于原来的元件，对于电阻、电容元件，还可用规格不同的元件串联或并联来暂时代用；一旦有了相同规格元件时，再更换上。

14.2.8　更换电控板控制集成电路注意事项

① 因变频空调器集成块引线脚间的距离很小，测量时要特别小心，以免测试表外的损坏；焊接时应断开电源，并严防焊点使相邻脚片连在一起而造成短路。

② 检测集成电路时，不能随意提高电压，否则容易损坏。因此，检测电源电路时，不能减小电压，修好电源后一定要检查电源电压是否符合额定值。要谨防仪器和烙铁等漏电而击穿集成电路。

③ 变频空调器电控板控制集成电路损坏后，一定要用同型号的更换。更换集成块时，务必确定正确的插入方向，切不可将管脚插错，也不可将引脚片过度弯折，以免损坏集成电路。更换变频空调器电控板控制集成电路，必须在断开电源之后进行，切不可在通电时插入新的集成电路。

拆装变频空调器电控板控制集成电路时，烙铁外壳不可带电，必要时可用导线将烙铁外壳与变频空调器底盘相连，或使用电池加热的专用烙铁；宜用 20～35W 的小型快速烙铁，烙铁头应锉尖，以减少接触面积；焊接时动作应敏捷、迅速，以免熨坏集成电路、印制板及脱落铜箔等。焊锡也不要过多，以防焊点短接电路。要从底板上取下集成块时，可用合适的注射针头。先将集成块的各脚掏空，然后用拔取器（或用小起子轻轻从两端逐渐撬起来）将它取下；也可用特殊的扁平形烙铁头。对所有的脚同时均匀地加热，来进行拆卸。插入变频空调器电控板控制集成电路之前应将各脚孔中的焊锡去掉，并用针捅孔，使各孔都穿通以后再插入集成电路（不能边焊边插入，以免过热），然后逐脚焊好，这样变频空调器电控板控制集成电路就更换好了。

维修人员在维修变频空调器实践中必须养成良好的安全工作习惯，维修时不要边修边抽烟，以免用户反感，以免烟灰进入电控板控制电路板内。桌上不要放茶杯，以防茶杯倒了使元件潮湿，造成说不清的损失。工具和元件应放在工具盒内，不要乱放在用户桌子上，以便在出现紧急情况或技术疏忽的瞬间，能有效地防止因不慎而引起的变频空调器电控板控制集成电路新故障。

第15章

变频空调器故障代码含义及现场维修技能

15.1 格力变频空调器故障代码含义

15.1.1 格力大众机型故障代码含义

见表 15-1。

表 15-1　格力大众机型空调器故障代码含义

故障显示	故障部位	故障原因	检修措施
E1	压缩机高压保护	①室外机散热不好（如冷凝器太脏，出风口被挡住，电动机自身有故障导致散热不良等）；②高压保护开关自身故障（如断开或损坏）；③电源故障（如电源电压低或三相电源缺相）；④故障反馈电路开路（如信号线断路）；⑤电脑板或强电板损坏；⑥制冷系统有故障（例如循环系统脏堵）；⑦人为因素，如在北方的冬季，有时制热效果差，某些维修工为了效果好，便多加了制冷剂。等到夏季时因系统压力过高出现保护停机	维修人员在检修过程中一定要注意安全，包括维修人员人身安全和被检修变频空调机器安全。有些区域有高电压、大电流，可能影响修理员的人身安全；有些能够发热的工具等对人也有一定的危险
E2	防冻结保护	①管温传感器开路或是阻值异常；②显示板坏了；③室内风机转速慢或电动机损坏；④过滤网太脏；⑤缺少制冷剂；⑥使用环境温度低	
E3	压缩机低压保护	①制冷系统漏制冷剂；②低压保护开关自身损坏；③电脑板或强电板损坏	
E4	压缩机排气温度过高	①排气近温度传感器自身损坏；②制冷系统有故障（如漏制冷剂，回气管堵塞，制热时辅助毛细管堵塞）	
E5	低压保护或过流保护	①电源电压过低，或者启动电容损坏导致压缩机不启动；②强电板损坏	
E6	通信故障	室内机与室外机之间通信异常	

① 适应机型：格力"小金豆系列"、小金宝系列、小金亮系列、小金杰系列、小金格系列、小金富系列：KF-23BW/K（2338）B、KFR-23GW/K（2358）D、KF-26GW/K（2638）B、KFR-26GW/K（2658）D、KFR-32GW/K（3258）B、KF-35GW/K（3538）B等。

② "康怡"系列空调器故障代码含义：KFR-23GW、KFR-25GW、KFR-32GW、KFR-33GW、KFR-36GW、KFR-27GW/DH1（G2721H1-N）、KFR-27GW/H1（G2701H1-N）、KF-27GW/H G2711H1-N）、KFR-32GW/DH1。

③ 格力风侠系列：KF-72GW/A130-N5、KFR-72GW/A130-N5 空调器故障代码含义。

15.1.2 格力"冷静王"、天丽、风云系列空调器故障代码含义

见表15-2。KF-26GW/B-N2、KFR-26GW/B-N2、KF-35GW/B-N3、KFR-26GW/B-N3。

表 15-2　故障显示（一）

故障显示	故障原因	故障显示	故障原因	检修措施
E1	压缩机电流过大，壳体温度过高；排气温度过高	E3	室温传感器故障	检测室内机环境温度传感器电阻值是否短路、断路，插件是否虚接、插座引脚线路板焊点是否开焊、虚焊、周围元件是否不良、感温头是否开胶
		E4	室内机蒸发器管温传感器故障	
E2	室内机蒸发器防冻结保护	E5	室内机与室外机之间通信异常	

15.1.3 "绿系列"小绿湾系列、小绿景系列、小绿园系列、小绿岛系列、睡梦宝系列空调器故障代码含义

见表15-3。

表 15-3　故障显示（二）

故障显示	故障部位	备注	检修措施
E1	系统高压保护	当连续 3s 检测到高压保护时，系统关闭负载，屏蔽所有按键及遥控信号，指示灯闪烁并显示 E1	检测空调器微电脑板中的注意事项： ① 不能轻易动线路，尽量不用应急办法使空调器运行 ② 检修过程中如出现异常响声、冒烟、打火、异常发光时，要及时切断电源，避免连带损坏更多的元件，否则损失的是厂家的利益 ③ 焊接电路板时，注意切断电源，以免焊接过程中造成短路 ④ 桌面保持清洁，绝对不允许金属掉到变频微电脑线路板上，以避免由于桌面金属物造成电路短路
E2	室内机防冻结保护	在制冷、抽湿模式下，压缩机启动 6min，连续 3min 检测到蒸发器温度小于−5℃时，指示灯闪烁，并显示 E2，此时压缩机和室外风机停转；当蒸发器温度大于 6℃，并且压缩机已停足 3min 时，指示灯灭，液晶显示屏恢复显示，机器恢复运行	
E3	系统低压保护	压缩机 3min 后，开始检测低压并关信号，若连续 3min 检测到低压开关断开，则整机停止工作，指示灯闪烁，显示屏显示 E3，以提示制冷剂泄漏	

故障显示	故障部位	备注	检修措施
E4	排气管高温保护	压缩机启动后，连续 30s 检测到排气温度大于 120℃或排气温度传感器短路（或开路）时，指示灯闪烁，显示 E4	
E5	室内机与室外机之间通信异常	压缩机运转后，若连续 3s 检测到电流大于 25A，指示灯闪烁并显示 E5	

15.1.4 格力柜式风光系列、风韵柜式系列、风姿柜式系列、风采柜式系列、风秀柜式系列定频柜式空调器故障代码含义

见表 15-4。

表 15-4　格力系列定频柜式空调故障代码及其含义

故障代码	故障部位	检测方法	检修措施
E1	压缩机高压保护	压缩机电流大、过热、排气温度过高、高压开关、过流保护器	
E2	蒸发器防冻结保护	检测室内机管温传感器阻值是否正常（正常 25℃时的电阻值为 8kΩ）。检查室内机风路是否脏堵或低速挡运行	用压力表检查制冷系统正常压力应为 0.5MPa
E3	压力过低保护	检测系统是否缺制冷剂、堵塞、压力开关是否损坏	
E4	压缩机排气温度过高	检查室外机风路是否通畅、室外机传感器阻值是否异常	
E5	低电压过电流保护	检测供电电压是否太低（＜178V）检查电流检测电路	

15.1.5 格力变频分体立柜式空调器故障代码含义

见表 15-5。

表 15-5　格力变频分体立柜式空调器故障代码及其含义

编号	故障代码	故障部位	检修措施
1	E1	压缩机电流过大、过热、排气温度过高、模块保护	通信线路检测方法：章间配线错误、线端固定不良、线体与金属板接触不良、接线错误、绝缘不良、端子板用温度熔丝熔断
2	E2	室内机防冻结保护	
3	E3	室内机环境温度传感器异常	
4	E4	室内机盘管温度传感器或盘管温度	
5	E5	室内外机通信错误	

15.1.6 格力高薪空调器通用故障保护代码含义

见表 15-6。

表 15-6　格力高薪空调器通用故障保护代码

机型	故障、保护定义	显示器代码	显示指示灯	室内机指示灯显示内容	室内机指示灯显示方法	检修措施
普通柜机	机型系统高压保护	E1		灭 3s 闪烁 1 次		
	室内防冻结保护	E2		灭 3s 闪烁 2 次		
	系统低压保护	E3		灭 3s 闪烁 3 次		
	压缩机排气保护	E4		灭 3s 闪烁 4 次		
	低电压过流保护	E5		灭 3s 闪烁 5 次		维修空调器新法
	通信故障	E6		灭 3s 闪烁 6 次		①检查室内、外机的接线排、电源线、连机线有无松动现象，用万用表或兆欧表检测阻值是否大于 2MΩ 以上（湿度较大的环境地区大于 1.9MΩ）。②用肥皂水检漏仪对各接口处进行检漏，以 5min 不产生气泡为准。③检查室内外机各部件的运转状况，观察有无产生异常噪声的部位。④用压力表检测空调器的运转压力，检测系统内是否缺少制冷剂。⑤对室内机进行排水检查，观察水管排水是否顺畅。⑥用温度表检测进、出风的温差是否在标准范围以内，出风 12℃，进风 12℃。⑦检查室内机过滤网、空气滤清是否脏堵，按技术要求检查
	模式冲突	E7	运行指示灯（红）	灭 3s 闪烁 7 次	指示灯闪烁时亮 0.5s 灭 0.5s	
	防高温保护	E8		灭 3s 闪烁 8 次		
	防高冷风保护	E9		灭 3s 闪烁 9 次		
	整机交流电压下降降频	E0		灭 3s 闪烁 10 次		
新型壁挂机	无室内机电机反馈	E6		灭 3s 闪烁 11 次		
	故障电弧保护	C1		灭 3s 闪烁 12 次		
	漏电保护	C2		灭 3s 闪烁 13 次		
	错接线保护	C3		灭 3s 闪烁 14 次		
	无地线	C4		灭 3s 闪烁 15 次		
风管机	室内环境感温包开、短路	F1		灭 3s 闪烁 1 次		
	室内环蒸发器感温包开、短路	F2		灭 3s 闪烁 2 次		
	室外环境感温包开、短路	F3		灭 3s 闪烁 3 次		
	室外冷凝器感温包开、短路	F4	制冷指示灯（黄）	灭 3s 闪烁 4 次	指示灯闪烁时亮 0.5s 灭 0.5s	
	室外排气感温包开、短路	F5		灭 3s 闪烁 5 次		
	制冷过负荷降频	F6		灭 3s 闪烁 6 次		
	制冷回路	F7		灭 3s 闪烁 7 次		
	电流过大降频	F8		灭 3s 闪烁 8 次		
	排气过高降频	F9		灭 3s 闪烁 9 次		

15.2　志高变频空调器故障代码含义

15.2.1　志高 285、325、388、512 系列壁挂式空调器故障代码含义

见表 15-7。

表 15-7　志高 285、325、388、512 系列壁挂式空调器故障代码含义

编号	故障代码		故障部位	检修措施
	运行灯	定时灯		
1	闪亮 1 次/8s	点亮	室内盘管温度传感器故障	检测室内机环境温度传感器电阻值是否错，是否短路、断路
2	闪亮 2 次/8s	点亮	室内温度传感器故障	
3	点亮	闪亮 5 次/8s	室外机组故障	
4	闪亮 6 次/8s	点亮	室内风机故障	

注：闪亮一次为亮 0.5s，灭 0.5s；等机状态下才检测、显示室内盘管温度传感器故障、室内温度传感器故障；若室内风机运行时，连续数秒钟无反馈信号，则空调器显示室内风机故障。

（1）晶彩系列壁挂式空调故障代码含义

见表 15-8。

表 15-8　晶彩系列壁挂式空调故障代码含义

编号	故障代码	故障部位	检修措施
1	L2	室内温度传感器故障	检测室内机环境温度传感器电阻值是否错，是否短路、断路
2	L1	室内盘管温度传感器故障	
3	L6	室内风机故障（连续 30s 无反馈信号）	
4	E5	室外机组异常	

注：关机显示"E5"后，设定温度有效，但数码管无显示，用"应急"或遥控"开/关"键可重新开机，数码管恢复室温显示。

（2）"天"字系列、小康系列挂机（51 和 51 以下）机型故障代码含义

见表 15-9。

表 15-9　"天"字系列、小康系列挂机（51 和 51 以下）机型故障代码含义

编号	故障代码	故障部位	检修措施
1	E3	室内盘管温度传感器故障	检测室内机环境温度传感器电阻值是否错，是否短路、断路，插件是否虚接、插座引脚线路板焊点是否开焊、虚焊、周围元件是否不良、感温头是否开胶
2	E2	室内温度传感器故障	
3	E4	室外机组异常	
4	E5	室内风机故障	
5	DF	化霜	

（3）18NV/24NV 系列空调器（5100～6600W）故障代码含义

见表 15-10。

表 15-10　18NV/24NV 系列空调器（5100～6600W）故障代码含义

编号	故障代码	故障部位	检修措施
	运行灯（LED1）		
1	闪亮 2 次/1s	室温传感器故障	检测室内机盘管温度传感器电阻值是否错，是否短路或断路
2	闪亮 3 次/5s	盘管温度传感器故障	
3	闪亮 4 次/6s	室外机异常	
4	闪亮 5 次/7s	无风机反馈（PG 专用）	
5	闪亮 6 次/8s	无交流零点检测信号（PG 专用）	

注：闪亮一次指亮 0.5s，灭 0.5s。如闪亮 2 次/4s 则指示灯亮 0.5s、灭 0.5s、亮 0.5s、停 2s，一个周期共 4s，如此循环。

15.2.2　志高分体落地式空调器故障代码含义

（1）LED显示型柜机故障代码（表15-11）

适用于05、06、07、08款型空调器。故障时"定时-温度"指示灯下的"1-18"灯常亮，再加上其指示灯组合显示故障。

表15-11　LED显示型柜机故障代码

编号	故障代码 定时-温度	故障部位	检修措施
1	12-29	室外机组异常	检测室内机环境温度传感器电阻值是否错，是否短路或断路
2	11-28	室温传感器故障	
3	10-27	室内盘管温度传感器故障	
4	8-25	外反馈故障（过电流、电网异常）	
5	7-24	过热保护、结霜保护	

（2）华丽柜机、华丽VFD显示型柜机故障代码含义

适用于02、04、09、10款型空调器。故障时，液晶屏显示"故障"，同时"房间温度处"显示故障代码。见表15-12。

表15-12　华丽柜机、华丽VFD显示型柜机故障代码含义

编号	故障代码	故障部位	检修措施
1	11	室温传感器故障	检测室内机盘管温度传感器电阻值是否错，是否短路、断路
2	10	室内机管温传感器故障	
3	7	制热室内机盘管过热保护	
4	7	制冷室内机盘管结霜保护	
5	12	室外机组异常	
6	13	电源异常或过电流保护	

（3）数码管显示型柜机故障代码含义

适用于17、18、20、22款型空调器。故障时，室内机多彩屏中间双8数码管显示代码。见表15-13。

表15-13　数码管显示型柜机故障代码含义

编号	故障代码	故障部位	检修措施
1	E3	室内管温传感器故障	检测室内机环境温度传感器电阻值是否错，是否短路、断路，插件是否虚接、插座引脚线路板焊点是否开焊、虚焊、周围元件是否不良、感温头是否开胶
2	E2	室温传感器故障	
3	E4	室外机组异常	
4	E8	结霜保护	
5	E8	过热保护	
6	E7	过电流或相序保护	

15.2.3　志高变频分体式空调器故障代码含义

（1）变频分体壁挂式空调故障代码（表15-14）

表 15-14 变频分体壁挂式空调故障代码

编号	故障代码				故障部位	检修措施
	定时灯	运行灯	睡眠灯	闪烁频率		
1	常亮	闪烁		1 次/8s	室内盘管温度传感器异常	变频空调器械电容器检测方法： 电容器常见的故障有击穿、漏电和失灵。利用电容器充放电的原理，用欧姆挡的最高量程，如用"$R \times 1k\Omega$"挡来测试。当两根表棒与电容器两端相碰时，表针先顺时针偏转一个角度，很快又回到∞，而指在某一个数值上，那么这个数值就是电容器的漏电电阻，一般电容器的漏电电阻是非常大的，为几十兆欧至几百兆欧。除了电解电容器以外，漏电电阻若小于几兆欧，就不能使用了，若表针指在零处回不来，则表示该电容器已被击穿短路。 由于电解电容器的的引出线有正、负之分，在检测时，应将红表笔棒接到电容器的负极（因为万用表使用电阻挡时，红表笔棒与电池负极连接），黑表笔棒接电容的正极，这样测出的漏电电阻数值才是正确的，反接时，一般漏电电阻比正接时小。利用这一点，可以判断正、负极不明的电解电容器
2				2 次/8s	室内温度传感器异常	
3				6 次/8s	风扇电机异常	
4	连续闪烁	闪烁		1 次/8s	室外环境温度传感器异常	
5				2 次/8s	室外盘管温度传感器异常	
6				4 次/8s	排气温度传感器异常	
7	常亮	闪烁		7 次/8s	模块保护	
8				3 次/8s	压缩机过流保护	
9				5 次/8s	冷媒不足、压缩机过热保护	
10		常亮	闪烁	6 次/8s	通信故障	

（2）变频分体立柜式空调器故障代码（见表 15-15）

表 15-15 变频分体立柜式空调器故障代码

编号	故障灯	故障部位	检修措施
1	闪 1 次	模块故障	维修变频空调器微电脑板新法： 有些变频空调器微电脑板故障是由电路中接触不良引起的，表现就是故障时有时无，有的故障则是在机器工作一段时间后元器件发热才出现的。检修时，我们要设法使故障出现。接触不良的故障检修办法是用镊子夹住有怀疑的元件，然后轻轻晃动，观察故障的变化情况。如晃动某个元件时故障反应很强烈，就可以认为是本件或周围接触不良。对热稳定性不良故障则对怀疑元件用吹风机或电烙加热，加快故障出现时间，然后用镊子夹住，用 95% 酒精棉球给元件降温，看哪一个元件温度变化时故障影响最大
2	闪 2 次	通信故障	
3	闪 3 次	保留	
4	闪 4 次	缺制冷剂保护或四通阀故障	
5	闪 5 次	压缩机过电流保护	
6	闪 6 次	压缩机排气温度过高	
7	闪 7 次	室外机主板温度传感器故障或温度过高（>65℃）	
8	闪 8 次	压缩机排气温度传感器故障	
9	闪 9 次	室外盘管中点温度传感器故障	
10	闪 11 次	室外环境温度传感器故障	
11	闪 12 次	室外主板软件复位异常	

注：故障指示灯—黄色，闪烁频率为 1Hz（即间隔为 1s），每种故障至少闪烁显示 30s。液晶显示故障为 Fn，n 对应上表闪烁次数，如"F2"表示通信故障。

15.3 美的变频空调器故障代码含义

15.3.1 美的［H］系列家庭式MDV［H］-J80W-310、MDV［H］-J120、MDV ［H］-J140、W-511、MDV［H］-J160(180)W-720中央空调器故障代码含义

美的自由系列 MDV［H］-J80W-310、MDV［H］-J120、MDV［H］-J140、W-511、MDV ［H］-J160(180)W-720 机型。变频家庭空调器采用名牌变频压缩机及采用多级能量调节技术，系统更节能、更稳定、更舒适。具有体积小、运行可靠、安装维修故障代码含义技巧一点通方便的特点。

① 故障保护时数码管显示信息代码含义见表 15-16。

表 15-16 故障保护时数码管显示信息代码含义

显示内容	故障或保护定义
P6	相序错误模块保护
E2	室内外机通信故障
E3	室外变频通信故障
E4	室外温度传感器故障
E5	电压保护故障
P1	高压保护
P2	低压保护
P3	压缩机电流保护
P4	压缩机排气温度保护
P5	室外冷凝器高温保护
E1	保护相序

② 美的变频水系统故障代码含义见表 15-17。

表 15-17 美的变频水系统故障代码含义

代码含义	故障内容
E0	参数错误
E1	室外机通信故障
E2	出水温度传感器故障
E3	定频系统室外换热器传感器故障
E4	变频系统板式换热器侧冷媒入口传感器故障
E5	定频系统板式换热器侧冷媒入口传感器故障
E6	变频系统室外换热器传感器故障；变频系统室外温度传感器（T4）故障
E7	线控器通信故障
P0	压缩机顶部温度保护
P1	水泵模式（防止水泵结冰）
P2	进水水压保护

代码含义	故障内容
P3	模块保护
P4	电流保护
P5	电压保护
P6	定频系统防冻结保护
P7	定频压缩机冷凝器高温保护
P8	排气温度过高保护
P9	变频系统防冻结保护
PB	变频压缩机冷凝器高温保护

③ 美的组合变频家用空调器故障代码含义

室内机故障代码含义显示：

a. 强制制冷时，化霜预热灯和运行指示灯以 0.2Hz 灯闪烁。

b. 模式冲突时，定时和化霜灯同时以 5Hz 灯闪烁。

c. 室温传感器故障时仅定时灯以 5Hz 灯闪烁。

d. 蒸发器传感器故障时仅自动灯以 5Hz 灯闪烁。

e. 温度保修熔丝管熔断时，仅运行灯以 5Hz 灯闪烁。

f. 室内机检测到通信故障保护时，仅化霜 5Hz 灯闪烁。

室外故障时，运行指示灯 LED1、定时指示灯 LED2、自动指示灯 LED3、化霜预热灯 LED4，同时以 0.2Hz 灯闪烁。

④ 室外机故障保护代码含义见表 15-18。

表 15-18　室外机故障保护代码含义

项目	LDE4	LED3	LED2	LED1	LDE 灯亮	LED 表示状态
灯亮	灯熄	灯熄	灯熄	灯熄	灯亮	正常状态（压缩机停机）
1	灯亮	灯亮	灯熄	灯熄	灯亮	正常状态（压缩机运行）
2	灯熄	灯熄	灯熄	灯亮	灯闪	模块故障
3	灯熄	灯熄	灯亮	灯熄	灯闪	压缩机顶部温度保护
4	灯熄	灯亮	灯熄	灯熄	灯闪	内室温或内管温传感器故障
5	灯灯亮	灯熄	灯熄	灯熄	灯闪	室外温度传感器故障
6	灯熄	灯熄	灯熄	灯亮	灯闪	排气温度保护
7	灯亮	灯熄	灯熄	灯亮	灯闪	室内热交换器高温保护
8	灯熄	灯熄	灯亮	灯亮	灯闪	过压或欠压故障
9	灯亮	灯熄	灯亮	灯熄	灯闪	电流保护
10	灯亮	灯亮	灯熄	灯亮	灯闪	室内热交换器低温保护（防冻结保护）
11	灯亮	灯亮	灯熄	灯亮	灯闪	室外板与变频板通信故障
12	灯亮	灯亮	灯亮	灯熄	灯闪	室内板与室外板通信故障
13	灯亮	灯熄	灯熄	灯亮	灯闪	室外热交换器高温保护
14	灯亮	灯亮	灯亮	灯亮	灯闪	温度保修熔丝管断保护（取消）
15	灯熄	灯熄	灯亮	灯亮	灯闪	室外环境温度过低或过高（取消）

15.3.2 美的空调器通用故障保护代码含义

① 美的空调器故障代码含义，见表 15-19。

表 15-19 美的空调器故障代码含义

故障模式	原因分析	检修措施
堵转（卡住）	(1) 压缩机不动，且发出"嗡嗡"声： ① 异物入，曲轴、活塞、气缸等运动部件卡住； ② 高低压侧的压力不平衡； ③ 电机烧损； ④ 电压过低（单相低于 187V，三相低于 320V）； ⑤ 压缩机缺油或过负荷运行，机械部件严磨； ⑥ 机油劣化，机械部件严磨； ⑦ 低温制热时，压缩机附近温度过低（低于 −15℃）； ⑧ 压缩机电容损坏或衰减； ⑨ 定转子间隙不良。 (2) 压缩机可以动作，但在很短的时间内停止运行（排气压力低） ① 压缩机吸入液体； ② 冷凝器故障； ③ 保护器动作； ④ 管道阻力大。 (3) 压缩机可以动作，但因电流逐渐增加而停机（排气压力高） ① 保护器动作； ② 吸气压力过高； ③ 压缩机的机械部分受到损伤。 (4) 压缩机运转电流大 ① 两器故障； ② 制冷系统堵塞； ③ 过载运行（冷媒量、电压）； ④ 风机马达转速（电容衰减、风机故障）。 (5) 变频机要特别注意电控的故障 (6) 三相机缺相运行，绕组烧损 (7) 用外置过载保护器时，用万用表测量过载保护器是否导通，正常的是导通的	(1) 压力检测 压力检测法是采用压力表观察空调器运行时，压缩机吸、排气侧的压力，用表的压力值和对应的温度值，来分析判断故障的所在部位。在正常情况下，压缩机吸气侧压力 0.5MPa、排气侧的压力 2.0MPa。 由压缩机吸、排气侧的工作压力和对应的温度值可知，压力对应的温度值不仅与环境温度值有关，而且还与空调器的冷凝方式有关。空调器通常都采用风冷却方式，风冷凝进风温度越高，排气温度越高，冷凝温度就越高，反之则越低。吸气压力与排气压力关系不大，但与房间负荷等有着密切的关系。房间冷负荷大，吸气压力就会上升，对应的蒸发温度（正常蒸发温度在 5～7℃）也升高，反之则低。如果压力或温度超过或低于表的压力值，则视为不正常现象，应进行综合分析判断，并找出引起故障的原因 (2) 进、出风温度温差检测 进、出风温度温差检测法：主要是检测蒸发器的进、出风口的温度差，检测风温差的方法。 是用两只玻璃管温度计挂在蒸发器的进、出风口处，其差值在 8～13℃ 为制冷性能良好，但温差随机型、风机大小不同而不同。选择的风机大、风量大，温差就小；选用的风机小、风量小，温差就大，风量的大小还直接影响到噪声的大小。在检测不同机型蒸发器组的进、出风温度时，也应与被测空调器的技术指标相结合 (3) 吸气管结露检测 吸气管结露检测法：主要是观察压缩机吸气管的结露程度。正常工作情况下，往复式压缩机回气管至压缩机吸气管端应全部结露，旋转式压缩机回气管至压缩机一旁的储液器应全部 结露。这时应视为灌注制冷剂量适中，一旦不结露或蒸发器结霜则判断制冷剂（或毛细管膨胀阀微堵）不足。反之，结露至半边压缩机壳体，则说明充制冷剂过量 (4) 视液镜检测 视液镜检测法：是通过制冷系统输液管路上装备的视液镜观察制冷剂的流动状态来分析判断制冷系统是否有故障。液体制冷剂通过视液镜观察无气泡出现，则判断为制冷剂充足；进口出现气泡，则说明制冷剂略缺；气泡连续不断，则判断制冷剂不足；如装满液的玻璃甚至压缩机半壳体都结露，说明充制冷剂过量；视液镜如果看不到液体，则表明制冷剂全部泄漏
噪声大（换压缩机）	① 压缩机启动时，3～5min 内，由于系统不稳定，会有声音偏大现象； ② 管道振动声、马达和风叶声、钣金共振声； ③ 系统内有空气混入时，会有气流声； ④ 系统内有杂质或铜屑时，会发生金属撞击阀片声； ⑤ 定转子间隙不良；	
噪声大（调整）	⑥ 阀片与泵体间隙过小； ⑦ 泵磨损、压痕、螺钉损伤、阀片与活塞撞击、储液罐异声； ⑧ 缺少冷冻机油； ⑨ 液态冷媒进入压缩机，产生液压缩 当声音比正常高出许多或持续有异声时，可判为压缩机不合格	
接线松脱（脱落）	① 外力碰撞； ② 接插件配合不良； ③ 环境腐蚀（腐蚀气体）； ④ 物流环节振动脱落	

故障模式	原因分析	检修措施
接线错误	安装不良（需参照压缩机端子罩和橡胶垫上的图示接线）	（5）故障指示灯代码检测 故障指示灯代码检测法：主要是根据故障指示灯的亮灭、闪烁、代码判断故障，窗式空调采用电脑板控制的和分体式空调器室内电控板采用微电脑控制的。控制系统和电保护器将会自动切断电源，空调器停止工作，同时故障指示灯亮或闪烁。这是提醒维修人员空调器的故障部位，当排除故障后，再次开机时，指示灯熄灭，代码消失 （6）噪声检测 噪声检测法：主要是倾听压缩机和风机等的运转声音。压缩机和风机等运转噪声正常时！嵌入式风机距离 2m 处几乎听不到空调器风机运转声，在 35～40dB（A）。分体式距离 2.5m 处听到室内机运转声，在 40～45dB（A），均在正常范围。一旦超出这个范围或更高，均属超噪声运行。如表现为震动强烈，应进一步检查引起噪声过大的原因 （7）滴水检测 滴水检测法：主要是观察空调器在制冷工况下，室内机组（蒸发器）排出的冷凝水情况。在夏季，空调器滴水连续不断，则说明正常。长时间滴一点水或不滴水，则说明制冷剂不足或有其他故障，但要区别在周围环境的含湿量变化较大的情况下，房间制冷较好时，滴水情况的不同（这种方法确定误差较大，只能作为参考） （8）故障指示灯代码检测 故障指示灯代码检测法：主要是根据故障指示灯的亮灭、闪烁、代码判断故障，窗式空调采用电脑板控制的和分体式空调器室内电控板采用微电脑控制的。控制系统和电保护器将会自动切断电源，空调器停止工作，同时故障指示灯亮或闪烁。这是提醒维修人员空调器的故障部位，当排除故障后，再次开机时，指示灯熄灭，代码消失 （9）气流声检测 气流声检测法：主要是倾听制冷剂通过节流元件（毛细管或电子膨胀阀）节流后的流动声，制冷系统充灌制冷剂正常时，气液混合体（液体约占 90%）流动声低沉。当制冷剂缺少时，制冷系统多数为气体，而气流声变大（或明显增大）。由此，可判断出故障的所在部位 （10）换向阀换向时的气流声检测 换向阀换向时的气流声检测法：主要是倾听热泵型空调器的电磁四通换向阀动作声来判断有无故障。当电磁阀线圈通电后便能听到"嗒"一声换向声，并含有"嚓"一声，则说明正常换向；如果听不到换向声，或只有"嗒"的一声，而无气流声，这说明换向未成功，应判断换向阀故障
阀片坏（无吸排气能力、高低压串气）	① 阀片间隙大、卡死（转子式）； ② 曲轴断，无转动； ③ 弹簧断； ④ 压缩机缺油、阀片磨耗过量； ⑤ 异物进入压缩机气缸； ⑥ 四通阀串气； ⑦ 缺冷媒； ⑧ 三相电源，电源反相会造成压缩机反转； ⑨ 水分超标，产生冰堵现象	
绕组开路	① 电机烧损，绕组开路、短路或与外壳击穿； ② 氧化皮等异物附着在压缩机内部的接线端子上，使得绝缘不良； ③ 接线端子位置有杂质或水分，使得端子对地绝缘不良； ④ 主、副绕组接错，导致副绕组烧坏，阻值下降； ⑤环境湿气太重或有化学气体及灰尘飞舞	
绕组匝间短路		
绕组漏电		
绕组电流大	① 系统其他部件（主要是电机、电控）工作是否正常； ② 定子烧损（线圈短路、过负荷、缺相运行、冷媒泄漏、泵磨损引起的烧损）； ③ 冷媒充注量过多会造成功率高； ④ 系统是否有可能堵塞情况，导致高压过高，低压过低的情况发生； ⑤ 电容是否正常； ⑥ 环境温度过高	
接线端子坏（烂、接触不良、生锈等）	① 缺冷媒、长时间过负荷运行； ② 接线端子生锈； ③ 接错线或排气口有异物进入造成内部短路烧毁； ④ 焊接排回气管时，火焰烧到接线端子，破坏端子涂层、耐腐蚀性变差	
压缩机外壳接管处封闭不严，漏气	① 压缩机厂家焊接不良（压缩机接管位置无变形和撞击）； ② 运输损坏（压缩机接管位置有变形）	
过载保护器坏（处置式保护器）	① 大电流使保护器产生不可恢复的熔断； ② 环境恶劣，电源不良，长期高温过负荷的情况使得保护器太过频繁地通断	
端盖坚固螺栓断	① 焊接不牢（断口在螺栓和上壳体焊接的根部，且明显虚焊）； ② 外力碰撞； ③ 螺母非垂直导入	

② 美的空调器更换压缩机故障代码含义，见表 15-20。

表 15-20　美的空调器更换压缩机故障代码含义

NO.	名称	步骤	所需工具	检修措施
1	排冷媒	用内六角扳手将高低压阀打开	内六角扳手	① 注意作业环境通风，以免人员窒息； ② 放冷媒速度不能太快，以免人员被冷媒冻伤； ③ 放冷媒速度不能太快，以免压缩机内的冷冻机油随冷媒被放出，一旦压缩机经后续检查为完好，缺少冷冻油将影响正常使用； ④ 留意喷出冷媒颜色，如喷出为白色或无色，则系统内部清洁度较高，压缩机可能没有损坏
2	卸除吸排气管	① 确认冷媒已放尽； ② 往系统内充注氮气； ③ 焊枪点火，将火焰调节到中性焰；用焊枪预热焊口，焊口焊料熔化后，抽出吸、排气管	焊枪	充氮操作，避免系统内部产生氧化皮，留意铜管内壁是否有杂质异物存在；要规定氮气的压力不要太高，同时要保证系统与大气连通，否则可能会发生爆炸的危险
3	空载运行	旧压缩机吸排气管管口敞开；压缩机通电运行	—	旧压缩机拆除前，保证吸排气管管口都敞开的状态下，运行时间不超过 5s，判断压缩机单体是否堵转、有无吸排气。测试压缩机是否有吸排气可用手指接近排气口感受；绝缘耐压不良、运行电流大的旧压缩机可能漏电，不能以此种方法测试
4	取下和处理旧压缩机	取下旧压缩机将工艺管焊接在压缩机吸排气管上，再将工艺管夹扁封焊		① 旧压缩机必须在 15min 内将吸、排气口封住； ② 必须保证旧压缩机编码和机器条形码清晰
5	清洗系统	将清洗液喷射入冷凝器、蒸发器，然后吹入高压空气或氮气，重复以上过程两三次，直至空气吹出液体是清洁的。从相反方向吹入高压空气或氮气，持续 10s 以上	高压氮气	① 清洗液要求高溶油、容易挥发； ② 必须保证焊接处管口的清洁，若压缩机油发黑或带有较多杂质，要清洗系更换贮液罐和过滤器
6	换上新压缩机	① 将压缩机脚垫摆放到底盘螺栓上，胶脚上部可以涂少许清洁剂润滑（不能涂油）； ② 放入压缩机； ③ 拧底脚螺钉； ④ 拔压缩机排气管胶塞； ⑤ 拔压缩机吸气管胶塞	扳手	① 原则上要求使用原型号原品牌压缩机，实在无法满足则必须保证新压缩机能力与旧压缩机能力一致； ② 涡旋压缩机与转子式压缩机不能互换； ③ 单相压缩机与三相压缩机不能互换； ④ 拔压缩机胶塞必须先排气管后吸气管； ⑤ 维修过程必须保证润滑油不能接触压缩机胶脚，以免胶脚变质

NO.	名称	步骤	所需工具	检修措施
7	焊接新压缩机	确保焊接管口干净无油污，接好铜管；往铜管内部充氮；焊枪点火，将火焰调节成中性火焰；火焰尽量垂直焊接位置，做 Z 字形移动预热；铜管表面呈红褐色时，在焊缝中填加焊料渗进焊缝，布满焊缝后焊枪撤出	银焊料（2B 及其以上规格）	① 必须充氮焊接，且保证氮气到达焊接位置； ② 预热至铜管变粉红色为宜； ③ 必须由铜管的温度来熔化焊条，而不是由火焰直接熔化； ④ 焊接质量以焊缝表面饱满有光泽，无批锋毛刺焊为宜； ⑤ 焊接时不要烧到吸排气管根部，接线端子盖需要在焊接工序之后再取下，火焰方向不能对着接线端子位置
8	抽真空	将系统室内外连接管连接好；按标准规范连接真空泵，同时在高、低压侧抽真空	真空泵	① 连接管螺母必须使用力矩扳手； ② 任何时候绝对禁止压缩机空气运行，可能会导致压缩机和系统爆炸，导致伤亡； ③ 抽真空时间约 30min，如 1h 内真空度无法降到 100Pa，必须重新检查系统泄漏
9	接线、理线	用适当工具拆下压缩机端子罩保护盖；连接压缩机端子连接线，确认无误后将连接线、信号线、地线等扎好	—	① 拆端子盖保护工具不限制具体类型，但必须保证接线柱不会遭到碰伤； ② 避免任何连接线与铜管接触； ③ 避免接线凌乱，避免钣金锋利边与连接线直接接触； ④ 强电（220V）与弱电（小于 36V）线必须分开扎紧； ⑤ 保证地线接触良好
10	预充冷媒	在低压阀侧充入冷媒，持续 20s；然后按标准量加入冷媒	冷媒罐	真空运行容易导致压缩机电机烧损，所以绝对禁止压缩机真空运行，在抽真空后必须首先加入一定量冷媒才能启动压缩机；确定运行充冷媒的量不能单从压力判定，压力与当时的温度有很大的影响，不同温度下压力差别很大的
11	检漏前运行测试	启动压缩机，5s 后停止	—	运行时间不宜过长
12	检漏	用肥皂水涂各个焊	肥皂水	加完冷煤后（未开机运行）一定要进行检漏

③ 美的空调器压缩机不能启动故障分析，见表 15-21。

表 15-21　美的空调器压缩机不能启动故障分析

序号	检查部位与说明	故障内容	故障特征	检修措施
1	压缩机部分	① 轴承烧熔； ② 电动机绕组匝间短路或绝缘老化； ③ 电机转子与定子卡缸	① 曲轴转不动，电动机也拖不动，通电后发出"嗡嗡"的响声； ② 电动机运转速度慢，发出"嗡嗡"噪声，电流极高，不久保护器起跳； ③ 电动机不运转，发出"嗡嗡"噪声，电流极高，不久保护器起跳	更换压缩机
2	电源及电气部分	① 压缩机电动机的电容器损坏； ② 断相运行	① 电动机不能启动，发出"嗡嗡"声，启动电流不回落，随后保护器起跳； ② 三相电动机，二相运行一直断电噪声很响电流很大，随后保护器起跳	① 更换电容； ② 检查修复

④ 美的空调器在运行中突然停机分析与检测，见表 15-22。

表 15-22　美的空调器在运行中突然停机分析与检测

序号	检查部位与说明	故障内容	故障特征	检修措施
1	制冷系统部分	① 制冷剂量不足； ② 过滤器阻塞不畅通； ③ 膨胀阀过滤网阻塞不畅通； ④ 膨胀阀的开启度过小，制冷剂的流量过小； ⑤ 制冷剂量过多，部分冷凝管被液体占据； ⑥ 制冷系统混入空气，部分冷凝管被空气占据； ⑦ 风冷冷凝器外表面结灰，水冷冷凝器内部结水垢； ⑧ 空调房间热量大，处于高温运行（超负荷）； ⑨ 气缸盖垫片中筋破碎和排气管断裂，部分气体短路循环	① 吸气压力过低，节流器流动声大，吸气管不结露； ② 吸气压力过低，节流器流动声大，吸气管不结露，过滤器外表面发凉； ③ 吸气压力过低，节流器流动声大，吸气管不结露； ④ 吸气压力过低，节流声大，吸气管不结露，阀体下半部分结霜； ⑤ 排气压力过高，吸气管和压机壳结露，热保护器起跳； ⑥ 排气压力过高，吸气温度特别高，吸气压力也高，机壳很热； ⑦ 风冷冷凝器进出风温差大风量小，冷凝器压力高，水冷冷凝器进出水温差小，冷凝压力高，外壳热； ⑧ 吸气排气压力特别高，过载保存护器起跳； ⑨ 吸排气压力小，高低压力表抖动厉害机壳高热，热保护器起跳	① 检漏、补漏加制冷剂； ② 拆下清洗过滤器或更换； ③ 拆下过滤网清洗； ④ 调大阀门，注意不要过量； ⑤ 排除部分制冷剂至吸气管结露为止； ⑥ 停机抽真空充罐冷媒； ⑦ 风冷冷凝器用刷子刷，冷凝器用水清洗； ⑧ 制冷量不够，增加空调机； ⑨ 解剖修复或更换压缩机

⑤ 美的空调器冷气不足分析与检测，见表 15-23。

表 15-23　美的空调器冷气不足分析与检测

序号	检查部位	故障内容	故障特征	检修措施
1	制冷系统部分	① 制冷剂量不足； ② 过滤器堵，流动不畅； ③ 膨胀阀开启度小； ④ 膨胀阀过滤网堵，流动不畅； ⑤ 膨胀开启度大蒸发温度高，传热受影响； ⑥ 制冷剂量充注过多，蒸发温度高； ⑦ 系统中混入不凝性气体 ⑧ 冷凝器中翅片结灰，风量小，散热效果差； ⑨ 冷却水量不足或水温偏高； ⑩ 冷却水管内结垢； ⑪ 水量调节阀失控，水量低； ⑫ 冷却水泵排水量不足； ⑬ 冷却塔冷却效果下降； ⑭ 室外机组棚通风不畅，形成热风棚内循环； ⑮ 蒸发机组过滤网结灰，空气流动不畅，风量下降	① 吸气压力偏低，吸气管不结露，机壳比较热； ② 吸气压力偏低，吸气管不结露，机壳比较热且过滤器外壳发凉； ③ 吸气压力偏低，吸气管不结露，机壳比较热且气流声大，阀体有可能结霜； ④ 吸气压力偏低，吸气管不结露，机壳比较热且气流声大，阀体结霜； ⑤ 吸压力偏高，吸气管及机壳结，露严重有轻度湿行程； ⑥ 吸压力偏高，吸气管及机壳结露严重有轻度湿行程； ⑦ 排气压力和排气温度高，机壳温度高，运行电流高； ⑧ 排气压力和排气温度高，液体温度高，单位制冷量下降； ⑨ 排气压力和排气温度高，液体温度高，单位制冷量下降； ⑩ 排气压力和排气温度高，液体温度高，单位制冷量下降； ⑪ 排气压力和排气温度高，液体温度高，单位制冷量下降； ⑫ 排气压力和排气温度高，液体温度高，单位制冷量下降，因冷凝器进水量不足； ⑬ 排气压力和排气温度高，液体温度高，单位制冷量下降，且冷凝器进水温度高； ⑭ 排气压力和排气温度高，液体温度高，单位制冷量下降，由于棚内气温高于室外环境温度，散热效果极差； ⑮ 吸气压力下降，吸气温度低，吸气管及机壳结露	① 检漏加制冷剂； ② 更换过滤器； ③ 调大一点； ④ 拆下过滤网清洗； ⑤ 调小开启度； ⑥ 放出一部分制冷剂； ⑦ 停机入放空气； ⑧ 用刷子刷或用压缩空气吹； ⑨ 增加水量； ⑩ 清洗水管； ⑪ 修复或调节水量； ⑫ 修复； ⑬ 检修、清洗； ⑭ 拆去障碍物或保证空调畅通； ⑮ 取下清洗

续表

序号	检查部位	故障内容	故障特征	检修措施
2	压缩机部分	① 压缩机上下涡旋盘严重磨损，制冷能力下降； ② 机壳内开裂，部分气体在机壳内徘徊	① 吸气压力上升，排气压力下降，压比不高，排气量下降； ② 吸排气压力差很小，排气温度很高，机壳温度很高	① 更换压缩机； ② 更换压缩机

⑥ 美的空调器不制冷（热）分析与检测，见表 15-24。

表 15-24 美的空调器不制冷（热）分析与检测

序号	检查部位	故障内容	故障特征	检修措施
1	制冷系统部分	① 膨胀阀进口过滤网堵塞不通，制冷剂不能流动； ② 干燥过滤器堵塞，制冷剂不能流动； ③ 系统制冷剂全部泄漏； ④ 四通换向阀不能转向，空调机不制热	① 吸气压力为真空状态，低压开关会跳起，排气管不热，节流器无流声，蒸发器吹出的风不冷； ② 吸气压力为真空状态，低压开关会保护，排气管不热，节流器无流声，蒸发器吹出的风不冷； ③ 吸气压力为真空状态，低压开关会跳起，排气管不热，节流器无流声，蒸发器吹出的风不冷； ④ 听不到四通阀换向气流声，室内机吹出的是冷气而不是热气	① 拆下过滤网清洗； ② 拆下清洗或更换干燥过滤器； ③ 检漏、补漏后充冷媒； ④ 更换四通阀
2	压缩机部分	① 压缩机上下涡旋盘严重磨损，制冷能力下降； ② 机壳内开裂，部分气体在机壳内徘徊	① 吸气压力上升，排气压力下降，压比不高，排气量下降； ② 吸排气压力差很小，排气温度很高，机壳温度很高	更换压缩机

15.4 华凌分体壁挂式空调器故障代码含义

15.4.1 KF-25GW/JNV、KFR-25GW/JNV、KF-35GW/JNV、KFR-35BW/JNV 分体式空调器故障代码含义

见表 15-25。

表 15-25 KF-25GW/JNV、KFR-25GW/JNV、KF-35GW/JNV、KFR-35BW/JNV 分体式空调器故障代码含义

编号	故障代码	故障部位	检修措施
1	☐⊙☐⊙☐⊙	接错钱（通信错误）	变频空调器二极管检测方法 用万用表检查二极管一般用"$R \times 100\Omega$"或"$R \times 1k\Omega$"挡进行。由于二极管具有单向导电性，它的正向电阻与反向电阻是不相等的，两者相差越大越好。常用的小功率检波二极管，反向电阻比正向电阻大数百倍以上。 用红表笔接二极管的正极，测得的是反向电阻，此值应大于几百千欧姆；反之为正向电阻。对于锗二极管，正向电阻一般在 $200 \sim 1000\Omega$，对于硅二极管，一般在几百欧姆至几千欧姆
	重复亮 1s 灭 1s ☐⊙○⊙○⊙ ☐⊙○⊙○⊙ ☐⊙○重复亮 1s 灭 2.5s	连续信号错误（室外机信号中断）	
2	☐⊙○⊙○⊙ ☐⊙○⊙○⊙ ☐⊙○重复闪 2s 灭 2.5s	室内温度、室内盘管温度传感器故障	
3	☐⊙○⊙○⊙ ☐⊙○⊙○⊙ ☐⊙○重复闪 3s 灭 2.5s	室内风扇电机异常	
4	☐⊙○⊙○⊙ ☐⊙○⊙○⊙ ☐⊙○重复闪 6s 灭 2.5s	室外除霜温度传感器故障	

15.4.2 华凌分体立柜式空调器故障代码含义

（1）KFR-51LW 柜式空调器故障代码含义（表 15-26）

表 15-26　KFR-51LW 柜式空调器故障代码含义

编号	故障代码 TIMER ▲	故障代码 TEMP △	故障部位	检修措施
1	12——19 11——28		室内温度传感器故障	检测室内机环境温度传感器电阻值是否错，是否短路、断路，插件是否虚接、插座引脚线路板焊点是否开焊、虚焊、周围元件是否不良、感温头是否开胶
2	10——27 9——26		室内盘管温度传感器故障	
3	8——25 7——24		室外机组故障	
4	2——19 1——18		本机正处于故障自诊状态	

（2）KFT-51LW/A2、KFR-51W/B2 柜式空调器故障代码含义（表 15-27）

表 15-27　KFT-51LW/A2、KFR-51W/B2 柜式空调器故障代码含义

编号	故障代码	故障部位	检修措施
1	30℃灯闪烁	室温传感器故障	检测室外机结霜环境温度传感器电阻值是否错，是否短路\断路
2	29℃灯闪烁	室内管温传感器故障	
3	28℃灯闪烁	室外机组故障	
4	27℃灯闪烁	室内机结霜保护	

（3）KF-51LW、KF-78LW、KF-120LW 柜式空调器故障代码含义（表 15-28）

表 15-28　KF-51LW、KF-78LW、KF-120LW 柜式空调器故障代码含义

编号	故障代码	故障部位	检修措施
1	TLMEL ▲　　REMP △	信号发送、接收错误（在双控制时，表示连接错误）	检测室内机管温度传感器电阻值是否错，是否短路/断路
2	29℃灯闪烁	室外机组故障	
3	28℃灯闪烁	室温传感器故障	
4	27℃灯闪烁	室内管温传感器故障	
5	24℃灯闪烁	结霜保护装置动作	
6	18℃灯闪烁	表示处于"自检状态"	

（4）KFR-75LW/B（BS、/C、/CS）柜式空调器故障代码含义（表 15-29）

表 15-29　KFR-75LW/B（BS、/C、/CS）柜式空调器故障代码含义

编号	故障代码	故障部位	检修措施
1	E1	室内管温传感器故障	检测室内机环境温度传感器电阻值是否错，是否短路、断路，插件是否虚接、插座引脚线路板焊点是否开焊、虚焊、周围元件是否不良、感温头是否开胶
2	E2	室温传感器故障	
3	E3	室外机组不正常	
4	E4	结霜保护装置动作或过热保护	

（5）KFR-73LW 柜式空调器故障代码含义（表 15-30）

表 15-30　KFR-73LW 柜式空调器故障代码含义

编号	故障代码	故障部位	检修措施
1	E1	室内温传感器故障	检测室内机结霜环境温度传感器电阻值是否错，是否短路/断路
2	E2	室温管传感器故障	
3	E3	室外机组异常	
4	E4	结霜保护装置动作或过热保护	

15.4.3　华凌变频空调器故障代码含义

KFR-28GW/BP 空调器故障代码含义，见表 15-31。

表 15-31　KFR-28GW/BP 空调器故障代码含义

编号	故障代码	故障部位	检修措施
1	1 次闪烁	过功率保护、过电流保护	电容器常见的故障有击穿、漏电和失灵。利用电容器充放电的原理，用欧姆挡的最高量程，如用"$R \times 1k\Omega$"挡来测试。当两根表棒与电容器两端相碰时，表针先顺时针偏转一个角度，很快又回到∞，而指在某一个数值上，那么这个数值就是电容器的漏电电阻，一般电容器的漏电电阻是非常大的，为几十兆欧至几百兆欧。除了电解电容器以外，漏电电阻若小于几兆欧，就不能使用了，若表针指在零处回不来，则表示该电容器已被击穿。 电容器检测方法： 　由于电解电容器的引出线有正、负之分，在检测时，应将红表笔棒接到电容器的负极（因为万用表使用电阻挡时，红表笔棒与电池负极连接），黑表笔棒接电容的正极，这样测出的漏电电阻数值才是正确的，反接时，一般漏电电阻比正接时小。利用这一点，可以判断正、负极不明的电解电容器
2	2 次闪烁	系统高压保护	
3	3 次闪烁	排气温度过高保护	
4	4 次闪烁	室外机电路板过热保护	
5	5 次闪烁	除霜温度传感器故障	
6	6 次闪烁	过、欠电压保护	
7	7 次闪烁	室外控制系统异常	
8	8 次闪烁	室外电源系统异常	
9	9 次闪烁	IPM 保护	
10	10 次闪烁	IPM 损坏保护	
11	11 次闪烁	室内管温过低保护	

注：1 次闪烁，即亮 0.5s，灭 2.5s。其余类推。

15.4.4　华凌新型柜机空调器故障代码含义

（1）KFR-50DLW 柜式空调器故障代码含义（表 15-32）

表 15-32　KFR-50DLW 柜式空调器故障代码含义

编号	故障代码	故障部位	检修措施
1	定时灯 0.5s，灭 2.5s	室温热敏传感器故障	检测室内机结霜环境温度传感器电阻值是否错，是否短路/断路
2	定时灯 1s，灭 1s	室内管温传感器故障	
3	定时灯 2s，灭 2s	室外机组故障	
4	定时灯 3s，灭 3s	室内机结霜保护	

（2）KFR-75LW/A（KFR-75LW/S、KFR-75LW/SA）空调器故障代码含义（表15-33）

表15-33　KFR-75LW/A（KFR-75LW/S、KFR-75LW/SA）空调器故障代码含义

编号	故障代码	故障部位	检修注意事项
1	TIME　▼ TEMP　△	通信错误	① 遇到保险熔丝管熔断或某些其他安全元件明显烧伤现象，在未能查出故障原因之前，不能轻易更换损坏元件，更不能随意改变安全元件的数值。 ② 更换元器件时，尽量选用同型号元件；必须代换时，要注意与元器件性能参数保持一致。 ③ 工作在大信号状态的电路，不能轻易使用短路法，严防过流、过压
2	29℃灯闪烁	室外机组故障	
3	28℃灯闪烁	1号机室温传感器故障	
4	27℃灯闪烁	2号机室温传感器故障	
5	26℃灯闪烁	1号机室内管温传感器故障	
6	25℃灯闪烁	2号机室内管温传感器故障	
7	24℃灯闪烁	1号机排水传感器异常	
8	23℃灯闪烁	2号机排水传感器异常	
9	22℃灯闪烁	1号机排水溢出保护	
10	21℃灯闪烁	2号机排水溢出保护	
11	20℃灯闪烁	1号机防铜管结霜和过热保护	
12	19℃灯闪烁	2号机防铜管结霜和过热保护	

15.5　海信分体壁挂式空调器故障代码含义

15.5.1　海信分体壁挂式变频空调器故障代码含义

（1）海信 KFR-2301GW、KF-2301GW、KF-2501GW、KFR-28GW 系列定速空调器故障代码含义（表15-34）

说明：当发现空调器的运行发生异常而停机，维修人员可按下遥控器的"传感器切换"按钮，开关面板上的指示灯将会显示故障内容，按压遥控器传感器切换键5s以上，控制器自动故障检测并显示。

表15-34　室内机故障显示

序号	高效	运行	定时	电源	故障内容
1	×	×	×	○	室温传感器
2	×	×	○	×	热交传感器
3	×	×	×	○	蒸发器冻结
4	×	○	×	×	制热过负荷
5	×	○	×	○	制热过负荷
6	×	○	○	×	瞬时停电
7	×	○	○	○	过电流
8	○	×	×	×	风扇无反馈
13	○	○	×	×	室内机 E^2PROM 故障

注：×指示灯灭；○指示灯闪烁。

（2）海信 KF-2601GW/BPF、KF-2801GW/BPF、KFR-3002GW/BPF KF（R）-2602GW/BPF 变频系列空调器故障代码含义（表 15-35，表 15-36）

说明： 当发现空调器运行异常而停机，维修人员可按下遥控器的"传感器切换"按钮 5s，开关面板上的指示灯将会显示故障内容。

表 15-35　室内机故障

序号	高效	运行	定时	电源	故障内容
1	×	×	×	○	室温传感器
2	×	×	○	×	热交传感器
3	×	×	○	○	蒸发器冻结
4	×	○	×	×	制热过负荷
5	×	○	×	○	通信故障
6	×	○	○	×	瞬时停电
7	×	○	○	○	过电流
8	○	×	×	×	风扇无反馈

注：×指示灯灭；○指示灯闪烁；●指示灯亮。

表 15-36　室外机故障

序号	高效	运行	定时	电源	故障内容
1	×	×	×	●	环温传感器
2	×	×	●	×	热交传感器
3	×	×	●	●	压缩机过热
4	×	●	●	×	过电流
5	●	×	×	×	电压异常
6	●	×	×	●	瞬时停电
7	●	×	●	×	制冷过负荷
8	●	×	●	●	正在除霜
9	●	●	×	×	功率模块保护
10	●	●	×	●	EEPROM 故障

（3）海信 KFR-26GW/BPF 空调器故障代码含义（表 15-37）

说明：

① 灯 1 为运行灯，灯 2 为待机灯，灯 3 为定时灯；

② 首次上电时，先检 EEPROM；

③ 运行过程中出现下述故障时，运行指示灯闪亮，并停机。此时，即使开关拨到其他位置也一样，恢复的方法是电源重新插入，而故障原因已写入 EEPROM 中，可利用自我诊断查出错误原因。

表 15-37　海信 KFR-26GW/BPF 空调器故障代码含义

记号说明　●点灯　○闪亮　×消灯

1	2	3	诊断内容	故障内容
×	×	●	室内温度传感器异常	传感器开路、短路、连接器接触不良
×	●	×	室内热交换温度传感器异常	传感器开路、短路、连接器接触不良
×	●	●	压机温度传感器异常	传感器开路、短路、连接器接触不良
●	×	×	室外热交换温度传感器异常	传感器开路、短路、连接器接触不良
●	×	●	室外温度传感器异常	传感器开路、短路、连接器接触不良
●	●	×	信号通信异常 电源不能加到室外机 或室外机基板	章间配线错误 线端固定不良、线体与金属板接触不良、接线错误、绝缘不良、端子板用温度保修熔丝管熔断 功率继电器不良、基板不良（室内机）
●	●	●	功率模块保护 （电流、温度）	功率模块不良、信号线连接器接触不良、压缩机卡轴、磨损过大、室外基板不良，室外风机不运转、室外热交换器堵塞
○	●	×	室外机外部 ROM	OTP 数据没记入 线端固定不良 OTP 数据错误、IC 插座接触不良
○	×	×	制冷剂泄漏	

自诊断方法：室内机的运转指示灯每 0.5s 闪烁一次，可以按下述方式进行更详细的故障诊断。

诊断顺序

a. 将运转选择开关拨向全停止。

b. 插入电源插头，传感器异常或有保护动作时，一个故障显示 5s，有数个故障，则以 2s 的时间依次显示。

c. 修理完成后，将运转选择开关拨向"试运行"，再插上电源，以消去故障内容。

（4）KFR-2820GW/BP（表 15-38）

说明：

① 每个灯可有三种状态：亮、闪烁（亮 0.5s，灭 0.5s）、灭。

② 1：运行灯，2：定时灯，3：睡眠灯，4：高效灯。

③ 任何故障发生时室内控制面板所有灯秒闪，当保护发生时室内控制面板运行灯秒闪。此时轻触一下应急按钮，蜂鸣一声后，以室内机四个 LED 的亮灭显示故障或保护内容。

表 15-38　故障显示

编号	1	2	3	4	记号说明：★：灯亮 ○：闪亮 ×：消灯
1	○	×	×	★	室内温度传感器异常
2	○	×	★	×	室内热交换温度传感器异常
3	○	★	×	×	压缩机温度传感器异常
4	○	★	×	★	室外热交换温度传感器异常
5	○	★	★	×	室外温度传感器异常
6	○	○	★	×	互感器异常
7	○	○	×	★	室外变压器异常
8	○	×	×	○	信号通信异常

编号	1	2	3	4	记号说明：★：灯亮 ○：闪亮 ×：消灯
9	○	×	○	×	IPM 模块保护
10	○	★	○	★	最大电流保护
11	○	★	○	×	电流过载保护
12	○	×	○	★	压缩机排齐温度过高保护
13	○	★	★	○	AC 输入电压异常
14	○	★	○	○	室外环境温度保护
15	○	×	○	○	室外风扇电机运转异常
16	○	×	★	★	四通阀切换异常
17	○	○	★	★	制冷剂泄漏
18	○	×	★	○	压机壳体温度过高保护

（5）海信 KFR-36GW/ABPF 空调器故障代码含义（表 15-39，表 15-40）

说明：

① 自我诊断开始条件：开关由"运行"拨到"停止"位置，进行传感器异常和故障原因诊断，每输出一个故障原因，蜂鸣器鸣响。

② 自我诊断结束条件：

a. 开关在"停止"以外的位置时，此时蜂鸣器不响，标志自我诊断结束。

b. 只有在自我诊断全部完成后，开关板拨到"开"后，空调器才可正常工作。

c. 空调器在进行自我诊断时，可能要等待十几秒钟用于判断错误。

表 15-39　室内机故障

序号	故障灯			判断内容：检查传感器
	1	2	3	
1	×	×	×	正常
2	☆	×	×	室内温度传感器异常
3	×	☆	×	室内热交换器传感器异常
4	×	×	☆	室外压缩机温度传感器异常
5	☆	×	☆	室外热交换温度传感器异常
6	×	☆	☆	室外温度传感器正常
7	☆	☆	☆	室外电流传感器正常

注：1：定时灯；2：待机灯；3：运行灯；○：亮；×：灭；☆：闪烁。下同。

表 15-40　室外机故障

序号	故障灯			判断内容：保护及故障原因
	1	2	3	
1	☆	○	☆	防冻结保护
2	○	×	×	章间通信不良
3	×	○	×	IPM 保护
4	○	○	×	室外 MCU 或 EEPROM 不良
5	×	×	○	过电流关断

续表

序号	故障灯			判断内容：保护及故障原因
	1	2	3	
6	○	×	○	欠电流关断
7	×	○	○	压缩机排气温度保护
8	☆	☆	○	室内外风机异常
9	○	☆	☆	四通阀切换不良
10	☆	○	○	缺制冷剂保护
11	○	○	○	压缩机运行异常
12	○	○	☆	室外风扇运行异常
13	○	☆	○	交流输入电压异常
14	○	×	☆	过负荷保护
15	☆	○	×	室外低温保护
16	☆	☆	×	通信线接触不良

（6）海信 KFR-2702GW/BP 空调器故障代码含义

说明：当运行出现故障后，空调器将停止运行，然后显示故障内容。若要重现故障内容可按遥控器"传感器切换"，将设定为"本体控温"，再连续按遥控器"传感器切换"键。液晶屏显示故障内容：室内显示"室内"，室外显示"室外"，见表 15-41。

表 15-41 室外机故障

代码	故障部位	故障原因
1	室内温度传感器异常	室内温度传感器短路或开路
2	室内热交换传感器异常	盘管温度传感器短路或开路
3	室内热交换器冻结	室内送风电机损坏
4	室内热交换器过热	室内送风电机损坏
5	通信故障	室内通信电路或室外电源电路、通信电路故障
8	室内风机故障	室内风机故障或风机驱动检测电路故障
室外		
1	室外环境温度传感器异常	热敏电阻短路或开路
2	室外热交换温度传感器异常	热敏电阻短路或开路
3	压缩机过热	压缩机顶盖热敏电阻短路或开路、或压缩机过热
6	过电流	室内外风机或压缩机损坏
8	供电电压异常	电源电压过高或过低和电压检测电路故障
9	室外瞬时停电	室内机给室外机断电或电源瞬时停电或室外控制板电源检测电路故障
10	制冷室外过载	
11	正在除霜	空调器正在除霜
12	IPM 模块故障	IPM 模块损坏或驱动电路故障
13	室外 EEPROM 数据错误	EEPROM 损坏

室外机 3 个故障显示灯也可以显示室内机的故障内容（只有在压缩机停止时），其显示方法见表 15-42。

表 15-42　室内机故障

序号	故障灯显示			故障名称
	1	2	3	
1	⊙	×	×	室外环境温度传感器异常
2	×	⊙	×	室外热交换温度传感器异常
3	⊙	⊙	×	压缩机过热
4	×	⊙	⊙	过电流
5	⊙	⊙	⊙	无负载
6	☆	×	×	供电电压异常
7	×	☆	×	室外瞬时停电
8	☆	☆	×	制冷室外过载
9	×	×	☆	正在除霜
10	☆	×	☆	IPM 模块故障
11	×	☆	☆	室外 EEPROM 数据错误

注：⊙常亮；☆闪烁；×不亮。

15.5.2　海信柜机系列空调器故障代码含义

（1）海信 KFR-50LW/AD、KFR-50LW/A、KF-50LW、KFR-5001LW/ADF 空调器故障代码含义（表 15-43）　在保护状态下，面板显示保护标志。

表 15-43　海信 KFR-50LW/AD、KFR-50LW/A、KF-50LW、KFR-5001LW/ADF 空调器故障代码含义

序号	故障代码	故障原因
1	E1	室内温度传感器不良（开路或短路）
2	E2	室内热交换器温度传感器不良（开路或短路）
3	E3	室外热交换器温度传感器不良（开路或短路）
4	E4	室外环境温度传感器不良（开路或短路）
5	E5	过欠压保护
6	E6	防冻结保护
7	E7	防高温保护
8	E8	室外环境温度过低保护
9	E9	过电流保护

（2）海信 KFR-65LW/D、KFR-5001LW/D、KFR-5002LW/D 系列空调器故障代码含义（表 15-44）

表 15-44　海信 KFR-65LW/D、KFR-5001LW/D、KFR-5002LW/D 系列空调器故障代码含义

序号	故障代码	故障原因
1	E1	室内传感器异常
2	E2	室内盘管传感器异常
3	E3	室外盘管传感器异常
4	E4	过流保护

（3）海信 KFR-72L/W、KFR-72LW/D 空调器故障代码含义（表 15-45）

表 15-45　海信 KFR-72L/W、KFR-72LW/D 空调器故障代码含义

序号	各指示灯	故障原因
1	定时温度	闪烁时表示故障指示
2	12～29	闪烁时表示系统故障指示
3	11～28	闪烁时表示室温传感器故障
4	10～27	闪烁时表示室内管温传感器故障
5	7～24	闪烁时表示过热保护
6	6～23	闪烁时表示冻结保护
7	2～19 1～18	点亮时表示故障指示

（4）海信 KFR-7201LW/D、KF-7201LW/F 空调器故障代码含义（表 15-46）

表 15-46　海信 KFR-7201LW/D、KF-7201LW/F 空调器故障代码含义

序号	故障代码	故障原因
1	E1	室外机组保护装置不良
2	E2	过热保护
3	E3	冷冻保护
4	E4	制冷循环系统有泄漏

（5）海信 KFR-120LW/D 空调器故障代码含义

① 自动故障显示　在工作时发生故障，空调器停止运行，然后通过面板有关指示来显示故障位置（表 15-47），所有其他指示灯会熄灭，若要退出故障显示状态，可按电源开/关按钮。

表 15-47　自动故障显示

显示	故障位置	原因	维修方法
定时温度/℃	两灯闪烁故障指示		
11～28	亮表示系统回路故障	室内、外连接线错误室外机组故障，室内电路板故障	检查接线 检查室外机组 检查室内板
9～26	亮表示过冷与过热保护，温度传感器开路故障	连接器接触不良，热敏电阻失灵	检查连接器 检查热敏电阻，若没有故障，更换室内电路板

显示	故障位置	原因	维修方法
8～25	亮表示温度传感器短路故障	连接器接触不良，热敏电阻失灵	检查连接器 检查热敏电阻，若没有故障，更换室内电路板
7～24	亮表示进风温度传感器开路故障	连接器接触不良，热敏电阻失灵	检查连接器 检查热敏电阻，若没有故障，更换室内电路板
6～23	亮表示进风温度传感器短路故障	连接器接触不良，热敏电阻失灵	检查连接器 检查热敏电阻，若没有故障，更换室内电路板
5～22	亮表示室外机温度传感器开路故障	连接器接触不良，热敏电阻失灵	检查连接器 检查热敏电阻，若没有故障，更换室内电路板
4～21	亮表示室外机温度传感器短路故障	连接器接触不良，热敏电阻失灵	检查连接器 检查热敏电阻，若没有故障，更换室内电路板

② 室外电路板故障指示与检修　室外机正常运行时对应 LED 指示状态如表 15-48 所示。

表 15-48　室外电路板故障指示与检修

状态指示 ＼ 项目	三相电源缺相指示 LED1	压缩机工作指示 LED2	风机工作指示 LED3	四通阀工作指示 LED4
制冷时	—	亮	亮	亮
制热时	—	亮	亮	亮
三相电源缺相时	亮	—	—	—

（6）海信 KFR-120LW/BD 空调器故障代码含义（表 15-49）

表 15-49　海信 KFR-120LW/BD 空调器故障代码含义

定时温度/℃	故障位置	原因	维修方法
11～28 1～18	室温传感器	室温传感器开路或短路	检查传感器
10～27 1～18	室内盘管传感器	盘管传感器开路或短路	检查传感器
12～29 1～18	室外机组	室外机组故障	检查压机 检查室外风机
7～24 1～18	结霜保护 过热保护	风路短路循环 空气过滤网堵塞 室内风机有故障 恒温器不良	检查空气过滤网 检查室内风机 检查恒温器
8～25 1～18	过流、高压、低压保护	制冷系统混入空气，部分冷凝管被空气占据	放掉制冷剂、抽空、按技术要求加制冷剂，低压侧控制在 0.5MPa

（7）海信 KFR-7203LW/D、KF-7203LW 空调器故障代码含义　KFR-7203LW/D、KF-7203LW 上电不运行为待机状态，电源指示灯闪烁，运行过程中出现电源指示灯闪烁为故障状态，请在操作面板同时按下温度上升、下降键，液晶操作面板上将显示故障代码（表 15-50）。

表 15-50　海信 KFR-7203LW/D、KF-7203LW 空调器故障代码含义

故障代码	可能原因	现象	维修措施
E1	排气压力过高 吸气压力过低 排气温度过高	高压压力开关断开 低压压力开关断开 排气温控器断开	检查室外机、室内机风扇 检查冷媒是否过少
E2	制热高负荷保护	此温度下不宜制热运行	制热时，室外环境温度太高所致
E3	防冻结保护	制冷时室内外温度过低或蒸发器结霜时出现	由于室内外温度过低的原因属正常保护。由于阻碍通风的，改善通风条件
E4	能力不足	制冷系统运行几分钟后，自动停机	检查冷媒是否过少
E5	室外环境温度传感器开路或短路	指示灯闪烁	检测环境温度传感器
E6	室内传感器开路或开路	指示灯闪烁	检测室内温度传感器
E8	压缩机过电流保护	开机后立即停机或运行过程中途停机，指示灯闪烁	① 检查用户电源； ② 检测压缩机是否堵转

（8）海信 KFR-7206LW/D、KFR-7208LW/D 空调器故障代码含义（表 15-51）

表 15-51　海信 KFR-7206LW/D、KFR-7208LW/D 空调器故障代码含义

序号	故障代码	故障原因
1	E0	室内传感器异常
2	E1	室内盘管传感器异常
3	E2	室外盘管传感器异常
4	E3	压缩机高低压保护及温度过高保护
5	E4	室外环境温度传感器
6	E5	过欠压保护
7	E6	防冻结保护
8	E7	防高温保护
9	E8	室外环境温度过低保护
10	E9	过电流保护

15.5.3　海信柜机变频系列空调器故障代码含义

（1）海信 KFR-50LW/BPF、KFR-60LW/BPF、KFR-5001LW/BPF、KFR-50LW/ABPF 空调器故障代码含义（表 15-52）

表 15-52　海信 KFR-50LW/BPF、KFR-60LW/BPF、KFR-5001LW/BPF、
KFR-50LW/ABPF 空调器故障代码含义

故障代码	室内机故障	故障代码	室内机故障
1	室内温度传感器异常	4	热交换器过热
2	热交换温度传感器异常	5	通信故障
3	热交换器冻结	6	瞬时停电

故障代码	室外机故障	故障代码	室外机故障
17	室外环境传感器异常	25	瞬时停电
18	热交换器温度传感器	26	制冷室外过载
19	压缩机过热	27	正在除霜
21	IPM 模块过热	28	IPM 模块保护
22	过电流	29	E^2PROM 数据错误
24	供电电压异常		

（2）海信 KFR-12003LW/A 空调器故障代码含义（表 15-53）

表 15-53 海信 KFR-12003LW/A 空调器故障代码含义

故障代码	故障原因
E0	室内环境温度传感器故障
E1	室内盘管温度传感器故障
E2	室外盘管温度传感器故障
E3	压力保护
E4	压缩机过流保护

15.5.4 海信直流变频空调器及一拖二系列空调器故障代码含义

（1）海信 KFR-4001GW/ZBPF 空调器故障代码含义（表 15-54）

表 15-54 海信 KFR-4001GW/ZBPF 空调器故障代码含义

故障码	传送码	故障部位	检出内容	主要故障判定位置
1	1	四通阀动作不良	制热运转中室内机热交换器温度低或者制冷运转中室内热交换器	① 四通阀；② 热交换传感器开路
2	2	室外机强制运转中	室外机强制运转中或者强制运转中的平衡中	室外机的电器部件
3	3	室内外机通信不良	来自室外机的信号阻断时	① 室内机接口电路；② 室外机的接口电路
10	10	DC 风扇电机转速不正常	室内 DC 风扇电机转速小于 1000（最小）时	① 室内风扇卡死；② 室内风扇电机
13	13	E^2PROM 故障	室内机 E^2PROM 读出的数据有误	E^2PROM
2	32	过电流	过电流时	① 系统功率组件；② 压缩机；③ 控制基板
3	33	不正常的低速运转	运转时无位置检出信号输入	① 系统功率组件；② 压缩机；③ 驱动电路；④ 位置检测电路

续表

故障码	传送码	故障部位	检出内容	主要故障判定位置
4	34	切换失败	不能从低频同步起始位置向位置检出运转切换	①系统功率部件；②压缩机；③驱动电路；④位置检测电路
5	35	过负载下限开路	过负载控制电路工作维持在最低转数以下	①室外机受到直射阳光的照射或者是周围有遮挡物；②风扇电机；③风扇电机电路
6	36	传感器温度上升	过热传感器温度上升	①冷媒；②压缩机；③传感器
8	38	增速不良	增速不能大于最低转速	①压缩机；②冷媒
13	43	E^2PROM 读数不良	室外机 E^2PROM 读出的数据有误	E^2PROM
14	44	有源变压器不良	检测出系统功率组件过电流时	系统功率组件
15	45	错误输出	接入电源直流电压过高时	①制基板；②系统功率组件

（2）海信 KFR-2601GW/ZBPF、KFR-28GW/ZBPF 空调器故障代码含义

故障出现时，运行灯或闪（除了室外温度过低保护）待机灯亮，为室内故障；待机灯闪，为室外故障，具体参考表 15-55。

表 15-55　室内故障灯显示

代码	显示灯				显示内容	备注
	运行灯（绿1）	待机灯（红）	高效灯（黄）	定时灯（绿2）		
1	●	○	●	●	待机	一般显示
2	○	●	※	※	运行	
3	○	●	○	※	高效	
4	○	●	※	○	定时	
5	○	●	●	☆	化霜	一般保护
6	○	○	●	●	防冻保护	
7	☆	●	●	●	室外温度过低保护	
8	○	●	☆	●	睡眠	
9	○	☆	●	☆	排气温度过高保护	
10	○	●	☆	☆	防负载过重保护	
11	●	☆	☆	☆	IPM 温度过高	故障显示
12	●	☆	●	●	R22 泄漏（待定）	
13	●	☆	●	☆	室外管温传感器故障	
14	●	☆	○	☆	排气口温度传感器故障	
15	●	☆	☆	○	AC 电压异常	
16	●	☆	☆	●	室外电流传感器故障	

续表

代码	显示灯				显示内容	备注
	运行灯 （绿1）	待机灯 （红）	高效灯 （黄）	定时灯 （绿2）		
17	●	☆	○	○	室外过流故障	
18	●	☆	○	●	室外气温传感器故障	
19	●	○	☆	☆	通信故障	
20	●	○	○	○	室内管温传感器故障	
21	●	○	☆	●	室内气温传感器故障	
22	●	○	●	☆	室内风机故障	
23	●	○	☆	○	室内 E^2PROM 故障	
24	☆	○	☆	○	位置检测故障	
25	☆	☆	☆	☆	压缩机停转或启动异常	

注：○为亮；●为熄灭；☆为闪烁；※为亮或灭。

室外三个故障灯的显示如表 15-56 所示。显示方法为显示 5s，停 2s。

表 15-56　室外故障灯的显示

代码	显示灯			显示内容
	黄	绿	红	
1	☆	●	●	压机排气温度传感器故障
2	●	☆	●	室外管温传感器故障
3	●	●	☆	室外温度传感器故障
4	☆	☆	●	电流传感器故障
5	☆	●	☆	制冷剂泄漏
6	●	☆	☆	通信故障
7	☆	☆	☆	电流异常
8	○	○	☆	电压异常
9	●	○	○	IPM 温度过高
10	○	●	●	3min 启动保护
11	●	○	●	5min 停止保护
12	●	●	○	冷热转换保护
13	○	●	○	排气口温度保护
14	○	○	○	低温启动保护
15	○	☆	●	防冻保护（制冷）过负载保护（制热）
16	○	●	☆	除霜保护

注：○为亮；●为熄灭；☆为闪烁。

（3）海信 KFR-28GW/BP×2、KFR-2801GW/BP×2 空调器故障代码含义（表 15-57）
当运行出现故障后，空调器将停止运行，然后显示故障内容。若要重现故障内容可按"传感器切换"，将遥控器设定为"本体控温"，再设为"遥控器控温"状态。

表 15-57　海信 KFR-28GW/BP×2、KFR-2801GW/BP×2 空调器故障代码含义

代码	显示灯				故障部位	故障原因
	运行灯	待机灯	定时灯	高效灯		
1	○	×	×	×	室内温度传感器异常	热敏电阻短路或开路
2	×	○	×	×	热交换器温度传感器异常	热敏电阻短路或开路
3	○	○	×	×	热交换器冻结	系统亏制冷剂
4	×	×	○	×	热交换器过热	系统有空气
5	○	×	○	×	通信故障	室内机与室外机之间通信；鼠害
8	×	×	×	○	室内风机故障	室内风机线圈开、短路故障
室外						
1	●	×	×	×	室外环境温度传感器异常	热敏电阻短路或开路
2	×	●	×	×	室外热交换器传感器异常	热敏电阻短路或开路
3	●	●	×	×	压缩机过热	热敏电阻短路或开路
4	×	×	●	×	室外细管 A 温度传感器故障	热敏电阻短路或开路
5	×	×	×	×	室外细管 B 温度传感器故障	热敏电阻短路或开路
6	×	●	×	×	过电流	室外机电流过大
7	●	●	●	×	无负载	没接压缩机或模块保护
8	×	×	×	●	供电电压异常	电源电压过高或过低
9	●	×	×	●	瞬时停电	电源电压
12	×	×		●	IPM 模块保护	电压输出不平衡、电流过大降频
13	●	×	●	●	室外 E²PROM 数据错误	室外机周边有电子设备干扰
14	×	●	●	●	室外回气温度传感器故障	传感器参数漂移

注：○为闪烁，●为常亮，×为灭。

室外机故障显示灯为 SRV1、SRV2、SRV3。当压缩机由于故障停止运行时，故障显示灯进行故障报警。当压缩机处于运行状态时，故障显示灯指示限频因素。见表 15-58。

表 15-58　室外机故障

代码	故障显示			故障部位
	SRV3	SRV2	SRV1	
1	●	×	×	室外环境温度传感器异常
2	×	●	×	室外热交换温度传感器异常
3	●	●	×	压缩机过热
4	×	×	●	室外细管 A 温度传感器异常
5	●	×	●	室外细管 B 温度传感器故障

代码	故障显示			故障部位
	SRV3	SRV2	SRV1	
6	×	●	●	过电流
7	●	●	●	无负载
8	○	×	×	供电电压异常
9	×	○	×	瞬时停电
10	○	○	×	制冷室外过载
11	×	×	○	正在除霜
12	○	×	○	IPM 模块故障
13	×	○	○	室外 E^2PROM 故障错误
14	○	○	○	室外回气温度传感器故障

（4）海信 KFR-2601GW/BP×2 空调器故障代码含义　当运行出现故障时，空调器将停止运行，然后显示故障内容。若要重现故障内容可按"传感器切换"，将遥控器设定为"本体控温"再设为"遥控器控温"。显示故障内容的显示灯与运行指示灯兼用（表 15-59）。

表 15-59　海信 KFR-2601GW/BP×2 空调器故障代码含义

故障代码		故障部位	故障原因
室内	1	室内温度传感器异常	热敏电阻短路或开路
	2	热交换器温度传感器异常	热敏电阻短路或开路
	3	热交换器冻结	系统亏制冷剂
	4	热交换器过热	系统有空气、热交换器过脏
	5	通信故障	室内机与室外机之间通信：鼠害、信号干扰
	8	室内风机故障	室内风机线圈开、短路故障
室外	1	室外环境温度传感器异常	热敏电阻短路或开路
	2	室外热交换器温度传感器异常	热敏电阻短路或开路
	3	压缩机过热	热敏电阻短路或开路，或压缩机过热
	4	室外细管 A 温度传感器故障	热敏电阻短路或开路
	5	室外细管 B 温度传感器故障	热敏电阻短路或开路
	6	过电流	室外机电流过大
	7	无负载	没接压缩机或模块保护
	8	供电电压异常	电源电压过高或过低
	9	瞬时停电	电源、漏电保护器
	10	制冷室外过载	室外机热交换器脏
	11	正在除霜	天气寒冷、制热时，室外机热交换器结冰
	12	IPM 模块保护	电压输出不平衡、电流过大降频
	13	室外 E^2PROM 数据错误	室外机周边有电子设备干扰
	14	室外回气温度传感器故障	传感器参数漂移
	15	IPM 模块保护	电源电压过高、过低

（5）海信 KFR-25GWBP×2 空调器故障代码含义（表 15-60）

表 15-60　海信 KFR-25GWBP×2 空调器故障代码含义

机型	KFR-25GW/BP×2			
内机	定时机	待机灯	运行灯	故障解读
1	闪	灭	灭	室内风机
2	灭	闪	灭	室内环温传感器
3	灭	灭	闪	室内盘管传感器
4	闪	闪	灭	开关板
5	闪	灭	闪	通信故障
6	亮	灭	灭	压机传感器
7	灭	亮	灭	室外管温传感器
8	灭	灭	亮	室外环温传感器
9	亮	亮	灭	过流
10	亮	灭	亮	IPM
11	灭	亮	亮	压机过热
12	亮	亮	亮	欠压
13	亮	闪	灭	过压
室外机控制板显示灯				
外机	L1	L2	L3	（L 自左至右）说明 1
1	亮	亮	灭	热保护
2	灭	亮	亮	欠压
3	灭	灭	闪	排气口传感器
4	闪	灭	闪	盘管传感器
5	灭	闪	闪	室外环境传感器
6	闪	闪	闪	过流
7	灭	亮	灭	IPM 保护
8	闪	亮	闪	过压
9	亮	灭	灭	1 号通信
10	亮	灭	亮	2 号通信

（6）海信 KFR-（2501G＋3201G）W/BPF 空调器故障代码含义　当运行出现故障后，空调器将停止运行，然后显示故障内容。

① 室内机 KFR-2501GW/BPF　若要重现故障内容，可按遥控器"传感器切换"，将设定为"本体控温"，再连续按遥控器"传感器切换"键，液晶显示故障内容，如表 15-61 所示。

表 15-61　室内机 KFR-2501GW/BPF 空调器故障代码含义

代码	故障部位	故障原因
1	室内温度传感器异常	室内温度传感器短路或开路
2	室内热交传感器异常	盘管温度传感器短路或开路
3	室内热交换器冻结	室内送风电极损坏
4	室内热交换器过热	室内送风电极损坏
5	通信故障	室内通信电路或室外电源电路，通信电路故障
8	室内风机故障	室内风机故障或风机驱动检测电路故障

② 室内机 KFR-3201GW/BPF　先关闭人机对话功能（按传感器切换键）。待人机对话图标消失后，再连续按传感器切换键两次，即可在 VDF 屏温度显示位置看到故障代码，见表 15-62。

表 15-62　室内机 KFR-3201GW/BPF 空调器故障代码含义

代码	故障部位
1	室内温度传感器故障
2	室内热交传感器故障
3	室内热交冻结
4	室内热交过热
5	通信故障
6	无交流电源
8	室内风机故障
10	出风温度传感器故障
11	亮度传感器故障
13	室内机 E^2PROM 故障
21	室外温度传感器异常

③ 室外机见表 15-63。

表 15-63　室外机故障灯显示

代码	显示灯				故障部位	故障原因
	运行灯	待机灯	定时灯	高效灯		
1	●	×	×	×	室外温度传感器异常	热敏电阻短路或开路
2	×	●	×	×	室外热交换器传感器异常	热敏电阻短路或开路
3	●	●	×	×	压缩机过热	热敏电阻短路或开路，或压缩机过热
4	×	×	●	×	室外细管 A 温度传感器故障	热敏电阻短路或开路
5	×	×	×	●	室外细管 B 温度传感器故障	热敏电阻短路或开路
6	×	●	×	×	过电流	室外机电流过大
7	●	●	×	×	无负载	没接压缩机或模块损坏
8	×	×	×	●	供电电压异常	电源电压过高或过低
9	●	×	×	●	瞬时停电	电源、漏电保护器
12	×	×	●	●	IPM 模块故障	电压输出不平衡、电流过大降频
13	●	×	●	●	室外 E^2PROM 数据错误	室外机周边有电子设备干扰
14	×	●	●	●	室外回气温度传感器故障	传感器参数漂移

注：○为闪烁；●为常亮；×为灭。

附录

附录1 教你考上岗证（空调器安装工、空调器维修工、空调运行工、制冷设备维修工、制冷工、家用电器维修工题库）

判断题

1. 压力管道是指在生产、生活中使用的可能引起燃爆或中毒等危险性较大的特种设备。（√）

2. 对于特种作业人员必须进行专业的培训，经考试合格后，才能上岗操作。（√）

3.《中华人民共和国安全生产法》确定六项基本法律制度。（×）

4.《特种设备安全法》总则中共计10条内容。（×）

5. 压力管道的安全状况以等级表示分为1级、2级、3级、4级四个等级。（√）

6. 中华人民共和国安全生产法规定，安全生产管理，坚持安全第一，预防为主的方针。（√）

7. 压力管道是指在生产、使用的可能引起燃爆或中毒等危险性较大的特种设备。（×）

8. 操作人员在对制冷系统维护操作中应做到"四助"，助看仪表，助机器温度，助听机器运转无杂音，助了解制冷系统热负荷变化情况。（√）

9. 制冷系统运行操作人员应做到"四要"，即要确保安全运行，要保障制冷温度达标，要尽量降低冷凝压力，要充分发挥制冷设备制冷效率。（√）

10. 设备的基础要求足够的强度和压力，不能发生下沉，偏斜等现象。（×）

11. 设备的基础要求足够的强度，刚度和稳定性，不能发生下沉，偏斜等现象。（√）

12. 设备的初平，初平是在上位和找正之后，初步将设备的水平度调整到接近设计要求。设备的地脚螺栓灌浆并清洗后再进行精平。（√）

13. 设备的初平是在上位和找正之后，要求足够的强度和压力，不能发生下沉，偏斜现象。（×）

14. 设备找正就是将其上位到规定的部位，使设备的纵横中心线，与基础上的中心线对正。（√）

15. 紫铜管，适用于温度低于120℃的制冷及化工设备的管路中。（×）

16. 紫铜管，适用于温度低于250℃的制冷及化工设备的管路中。（√）

17. 设备找正就是开箱后，将设备由箱的底排搬到设备基础上。（×）

18. 制冷剂钢瓶应存放在阴凉处，避免阳光直晒，防止靠近高温。（√）

19. 使用汽油清洗零件时，其在空气中的浓度不允许超过 0.5mg/L，否则容易发生危险。（×）

20. 设备上位就是开箱后，将设备由箱的底排搬到设备基础上。（√）

21. 钢管从制造工艺上可分为冷拔无缝钢管和热轧钢管两种。（×）

22. 钢管从制造工艺上可分为无缝钢管和焊接钢管两种。（√）

23. 砂轮机的托架与砂轮间的距离一般应保持 3mm 以内，并应安装牢固。（√）

24. 通风空调系统中的阀门，按其用途可分为一次调节阀，开关阀，自动调节阀和防火阀等。（√）

25. 压力检漏时，一定要将设备或系统内的 压力全部释放后，才能进行补焊操作。（√）

26. 安全阀主要是保护高压设备可能发生压力无法控制的事故。（√）

27. 电磁阀是制冷系统自动控制的执行元件，它利用电磁原理，控制气体或液体制冷剂在管路中的流通。（√）

28. 小瓶灌装制冷剂的量不要超过满容积的 70%～80%。（√）

29. C. FC. 氯制冷剂烃对大气臭氧层有破坏作用。（√）

30. C. FC. 是不含氯的制冷剂氟利昂，对大气的臭氧层没有破坏作用。（×）

31. 在制冷设备中，蒸发器吸收的热量和冷凝器放出的热量是一样的。（×）

32. 静止液体内部某一点上的压力与液面深度、液体密度成正比，其方向竖直向下。（√）

33. 制冷剂氟利昂 R22 是一种透明、无味、基本无毒、不易燃烧爆炸的制冷剂。（√）

34. R12 的单位容积量比 R22 约高 60%。（×）

35. R13 一般用在复叠制冷机的低温级。（√）

36. 氨无毒、有味、不燃、无爆炸，所以被广泛应用。（×）

37. R134a 是比较理想的 R12 替代制冷剂。（√）

38. 乙二醇、丙二醇水溶液是有机载冷剂。（√）

39. 制冷剂氟利昂液体不溶于油，但制冷剂氟利昂蒸气溶于油。（×）

40. 使用 R12 制冷剂的制冷设备，制冷剂在蒸发器内的蒸发温度为－29.8℃。（×）

41. 冷冻油进入热交换器不影响传热效果。（×）

42. 冷冻油进入热交换器会影响传热效果。（√）

43. 制冷运转时压缩比升高，则压缩机排气温度升高，气缸壁温度上升。（√）

44. 压缩机的压缩比值越大，其输气量减少，制冷量下降。（×）

45. R600a 标准沸点为－11.7℃。（√）

46. R410A 制冷剂是共沸混合制冷剂。（×）

47. 安全阀的工作原理是以压缩弹力来平衡管路中制冷剂作用在阀瓣上的压力，通过调整弹簧的压紧程度来改变安全阀的动作压力。（√）

48. 安全阀的工作原理是以制冷剂压缩弹力来平衡管路中制冷剂作用在阀瓣上的压力，通过调整冷凝压力来改变安全阀的动作压力。（×）

49. 制冷剂氟利昂制冷剂无毒无味，不会造成人的中毒死亡。（×）

50. 氧气瓶内的气体允许全部用完。（×）

51. 在维修或清洁空调时，需先拔去电源插头。（√）

52. 易熔塞应安装在冷凝器最下方。（√）

53. 当制冷系统暴露在空气中超过 5min 时，就应该对系统进行排除空气操作。（√）

54. 新型制冷剂（407C、410A）只可充注制冷剂液体，不可充气体制冷剂。（√）

55. 制冷管道进行气压试验时，管道系统内压力应逐级缓慢提升，升压时升压速度不应大于 50kPa/min。（√）

56. 水系统采用液压试验，其试验压力为最高工作压力的 1.5 倍。（√）

57. 高压系统检漏压力约为设计冷凝压力的 1.25 倍。（√）

58. "液爆"是因为设备或管道中有液态制冷剂。（×）

59. 维修时拆下的 开口销只要未折断，即可继续使用。（×）

60. 用 U 形压力计测压时，可用工作液体的液注来表示被测压力的大小，可按 $10mmH_2O$ 等于 9.806Pa 进行换算。（×）

61. 两级压缩制冷系统，制冷剂机一般采用中间不完全冷却系统。（√）

62. 吸收式制冷机，发生器的热源只能是热蒸汽。（×）

63. 双效溴化锂就是有效的二次利用能源。（√）

64. 冷却塔的通风机主要是低速轴流风机。（×）

65. 螺杆式压缩机属于容积型制冷压缩机。（√）

66. 膨胀阀又叫节流阀，其作用主要用来调节制冷剂的循环作用。（√）

67. 在单位时间内流体移动所通过的距离称为流量。（×）

68. 系统吹污时应将所有与大气相通的阀门开启，以将系统内的污物用干燥氮气吹出。（×）

69. 低压端加制冷剂即从压缩机吸气截止阀旁通孔处充注制冷剂氟利昂液体，在充注过程中不允许开机。（×）

70. 向系统内充注 R22 制冷剂液体时，若系统内的压力升高，R22 液体充不进系统，则可以对 R22 钢瓶作间接加热，以提高钢瓶内压力。（√）

71. 冷却塔是用来降低冷媒水温度的设备。

72. 冷却塔按水和空气流动方向可分为横流式和逆流式两类。（√）

73. 冷却塔是由淋水装置和配水装置组成的。（×）

74. 冷却塔有高位安装和低位安装两种方式。（√）

75. 水泵填料磨损或失去弹性是造成填料函漏水过多的原因之一。（√）

76. 为减少水泵填料函漏水量，填料压盖压的越紧越好。（×）

77. 冷却塔风机的 传动皮带，在检修时需将已失去弹性或损坏的更换，而保留尚能使用的。（×）

78. 三角皮带的型号 B2240 表示是 B 型三角带，标准长度为 2240mm。（√）

79. 三角皮带采用耐油橡胶制成，可以与矿物油接触而不影响性能。（×）

80. 水量调节阀，用于自动控制和调节进入冷凝器中的冷却水量，使蒸发温度和压力保持在一定的范围内。（×）

81. 切管时，若用压力钳夹持管子，切管人应站在压力钳的一侧，不可正对压力钳。（√）

82. 锯割适用于绝大部分金属管材，只能得到平面割口。（√）

83. 大口径钢管宜采用气割，但不锈钢管、铜管、铝管均不宜采用气割。（√）

84. 大口径钢管、不锈钢管、铜管、铝管均宜采用气割。（×）

85. 锯割适用于绝大部分金属管材，可以得到平面和曲线割口。（×）

86. 切割材料时必须先按动电钮开关，接通电源，电机带动主轴和锯片运转正常后，方可按下操纵杆。（√）

87. 水泵运转时轴承应无杂音，轴承温度不应该高于 90℃。（×）

88. 一般情况下水冷式冷凝器的冷凝温度比冷却水的出水温度高 4~8℃。（×）

89. 19×L 离心式冷水机组当冷却水的进水温度为 32℃ 时。冷凝器中的冷凝压力（表压）约为 1.46MPa。（√）

90. 水冷式冷凝器清除冷却水管内的积垢，可采用手工法或酸洗法。（√）

91. 制冷剂氟利昂的含水量不得超过 0.0025%。（√）

92. NaCl 是常用的盐水，$CaCl_2$、$MgCl_2$ 不可作为盐水使用。（×）

93. 在蒸发器中，制冷剂由液态变成气态吸收的热量属于汽化潜热。（√）

94. 冷凝与沸腾是两个完全相反的过程。（√）

95. 有害过热可以减少但不能完全消除。（×）

96. 两级压缩制冷系统，氨机一般采用中间不完全冷却系统。（×）

97. 以水为制冷剂的制冷机中，蒸发温度只能在 0℃ 以下。（×）

98. 单位时间内，冷冻水放出的热量应等于制冷剂液体气化吸收的热量。（×）

99. 复叠式制冷循环通常由两个或者三个独立的制冷循环组成。（√）

100. 气焊适用于焊接小管径和壁厚较薄的钢管及有色金属管。（√）

101. 无缝钢管一般采用电焊，不宜采用气焊。（√）

102. 管路焊接后，经检漏发现有渗漏点时应进行补焊。原为铜焊的可用银钎补焊，原为银钎焊的应仍用银钎焊进行补焊；磷铜焊的只能用磷铜焊料进行补焊，锡钎焊也只能用锡合金补焊。（√）

103. 法兰盘不正，不允许用斜垫片或强紧螺栓的办法消除歪斜和用加双垫的方法弥补过大的间隙。（√）

104. 在敷设制冷管道时，液体管道不能有局部向上凸起，气体管道不能有局部向下凹陷的管段，避免产生"液囊"和"气囊"，使液体和气体在管道内流动阻力增加而影响系统的正常运转。（√）

105. 停止抽真空时应立即切断真空泵电源，然后关闭连接管路的阀门。（×）

106. 以乙醇或甲醇作燃料的卤素检漏灯，若出现火焰的颜色变为微绿色，就应立即将吸气管移开检漏点，以免发生光气中毒。（×）

107. 空调水系统压力试验的目的是为了检验水系统管路的机械强度与严密性。（√）

108. 冷水机组的蒸发温度低于 0℃，就会产生蒸发器冻结的危险。（√）

109. 冷水机组运行中，蒸发压力、蒸发温度与冷水带入蒸发器的热量有密切关系。热负荷大时，会引起蒸发温度降低。（×）

110. 采用 R22 制冷剂的 开利 19×L 冷水机组，正常运行的蒸发压力（表压）为 0.44～0.50MPa，对应的蒸发温度 3～6℃。（√）

111. 在热负荷或压缩机容量不变的情况下，污垢或油垢过厚引起蒸发压力和蒸发温度降低。（√）

112. 钎焊时应采取向下或水平侧进行，避免仰焊。（√）

113. 膨胀水箱的自动补水的水量应按系统循环水量的 1% 考虑。（√）

114. 小型整体式水泵安装要求不能有明显偏斜，水平度每米不得超过 0.1mm。（√）

115. 制冷剂乙烯生料带广泛采用在法兰连接上。（×）

116. 连接主要分为普通螺纹连接，活接头连接和锁母连接。（√）

117. 离心式冷水机组冷凝压力升高可能会引起压缩机喘振。（√）

118. 如果活塞式压缩机吸排气阀片不严密或破碎而引起内泄，会造成排气温度和排气压力升高。（×）

119. 活塞式冷水机组的吸气管结霜，表明冷水机组制冷量过大，有可能造成"液击"。（√）

120. 维修时拆下的 开口销只要未折断，即可继续使用。（×）

121. R12 采用风冷或自然冷却时的冷凝压力为 0.8～1.2MPa。（×）

122. 单级离心式制冷压缩机，叶轮的进气口前设有导叶式能量调节器。（√）

123. 氨冷凝器和制冷剂冷凝器在结构上没有差别。（×）

124. 储液器在制冷系统中，就是储存制冷剂的作用。（×）

125. 热力膨胀阀感温包可随意安装在回气管道上。（×）

126. 当流体的压强增大时，体积减小同时密度也减小。（×）

127. 水量调节阀，用于自动控制和调节进入冷凝器中的冷却水量，使冷凝温度和压力保持在一定的范围内。（√）

128. 热力膨胀阀主要用于制冷剂氟利昂制冷系统。根据蒸发器出口低压蒸气过热度的大小，自动调节阀门的开启度，以调节制冷剂流量。（√）

129. 热力膨胀阀主要用于氨制冷系统。根据蒸发器出口低压蒸气过热度的大小，自动调节阀门的开启度，以调节制冷剂流量。（×）

130. 电磁阀是制冷系统自动控制的执行元件，它利用压力原理，控制气体或液体制冷剂在管路中的流通。（×）

131. 浮球阀根据制冷剂分为氨浮球阀和制冷剂浮球阀两种；根据安装的位置不同，浮球阀可分为高压浮球阀和低压浮球阀。（√）

132. 二次开启式电磁阀，分为主阀和导阀两部分。（√）

133. 浮球阀根据液体制冷剂流动情况可分为直通式和非直通式两种。（√）

134. 浮球阀根据安装的位置不同，可分为氨浮球阀和制冷剂浮球阀两种。（×）

135. 法兰盘不正，允许用斜垫片或强紧螺栓的办法消除歪斜和用加双垫的方法弥补过大的间隙。（×）

136. 砂轮锯，可切 DN135 以内的各种金属管材（铸铁管除外），还可切尺寸小于 100mm×100mm 的角钢等各种型材。（√）

137. 小型制冷机可用压缩机把系统内中的大量空气抽出，然后用真空泵把剩余气体抽净。（×）

138. 组合修理表阀低压压力表的量程为 −0.1～+1.0MPa，可以与压缩机排气管相连。测量平衡压力。（×）

139. 将真空泵，组合修理表阀，制冷剂瓶与制冷组机相连接可实现低压单侧抽真空。（√）

140. 热电偶温度计与热电组温度计都要通过二次测量仪表，才能反映出被测介质的温度。（√）

141. 测量地点的气流速度对于湿球温度计的测量精度影响不是很大。（×）

142. 叶轮式风速仪可测 0.5～10 m/s 范围内的较小风速，可用于测量表冷器的风速。（√）

143. 装配压缩机相对运动的两个摩擦表面，以及密封与法兰表面应涂抹适量的冷冻机油。（×）

144. 蒸发器容易产生的故障是出现泄漏点、积油和机械杂质堵塞。（√）

145. 在拧紧圆形或方形布置的成组螺母时，必须对称的进行。（√）

146. 当机器设备检修完后，应将所有在检修时拿开的安全装置恢复原状，否则不准开车。（√）

147. 冷却塔的配水装置有管式、槽式和池式三种。（√）

148. 离心式水泵的叶轮有开式、半开式和闭式三种。（√）

149. 制冷剂氟利昂遇到超过 450℃的高温火焰或灼热表面，会引起分解，生成有强烈刺激性并有剧毒的气体。（√）

150. 真空泵精度要达到 0.02mmHg 以上。（√）

选择题

1. 《中华人民共各国安全生产法》中规定，生产经营单位的（C）对本单位的安全生产工作全面负责。

A. 安全管理人员   B. 安全管理部门   C. 主要负责人   D. 专业技术人员

2. 《中华人民共和国安全生产法》中规定，生产经营单位的主要负责人对本单位安全生产工作负有下列职责。（D）

A. 建立健全本单位安全生产负责制

B. 组织制定本单位安全生产规章制度和操作规程

C. 组织制定并实施本单位的生产安全事故应急救援提案

D. 以上都是

3. 制冷系统中经常采用易熔塞代替安全阀，它的熔点是（C）。

A. 55℃左右   B. 60℃左右   C. 70℃左右   D. 100℃左右

4. 制冷设备进行气压试验是为了检测设备的（B）其试验压力等于设备的最高使用压力。

A. 耐压性能   B. 气密性能   C. 强度极限   D. 制造质量

5. 气压试验的实验压力应为设备的（C）。

A. 最高工作压力   B. 最高工作压力的 1.5 倍

C. 最高使用压力   D. 安全阀开启压力

6. 高温工况制冷压缩机的油压压差继电器压力值设定在（C）正常调节值。

A. 0.3MPa   B. 0.05MPa   C. 0.15MPa   D. 0.5MPa

7. 无缝钢管分为（A）无缝钢管。

A. 热轧和冷拔   B. 热轧和焊接   C. 冷拔和焊接   D. 有缝和焊接

8. 电磁阀是制冷系统中一种重要而常用的自动控制执行（A）的部件。

A. 通一断   B. 一通二断   C. 关闭   D. 加热

9. 安全阀通常安装在（B）上面，防止压力过高，设备爆炸。

A. 蒸发器　　　　　　B. 冷凝器　　　　　　C. 油分离器　　　　　　D. 气液分离器

10. 冷水机组中水泵电机线圈，每年至少2次用（C）做绝缘检测。

A. 万用表　　　　　　B. 压力表　　　　　　C. 兆欧表　　　　　　D. 电流表

11. 在制冷系统中电磁阀的作用相当于（C）。

A. 可调流量的阀门　　　　　　　　　　　　B. 可控制双流向的截止阀

C. 可控制单流向截止阀　　　　　　　　　　D. 止逆阀

12. 高压继电器是起保护作用的，当排气压力（B）允许值时，自动切断压缩机电源。

A. 低于　　　　　　B. 高于　　　　　　C. 等于　　　　　　D. 不等于

13. 当压缩机效率降低时，其（D）。

A. 高压过高、低压过低　　　　　　　　　　B. 高压过低、低压过低

C. 高压过高、低压过高　　　　　　　　　　D. 高压过低、低压过高

14. 螺杆式制冷压缩机与其他形式的制冷压缩机相比较，它主要缺点是（D）大。

A. 温差　　　　　　B. 压差　　　　　　C. 能耗　　　　　　D. 噪声

15. 制冷压缩机的曲轴通常由（B）制成。

A. 灰口铸铁　　　　　　B. 球墨铸铁　　　　　　C. 铸铜　　　　　　D. 铸钢

16. 电磁阀在制冷系统中是控制制冷剂（A）通过和截止的电控部件。

A. 液体　　　　　　B. 气体　　　　　　C. 气液混合体　　　　　　D. 部分

17. 在制冷管道布置中，应该使管道与设备保持合理的位置关系，防止制冷压缩机发生（B），有利于润滑油顺利地返回制冷压缩机。

A. 高压　　　　　　B. 湿冲程　　　　　　C. 低压　　　　　　D. 油压

18. 焊工操作注意事项，禁止焊接有（A）的设备。

A. 压力及带电　　　　　　B. 温度　　　　　　C. 气体　　　　　　D. 水

19. 制冷剂为R22的制冷系统，排气温度不能超过（C）。

A. 100℃　　　　　　B. 130℃　　　　　　C. 150℃　　　　　　D. 160℃

20. 制冷剂氟利昂制冷系统压缩机排气管的水平管应顺制冷剂流动方向倾斜（C）的坡度。

A. 0％～0.2％　　　　　　B. 1％～2％　　　　　　C. 0.3％～0.5％　　　　　　D. 3％～5％

21. 氨蒸气在空气中体积达到（B）％时遇明火会引起爆炸。

A. 11　　　　　　B. 17　　　　　　C. 6　　　　　　D. 0.5

22. 氧气瓶及减压器严禁接触（A）。

A. 油脂污物　　　　　　B. 水　　　　　　C. R717　　　　　　D. R22

23. 乙炔气离开乙炔瓶压力在高于（C）MPa时就有自燃爆炸的危险。

A. 0.05　　　　　　B. 0.15　　　　　　C. 0.2　　　　　　D. 1.0

24. 电动机用500V绝缘电阻表摇测，一般绝缘电阻值应大于（A）MΩ。

A. 2　　　　　　B. 0.5　　　　　　C. 1　　　　　　D. 20

25. 制冷设备和制冷系统的气密性试验，一般采用（C）作压力介质。

A. 水　　　　　　B. 制冷剂　　　　　　C. 干燥氮气　　　　　　D. 压缩空气

26. 制冷剂氟利昂钢瓶中，制冷剂的充灌量不能超过满容积的（C）。

A. 50％～60％　　　　　　B. 60％～80％　　　　　　C. 70％～80％　　　　　　D. 80％～90％

27. 按照国家标准（A）三角带的截面积最小，传递的功率也小。

A. O型　　　　　　B. A型　　　　　　C. F型　　　　　　D. B型

28. 《特种设备安全法》总则 共计（B）条。

A. 10　　　　　　B. 12　　　　　　C. 14　　　　　　D. 16

29. 装配转动部件，应装一件，盘动一下再装下一件，经检测（B）在允许范围内再继续装配。

A. 外形尺寸　　　　　　B. 偏差　　　　　　　C. 温度　　　　　　　D. 压力

30. 钢管从制造工艺上可分为（A）钢管两种。

A. 无缝和焊接　　　　　B. 焊接和有缝　　　　C. 热轧和冷拔　　　　D. 冷拔和铸造

31. 螺杆式压缩机的喷液系统通常指（C）

A. 喷制冷剂液体和油混合物系统　　　　　　　B. 喷制冷剂系统

C. 喷油系统　　　　　　　　　　　　　　　　D. 喷水系统

32. 靶式流量开关安装在冷冻水管道上的作用是（D）。

A. 检测温度　　　　　　B. 检测压力　　　　　C. 防止水温过高　　　D. 防冻结

33. 热力膨胀阀安装要求是（A）。

A. 立式安装　　　　　　B. 侧置安装　　　　　C. 倒置安装　　　　　D. 卧式安装

34. 离心式制冷压缩机为防止喘振，加装了（D）管，将部分蒸汽输送到蒸发器。

A. 四通　　　　　　　　B. 二通　　　　　　　C. 三通　　　　　　　D. 旁通

35. 电磁阀有多种形式，基本上是两种，一种是间接动作，另外一种是（A）。

A. 直动式　　　　　　　B. 热泵热　　　　　　C. 二次式　　　　　　D. 电接点式

36. 电热管加湿器结构比较简单，但（B）较大。

A. 体积　　　　　　　　B. 耗电　　　　　　　C. 湿度　　　　　　　D. 热量

37. 高低压力继电器的作用（A）。

A. 防止高压过高，低压过低　　　　　　　　　B. 防止电流过大

C. 防止高压过低，低压过高　　　　　　　　　D. 防止液击

38. 橡胶减振器采用（A）为基材。

A. 天然橡胶　　　　　　B. 丁腈橡胶　　　　　C. 丁苯橡胶　　　　　D. 氯丁橡胶

39. 阻性消声器对（C）噪声有良好的消声效果。

A. 高频　　　　　　　　B. 中频　　　　　　　C. 中、高频　　　　　D. 中、低频

40. 采用（C）的方法操作抽真空最彻底。

A. 低压单侧抽真空　　　　　　　　　　　　　B. 高低压双侧

C. 复式抽真空　　　　　　　　　　　　　　　D. 高压单侧抽真空

41. 制冷压缩机的实际工作过程的耗功（B）理想工作过程的耗功。

A. 小于　　　　　　　　B. 大于　　　　　　　C. 等于　　　　　　　D. 约等于

42. 制冷剂在冷凝器内放热，由高压气体变成液体，制冷剂状态（B）。

A. 压力不变，温度不变　　　　　　　　　　　B. 压力不变，温度变化

C. 压力变化，温度变化　　　　　　　　　　　D. 压力降低，温度降低

43. 半封闭式压缩机与开启式压缩机结构上最明显的区别是不需要（A）。

A. 轴封　　　　　　　　B. 修理阀　　　　　　C. 冷冻油　　　　　　D. 密封垫

44. 为了防火需要，空气调节系统风管的材质在一般情况下务必采用（C）制作。

A. 难燃材料　　　　　　B. 阻燃材料　　　　　C. 不燃材料　　　　　D. 易燃材料

45. （A）最容易引起的事故是触电、眼睛被弧光伤害、烧伤、烫伤、有害气体的危害以及爆炸、火灾。

A. 电弧焊　　　　　　　B. 气焊　　　　　　　C. 压力焊　　　　　　D. 钎焊

46. 泥水场地施工照明所采用的电压应为（D）。

A. 220V　　　　　　　 B. 24V　　　　　　　 C. 36V　　　　　　　 D. 6V

47. 制冷系统可以用（B）作为气源进行打压试漏。

A. 氢气　　　　　　　　B. 氮气　　　　　　　C. 压缩空气　　　　　D. 氧气

48. 冷凝器是承受压力的容器，安装后系统进行（A）试验。

A. 气密性　　　　　　　B. 温度　　　　　　　C. 抽真空　　　　　　D. 氧气

49. 新装电磁阀断电后不能完全截止流体流过，其原因可能是（B）。

A. 电磁阀线圈故障　　　　　　　　　　　B. 电磁阀安装方向不对

C. 电磁阀规格不对　　　　　　　　　　　D. 供液截止阀未关闭

50. 制冷制沸腾气化的温度与压力之间存在着一一对应的关系，所以蒸发温度 调整可以通过调节（C）来实现。

A. 吸气压力　　　　B. 排气压力　　　　C. 蒸发压力　　　　D. 冷凝压力

51. 三角带为了制造和测量的方便，以其（B）作为标准长度。

A. 外周长　　　　B. 内周长　　　　C. 中性层周长　　　　D. 内外周长平均值

52. （D）温度计的受热元件为铂，其测温范围为－200～＋75℃。

A. 双金属　　　　B. 热电偶　　　　C. 半导体　　　　D. 热电阻

53. 抽真空时，真空泵容量要和被抽系统的大小匹配，容量太大，抽真空太快（D）。

A. 真空泵中的润滑剂会受到污染　　　　B. 真空泵抽气效率会降低

C. 达不到所需的真空泵　　　　D. 系统中的水分来不及蒸发

54. 润滑油可避免运动部件间的直接接触（A）相对运动部件的摩擦起到散热润滑作用。

A. 减少　　　　B. 增加　　　　C. 影响　　　　D. 不影响

55. （C）是冷冻机油的重要技术指示，油的牌号就是以它来区分的。

A. 温度　　　　B. 闪点　　　　C. 黏度　　　　D. 杂质

56. （B）直接影响到润滑油的流动性及在两个摩擦间形成油膜的厚度。

A. 凝固点的高低　　　　B. 黏度的大小　　　　C. 水分　　　　D. 闪点

57. 零件（A）后要立即涂油否则表面会很快锈蚀。

A. 汽油清洗　　　　B. 清涤灵清洗　　　　C. 清水清洗　　　　D. 盐水清洗

58. 常用的热轧无缝钢管和焊接钢管的规格以（A）表示。

A. 外径×壁厚　　　　B. 内径×壁厚　　　　C. 节径×壁厚　　　　D. 外径×内径

59. 衡量制冷设备维修质量的可靠性是指（C）。

A. 不降低制冷量　　　　　　　　　　　B. 不降低使用寿命

C. 不存在故障隐患　　　　　　　　　　D. 不降低性能指标

60. 溴化锂制冷机是用（B）物质作为制冷剂。

A. R717　　　　B. R718　　　　C. R22　　　　D. R114

61. 冷却塔中必备三种装置是配水装置，通风设备和（C）装置。

A. 补水　　　　B. 淋水　　　　C. 排水　　　　D. 除湿

62. 冷却水管线极易产生碳酸钙，它的通常叫法是（A）。

A. 水垢　　　　B. 水碱　　　　C. 氧化物　　　　D. 盐

63. 冷却水质应略呈（B）性，保持水的 pH 值为 7～7.5。

A. 酸　　　　B. 碱　　　　C. 中　　　　D. 无

64. （C）物质的存在会使水冷式冷凝器传热效率降低。

A. 军团菌　　　　B. 盐成　　　　C. 水垢　　　　D. 雨水

65. 化学除垢需要使用（D）化学物质。

A. 碱　　　　B. 汞　　　　C. 酒精　　　　D. 酸

66. 冷却塔中流动的水是（D）。

A. 冷冻水　　　　B. 凝结水　　　　C. 废水　　　　D. 冷却水

67. 膨胀水箱应用于（B）系统，用于水的体积调节。

A. 开式水　　　　B. 闭式水　　　　C. 冷剂水　　　　D. 压缩制冷

68. 在闭式冷水系统内由于冷水在蒸发器和风机盘管内有温度的变化会引起水的体积变化，因此在冷水系统（A）进行水位调节和补水控制。

A. 最高处设置膨胀水箱　　　　　　　　B. 机组处设置膨胀水箱

C. 最低处设置膨胀水箱   D. 任意位置设膨胀水箱

69. 除紫铜管外（D）的采用使得成本进一步降低。

A. 铁管   B. 钢管   C. 黄铜管   D. 复合管

70. 制冷压缩机曲轴箱内油泡沫过多的原因是（C）。

A. 油压过小   B. 油压过大

C. 大量制冷剂流回压缩机   D. 油位过低

71. 扩管器夹紧紫铜管前，露出夹具表面的高度应（A）胀头的深度。

A. 大于   B. 小于   C. 等于   D. 约等于

72. 抽真空后，宜采用从压缩机（A）加液的方法，充注制冷剂。

A. 排气截止阀旁通孔   B. 吸气截止阀旁通孔

C. 供液阀旁通孔   D. 放气阀旁通孔

73. 采用（C）的方法充注制冷剂，不允许压缩机启动运转。

A. 充制冷剂阀充注   B. 低压端加制冷剂

C. 高压段加制冷剂   D. 旁通阀充注

74. 水泵试运转时，轴承温度不应高于（C）。

A. 65℃   B. 70℃   C. 75℃   D. 80℃

75. 水泵试运转时，普通软填料轴封允许少量漏水，但每分钟不超过（B）滴。

A. 15   B. 20   C. 25   D. 30

76. 水泵试运转时，机械密封轴封漏水量每分钟不能超过（A）滴。

A. 3   B. 4   C. 5   D. 6

77. 水泵和冷却水系统连续试运转时间，不应少于（B）h。

A. 1   B. 2   C. 3   D. 4

78. （D）温度计属于固体膨胀式温度计。

A. 水银   B. 酒精   C. 热电偶   D. 双金属

79. 由于水银温度计热惯性较大，应提前（B）min 将温度计放到被测介质中。

A. 5～15   B. 10～15   C. 15～20   D. 20～25

80. 空调水系统强度试验压力通常取为（D）MPa 表压力。

A. 0.6   B. 0.7   C. 0.8   D. 0.9

81. 水泵泵壳内有空气将造成（C）。

A. 水泵消耗功率过大   B. 水泵震动

C. 水泵不出水   D. 填料函漏水过多

82. 水泵运转时，压力表有压力，但出水管不出水的原因之一是（B）。

A. 吸入管与仪表漏气   B. 水泵旋转方向不对

C. 注入水泵的水不够   D. 填料函漏水过多

83. 造成水泵运转振动过大的原因不包括（D）。

A. 地脚螺栓松动   B. 联轴器不同心

C. 泵轴弯曲   D. 润滑油变质

84. 冷却塔风机一般采用（B）。

A. 离心风机   B. 轴流风机   C. 贯流风机   D. 罗茨风机

85. 冷却塔风机和电动机是在（B）的环境中工作。

A. 高温、低湿   B. 高温、高湿   C. 低温、低湿   D. 低温、高湿

86. 当冷却塔停止运转时应对补水用的（C）进行分解和检修。

A. 球阀   B. 闸阀   C. 浮球阀   D. 蝶阀

87. 冷却塔内的收水器可使冷却水的损耗量降低到（C）

A. 0.1%～0.4%　　　　B. 0.4%～0.6%　　　　C. 0.6%～0.8%　　　　D. 1%～2%

88. 国内生产的玻璃钢冷却塔，用于制冷系统的最大冷却水量为（C）m³/h

A. 300　　　　　　　B. 500　　　　　　　C. 1000　　　　　　D. 1500

89. 冷却循环水系统可分为（C）。

A. 压力系统合自流系统　　　　　　　　B. 支流系统和旁路系统

C. 开式系统和闭式系统　　　　　　　　D. 手动系统和自动系统

90. 冷却塔的冷却水温差是指（B）。

A. 冷却塔空气进口温度与出口温度差

B. 冷却塔空气进口温度与出水温度差

C. 冷却塔进水温度与空气出口温度差

D. 冷却塔进水温度与空气出水温度差

91. 滚动转子式制冷压缩机的电动机安装在机壳（B）部位。

A. 下部　　　　　　　B. 上部　　　　　　　C. 中间　　　　　　D. 没有要求

92. （B）是利用贴在风道壁面上的吸声材料，将沿风道传播的声能，部分转化为热能，达到降低噪声目的。

A. 抗性消声器　　　　B. 阻性消声器　　　　C. 共振型消声器　　　D. 复合型消声器

93. 由扩张室和连接管串联而成的消声器称为（A）消声器。

A. 抗性　　　　　　　B. 阻性　　　　　　　C. 共振性　　　　　　D. 复合型

94. 工程上经常将（B）用作回风口。

A. 散流器　　　　　　B. 单层百叶风口　　　C. 双层百叶风口　　　D. 球形旋转式风口

95. 单层百叶风口和双层百叶风口是用于（C）的风口。

A. 下送风　　　　　　B. 上送风　　　　　　C. 侧送风　　　　　　D. 喷射送风

96. 当制冷系统蒸发温度不变，冷凝温度升高时，压缩机制冷量（B）。

A. 增加　　　　　　　B. 减少　　　　　　　C. 不变　　　　　　D. 增加或减少

97. 41 对矩形断面风口，分若干个正方形小断面，面积不大于 $0.05m^2$ 即边长一般取（A）。

A. 150mm×200mm　　B. 15mm×20mm　　C. 1500mm×2000mm　D. 50mm×100mm

98. 风口气流的速度分布是不均匀的（A）所以同一断面上应测若干点，取平均值。

A. 风管中心处流速大，管壁处流速小。

B. 风管中心处流速小，管壁处流速大。

C. 风管中心处流速大，管壁处流速大。

D. 风管中心处流速小，管壁处流速小。

99. 风机盘管空调机的主要组成部件是（D）。

A. 压缩机　　　　　　B. 电动机　　　　　　C. 翅片管　　　　　　D. 风机和盘管

100. 断面较大的风管应采用（D）。

A. 蝶阀　　　　　　　B. 三通调节阀　　　　C. 电动阀　　　　　　D. 多叶调节阀

101. （A）是风管内绕轴转动的单板式风量调节阀。

A. 蝶阀　　　　　　　B. 止回阀　　　　　　C. 菱形风阀　　　　　D. 自动调节阀

102. 在空调系统中使用最多的风管材料是（D）。

A. 玻璃钢　　　　　　　　　　　　　　　B. 铝合金

C. 硬聚氯乙烯塑料　　　　　　　　　　　D. 薄钢板

103. 轴流式风机的特点是（B）。

A. 风量大，风压高　　　　　　　　　　　B. 风量大，风压低

C. 风量小，风压高　　　　　　　　　　　D. 风量小，风压低

104. 风冷式冷凝器使用的最高环境温度为（C）℃。

A. 25　　　　　　　B. 33　　　　　　　C. 43　　　　　　　D. 52

105. 外平衡式热力膨胀阀作用在阀体内膜片下部的压力为（C）压力。

A. 蒸发器进口　　　B. 冷凝器进口　　　C. 蒸发器出口　　　D. 冷凝器出口

106. 油泵无故障，油压过低的原因是（D）。

A. 油管过粗　　　　　　　　　　　　B. 油位过高

C. 油位在标定的下限处　　　　　　　D. 油压调整不当

107. 外平衡式热力膨胀阀适用于（B）的制冷系统。

A. 冷凝压力损失较大　　　B. 蒸发压力损失较大

C. 冷凝压力损失较小　　　D. 蒸发压力损失较小

108. 内平衡式热力膨胀阀作用在阀体内膜片下部的压力为（B）压力。

A. 蒸发器进口　　　B. 冷凝器进口　　　C. 蒸发器出口　　　D. 冷凝器出口

109. 半封闭制冷压缩机可采用（B）进行润滑。

A. 外啮合齿轮油泵

B. 内啮合月牙槽式油泵

C. 不带反向槽的内啮合转子式油泵

D. 叶片式油泵

110. 选配热力膨胀阀主要根据（B）选择。

A. 蒸发器换热能力　　　　　　　　　B. 压缩机制冷能力

C. 冷凝器放热能力　　　　　　　　　D. 制冷剂循环速度

111. 热力膨胀阀感温包内感温剂完全泄漏将导致制冷系统内制冷剂（D）。

A. 流量减小　　　　　　　　　　　　B. 流量增大

C. 流量先减小后增大　　　　　　　　D. 不能循环

112. 热力膨胀阀的感温包应安装在（A）。

A. 蒸发器的出口端回气管上　　　　　B. 蒸发器入口端管道上

C. 蒸发器中间部位　　　　　　　　　D. 远离蒸发器

113. 在低温制冷设备中，翅片式风冷蒸发器必须设置（A）。

A. 除霜装置　　　　B. 消声装置　　　　C. 加湿装置　　　　D. 去湿装置

114. 制冷剂利昂制冷系统连接管道的弯曲半径，一般选择管径的（B）。

A. 4～5 倍　　　　　B. 5～6 倍　　　　　C. 6～7 倍　　　　　D. 7～8 倍

115. 开启式制冷压缩机轴封处泄漏有可能是由于（D）造成的。

A. 油压太高　　　　B. 油压过低　　　　C. 油管堵塞　　　　D. 轴封磨损

116. 制冷系统中易发生脏堵的部位是（C）。

A. 蒸发器进口或出口　　　　　　　　B. 冷凝器进口或出口

C. 膨胀阀进口或过滤器进口　　　　　D. 膨胀阀出口或电磁阀出口

117. 制冷设备正常运行中，蒸发温度主要随着（D）的变化而变化。

A. 电压高低　　　　　　　　　　　　B. 油压高低

C. 油位高低　　　　　　　　　　　　D. 热负荷和节流机构调节

118. 制冷压缩机吸气温度过高的原因之一是（B）。

A. 热力膨胀阀开启度过大　　　　　　B. 制冷剂循环量不足

C. 制冷剂充注量过多　　　　　　　　D. 制冷剂循环量过大

119. 为了防止制冷系统停止时制冷剂倒流回压缩机，可在排气管上安装（C）。

A. 截止阀　　　　　B. 电磁阀　　　　　C. 止回阀　　　　　D. 调节阀

120. 外平衡式热力膨胀阀适用于（B）制冷系统。

A. 冷凝压力损失较大　　　　　　　　B. 蒸发压力损失较大

C. 冷凝器压力损失较小 D. 蒸发器压力损失较小

121. 检查制冷压缩机组的故障需要通过视觉、触觉、嗅觉和（B）四种感觉综合分析，作出判断。

A. 敲击 B. 听觉 C. 关机 D. 换零件

122. 焊接操作工人焊接时，必须（D）、戴面罩、穿焊工防护鞋。

A. 穿中山服 B. 穿西服

C. 穿工作服 D. 穿工作服、戴焊工手套

123. 焊工操作注意事项，禁止焊接有残余油脂或可燃液体、可燃气体的容器，焊接前应先用（C），并打开盖口，密封的容器不准焊接。

A. 热水冲洗 B. 蒸汽冲洗

C. 蒸汽和热碱水冲洗 D. 氮气冲洗

124. 电焊工操作注意事项，为了防止触电，电焊工在（C）的地方工作时，应用于燥木板垫脚。

A. 露天 B. 干燥 C. 潮湿 D. 室内

125. 制冷循环蒸发温度的获得是通过调整（C）实现的。

A. 蒸发器 B. 冷凝器 C. 节流机构 D. 制冷压缩机

126. 制冷剂利昂制冷设备安装或检修时管道最好选择（A）切断方式。

A. 割刀 B. 钢锯 C. 气割 D. 錾削

127. 制冷剂利昂制冷管道采用钎焊方法，相同直径的铜管焊接时应采用（B）结构。

A. 对接 B. 插接 C. 搭接 D. 简单

128. 停止抽真空操作应（B）最后拆除连接管。

A. 先停真空泵后关闭系统阀 B. 先关闭系统阀后停真空泵

C. 任意关停 D. 停真空泵即可

129. 焊接操作时，乙炔瓶的减压器调压范围到（A）MPa。

A. 0.01～0.15 B. 0.1～0.2 C. 0.2～0.5 D. 1～2

130. 焊接操作时，氧气瓶的减压器调压范围到（B）MPa。

A. 0.1～0.5 B. 0.1～2.5 C. 0.2～1.0 D. 0.5～2.0

131. 空调器制冷运行中室内风机不转，将产生的故障现象是（C）。

A. 低压压力高 B. 高压压力高 C. 低压压力低 D. 排气温度高

132. 空调器制冷运行中室内蒸发器空气过滤网脏堵将产生的故障现象是（B）。

A. 室内出风口温度高 B. 室内出风口温度低

C. 制冷效果好 D. 无不良现象

133. 框式水平仪是测量机械设备的（A）的精密量具。

A. 水平度和垂直度 B. 水平度和圆度

C. 平行度 D. 垂直度

134. 空调测试中（B）主要用于测量风口和空调设备的风速。

A. 转杯式风速仪 B. 叶轮式风速仪

C. 热球式风速仪 D. 液柱式压力计

135. 测量空调系统风管内气流压力的仪表为（C）。

A. 叶轮式风速仪 B. 转杯式风速仪

C. U形压力计 D. 热球式风速仪

136. 采用皮托管倾斜式微压计测定风管内气流压力时，为避免受局部阻力的影响，测定断面应选择在局部管件之后大小或等于（C）倍管径的直管段上。

A. 2 B. 3 C. 4 D. 5

137. 测量风管内气流压力时，为避免受局部阻力的影响，按气流方向，测定断面应选择在局部管件之前大于或等于（B）倍管径的直管断上。

A. 1.0　　　　　　　　B. 1.5　　　　　　　　C. 2.0　　　　　　　　D. 2.5

138. （A）测量范围为－100~75℃。

A. 酒精温度计　　　　B. 半导体温度计　　　C. 热电偶温度计　　　D. 水银温度计

139. （B）的稳定是通过改变节流阀的开启度或通过冷水机组的能量调节调节制冷压缩机的输气量实现的。

A. 冷媒水温度　　　　B. 蒸发温度　　　　　C. 冷凝温度　　　　　D. 供热温度

140. 一般情况下风冷式冷凝器温度比出风温度高（C）℃

A. 2~4　　　　　　　B. 4~6　　　　　　　C. 4~8　　　　　　　D. 6~8

141. （B）太大，会引起制冷量下降，排气温度及油温上升，功耗增大。

A. 蒸发温度　　　　　B. 吸气过热度　　　　C. 排气过热度　　　　D. 冷凝温度

142. 排气温度的升高与（D）无关。

A. 压缩比增大　　　　B. 吸气温度升高　　　C. 吸排气阀不严密　　D. 液体过冷度增大

143. 对机组进行故障检查应按照（A）四大部分依次进行，便于查找引起故障的复合因素。

A. 电系统、水系统、油系统、机组制冷系统

B. 机组制冷系统、油系统、水系统、电系统

C. 电系统、机组制冷系统、油系统、水系统

D. 水系统、电系统、油系统、机组制冷系统

144. 进行维护修理排除故障，应按照（B）四个系统先后顺序进行故障排除。

A. 电系统、水系统、油系统、机组制冷系统

B. 机组制冷系统、油系统、水系统、电系统

C. 电系统、机组制冷系统、油系统、水系统

D. 水系统、电系统、油系统、机组制冷系统

145. 当轴承代号中自右数第（D）位数字是8时表示推力球轴承。

A. 1　　　　　　　　　B. 2　　　　　　　　　C. 3　　　　　　　　　D. 4

146. 内径为30mm轻窄系列的单列向心球轴承的代号是（C）。

A. 202　　　　　　　　B. 307　　　　　　　　C. 206　　　　　　　　D. 8206

147. 在（B）以上的高处工作时要用结实的脚手架或梯子，将工具放在专用的 金属箱或背包中。

A. 1m　　　　　　　　B. 1.5m　　　　　　　C. 2m　　　　　　　　D. 2.5m

148. 在（C）以上的高处工作时要带安全带，在脚手架下面工作要戴安全帽。

A. 2m　　　　　　　　B. 2.5m　　　　　　　C. 3m　　　　　　　　D. 3.5m

149. 开式冷却循环水系统的排水量主要依据（D）

A. 循环水量　　　　　B. 漂水损失　　　　　C. 压力损失　　　　　D. 蒸发损失

150. 水冷式冷凝器冷却水流量保护装置要采用（B）

A. 压力控制器　　　　B. 靶式流量开关　　　C. 电接点压力表　　　D. 涡轮流量计

附录2 教你计算单位换算方法

量	英制	国际单位	换算系数	
			英制换算为国际单位	国际单位换算为英制
长度	吋（in） 呎（ft） 码（yard） 哩（mile）	毫米（mm）或厘米（cm） 厘米（cm）或米（m） 米（m） 千米（km）	1吋＝25.4mm 1呎＝30.5cm 1码＝0.914m 1哩＝1.61km	1cm＝0.394吋 1m＝3.28呎 1m＝1.09码 1km＝0.62哩
面积	平方吋（in²） 平方吋（in²） 平方呎（ft²） 平方码（yaed²） 亩（acre） 平方哩（mile²）	平方毫米（mm²） 平方厘米（cm²） 平方厘米（cm²） 平方米（m²） 公顷（ha），平方千米（km²） 	1平方吋＝645mm² 1平方吋＝6.45cm² 1平方呎＝925cm² 1平方码＝0.836m² 1亩＝0.405ha＝405m² 1平方哩＝2.59km²	1mm²＝0.002平方吋 1cm²＝0.155平方吋 1m²＝10.76平方呎 1m²＝1.20平方码 1ha＝10000m²＝2.47亩 1km²＝0.387平方哩
体积	立方吋（in³） 立方呎（ft³） 立方码（yaed³）	立方厘米（cm³） 立方分米（dm³） 立方米（m³）	1立方吋＝16.4cm³ 1立方呎＝28.3dm³ 1立方码＝0.765m³	1cm³＝0.06立方吋 1m³＝35.3立方呎 1m³＝1.31立方码
容积	英制液安士（ounce） 英制品脱（pint） 英制加仑（gallon） 美制液安士 美制品脱 美制加仑	毫升（mL） 毫升（mL）或升（L） 升（L） 立方米（m³） 毫升（mL） 毫升（mL）或升（L） 升（L）	1英制液安士＝28.4mL 1英制品脱＝586mL 1英制加仑＝4.55L 1美制液安士＝29.6mL 1美制品脱473mL 1美制加仑3.79mL	1mL＝0.035英制液安士 1L＝1.76英制品脱 1m³＝220英制加仑 1mL＝0.034美制液安士 1L＝2.11美制品脱 1L＝0.264美制加仑
质量	安士（ounce） 磅（lb） 吨（ton）	克（g） 克（g）或千克（kg） 公吨（t）	1安士＝28.3g 1磅＝454g 1吨＝1.02t	1g＝0.035安士 1kg＝2.20磅 1t＝0.984吨
流量	美制加仑每分（GPM） 立方呎每分（CFM）	升每秒（L/s）	1GPM＝0.0631升每秒 1CFM＝0.4719升每秒	1L/s＝15.85GPM 1L/s＝2.12CFM 1m³/h＝3.6升每秒
力	磅力（lb force） 千克力（kg force）	牛顿（N）	1磅力＝4.45N 1千克力＝9.81N	1N＝0.225磅力 1N＝0.102千克力
压力	磅力每平方吋（PSI） 千克力每平方厘米 吋，水柱（in H₂₀） 巴（bar）	千帕斯卡（kPa） 帕斯卡（Pa）	1磅力每平方吋＝6.89kPa 1千克力每平方厘米＝98kPa 1吋，水柱249Pa 1巴＝100kPa	1kPa＝0.145磅力每平方吋 1kPa＝0.01千克力每平方厘米 1Pa＝0.004吋水柱 1kPa＝0.01巴
速度	哩每小时（mile/h） 呎每分（FPM）	千米每小时（km/h） 米每秒（m/s）	1哩每小时＝1.61km/h＝0.447m/s 1呎每分＝0.0508m/s	1km/h＝0.62哩每小时 1m/s＝19.7呎每分
温度	华氏度℉	摄氏度℃	℃＝5(℉－32)/9	℉＝9×℃/5＋32
密度	磅每立方吋（lb/in³） 磅每立方呎（lb/ft³） 吨每立方码（ton/yard³）	克每平方厘米（g/cm³） 公吨每立方米（t/m³） 千克每立方米（kg/m³）	1磅每立方吋＝27.7t/m³ 1磅每立方呎＝16.02kg/m³ 1吨每立方码＝1.33t/m³	1t/m³＝0.036磅每立方吋 1kg/m³＝0.06磅每立方呎 1t/m³＝0.752吨每立方码
热能	英热单位（BTU） 冷吨（美） 卡路里（营养学家）	千焦耳 千瓦（kW） 千焦耳每秒（kJ/s）	1英热单位＝1.055kJ 1冷吨＝3.516kW＝3.516kJ/s 1卡路里＝4.18kJ 1BTU＝0.2519kcal	1kJ＝0.948英热单位 1kW＝1kJ/s＝0.284冷吨 1kJ＝0.239kcal 1kW·h＝3.6MJ
功率	马力（HP）	千瓦特（kW）	1马力＝0.746kW	1kW＝1.34马力
燃料消耗	哩每加仑（mile/gallon）	升每100千米（1/100km）	(n)×哩每加仑＝282/(n)1/100km	(n)×1100km＝282/(n)哩每加仑

空气调节常用计算公式

序号	名称	单位	计算公式	计算单位
1	总热量 Q_T	kcal/h	$Q_T=Q_S+Q_T$ 空气冷却：$Q_T=0.24\rho L\times(h_1-h_2)$	Q_T—空气的总热量 Q_S—空气的显热量 Q_L—空气的潜热量 h_1—空气的最初热焓，kJ/kg
2	显热量 Q_S	kcal/h	空气冷却：$Q_S=C_p\rho L\,(T_1-T_2)$	h_2—空气的最终热焓，kJ/kg T_1—空气的最初干球温度 ℃
3	潜热量 Q_L	kcal/h	空气冷却：$Q_L=600\rho L\,(W_1-W_2)$	T_2—空气的最终干球温度，℃ W_1—空气的最初水分含量，kg/kg
4	冷冻水量 V_1	L/s	$V_1=Q_1/(4.187\Delta T_1)$	W_2—空气的最终水分含量，kg/kg L—室内总送风量，CMH
5	冷却水量 V_2	L/s	$V_2=Q_2/(4.187\Delta T_2)$ 其中 $Q_2=Q_1+N$	Q_1—制冷量，kW ΔT_1—冷冻水出入水温差，℃ ΔT_2—冷却水出入水温差，℃
6	制冷效率	—	EER = 制冷能力（MBtu/h）/耗电量（kW） COP = 制冷能力（kW）/耗电量（kW）	Q_2—冷凝热量，kW EER—制冷机组能源效率，MBtu/h/kW COP—制冷机组性能参数 A—100%负荷时单位能耗，kW/TR B—75%负荷时单位能耗，kW/TR
7	部分冷负荷性能 NPLV	kW/TR	$NPLV=1/(0.01/A+0.42/B+0.45/C+0.12/D)$	C—50%负荷时单位能耗，kW/TR D—25%负荷时单位能耗，kW/TR N—制冷机组耗电功率，kW
8	满载电流（三相）FLA	A	$FLA=N/(\sqrt{3}U\cos\phi)$	U—机组电压，kV $\cos\phi$—功率因数，0.85～0.92 n—房间换气次数，次/h
9	新风量 L	m³/h	$L=nV$	V—房间体积，m³ C_p—空气比热容，0.24kcal/(kg·℃)
10	送风量 L	m³/h	空气冷却：$L=Q_s/[C_p\rho\times(T_1-T_2)]$	ρ—空气密度，1.25kg/m³，@20℃ L_1—风机风量，L/s H_1—风机风压，mmH_2O v—水流速，m/s
11	风机功率 N_1	kW	$N_1=L_1H_1/(102n_1n_2)$	n_1—风机效率 n_2—传动效率
12	水泵功率 N_2	kW	$N_2=L_2H_2r/(102n_3n_4)$	（直连时 $n_2=1$，皮带传动 $n_2=0.9$） n_3—水泵效率，0.7～0.85
13	水管管径 D	mm	$D=\sqrt{4\times1000L_2/(\pi v)}$	n_4—传动效率，0.9～1.0 L_2—水流量，L/s H_2—水泵压头，mH_2O r—密度（水或所用液体）
14	风管面积	m²	$F=abL_1/(1000u)$ 注：1大气压力=101.325kPa 水的气化潜热=2500kJ/kg 水的比热容=1kcal/(kg·℃) 水的密度=1kg/L TR+制冷量	a—风管宽度，m b—风管高度，m u—风管风速，m/s V_1—冷冻水量，L/s V_2—冷却水量，L/s